纪念黄海化学工业研究社成立100周年

黄海钩沉

黄海化学工业研究社与社长孙学悟

孙世杰　安笑南　冯占军　著

人民出版社

范旭东（1883—1945）

孙学悟（1888—1952）

“永久黄”团体成立初期的领导层合影（后排右一为孙学悟，前排左二为范旭东、左三为李烛尘、右二为陈调甫）

1933 年 3 月 10 日，黄海化学工业研究社董事合影（左一为孙学悟，左二为李烛尘，左四为范旭东，右一为侯德榜）

1933 年的黄海化学工业研究社

20 世纪 30 年代黄海化学工业研究社的化学分析室内景

抗战胜利后留学美国的黄海化学工业研究社学子（左一为赵博泉，左二为吴冰颜，右二为孙继商，右一为魏文德）

1947 年，范旭东的灵柩回到塘沽后，“永久黄”团体有关人员在范旭东先生纪念碑前合影（后排左五为孙学悟）

新中国成立初期，黄海化学工业研究社中高层领导成员合影（从左至右依次为：何熙增、孙学悟、吴冰颜、张承隆、赵博泉、王星贤、孙继商、魏文德）

1950年11月，范旭东先生纪念碑揭幕式上“永久黄”团体负责人合影（左四为孙学悟，左五为李烛尘，左六为侯德榜，右二为黄汉瑞）

目　录

序一

2022年是黄海化学工业研究社成立100周年。100年前，范旭东、孙学悟等老一辈实业家、科学家，怀揣实业救国、科学救国梦想，在天津塘沽创立了我国历史上第一家化工科研机构，开创了中国化学研究的先河，为我国近代化学工业发展作出了宝贵贡献。在这样一个具有重要纪念意义的年份，出版关于黄海化学工业研究社的专著，可以让我们重温100年前一批满怀救国梦想的年轻人，在当时一穷二白的艰苦条件下，是如何矢志不移、奋力拼搏、一往直前，在世界化学工业舞台上为祖国、为民族争得一席之地的。

范旭东先生创办的“永久黄”团体是中国近代工业发展史上的一面旗帜，在许多方面都创造了奇迹：久大精盐公司结束了中国人吃粗盐的历史，永利制碱公司终结了中国人进口洋碱的历史，“侯氏碱法”使当时中国的制碱工艺赶上了世界先进水平，南京永利铔厂成为名副其实的“亚洲一流”，黄海化学工业研究社开启了中国化工的科研创新之路，凡此等等。在局势动荡、战火纷飞、民不聊生的旧中国，“永久黄”团体让世界真切感受到了中国制造、中国创造、中国创新的强大力量。这种在积贫积弱、落后挨打背景下迸发出来的爱国热情，是中华民族5000多年来生生不息精神的体现。

黄海化学工业研究社是“永久黄”团体的重要支柱，范旭东视其为毕生创办的“第三件大事业”，被称为永利公司、久大公司的“神经中枢”。自1922年8月成立到新中国成立后移交的30年时间里，在孙学悟先生的带领下，黄海化学工业研究社从协助久大、永利两公司解决技术难题开始，在制盐制碱、发酵与菌学、肥料、有色金属、水溶性盐类等多个研究领域都取得了丰硕成果，有力支持了中国近代化学工业的发展。

孙学悟先生以“守寡”的坚定意志，淡泊名利、任劳任怨、鞠躬尽瘁，始终呵护着黄海化学工业研究社这个“小宝贝”，成为“永久黄”团体的“中流砥柱”，为“永久黄”团体和中国近代化工事业奉献了毕生精力。

习近平总书记强调，历史是最好的教科书。我们一定要重视历史文化传承，保护好中华民族精神生生不息的根脉。黄海化学工业研究社在30年的发展历程中，认真践行“致知、穷理、应用”三大理念和“永久黄”团体的四大信条，形成了矢志不移、坚韧不拔、竭诚奉献、大胆创新的黄海精神，给我们留下许多启发和启示。

当前，我们正处在中华民族伟大复兴的关键时期，重温黄海化学工业研究社的发展历程、丰硕成果和人文精神，将进一步坚定我们推动科技创新的意志、增强我们勇攀世界高峰的信心、鼓舞我们不断攻坚克难的干劲。这是在黄海化学工业研究社成立100周年之际，我们应该做的一件有意义的事。

沈忠耀

2022年3月于清华大学

（沈忠耀，系清华大学化学工程系生物化工研究所创建人、首任所长）

序二

这本书以引言“从中国知识分子的思考到‘李约瑟之问’”开篇，启发我深刻思考。2022 年是中国历史上第一家化工科研机构——黄海化学工业研究社创立 100 周年，也是中国化工学会的前身——中华化学工业会成立 100 周年。近年来，习近平总书记站在人类历史进程的高度，在研判国际局势和发展大势时作出了“世界处于百年未有之大变局”的重大论断。当前，我们着实站在了 100 年交汇的关键历史时点。美西方对我国的科技封锁和打压，激发了我们对民族复兴大业的再思考，深深感慨“一代人有一代人的使命，一代人有一代人的担当”的中华民族精神的精髓。范旭东先生是近代爱国实业家，百年前毅然创建黄海化学工业研究社，应对当时的外商技术封锁，展现了使我国化工科研从“无”到“有”的历史担当。百年后的今天，高科技“卡脖子”风险依然存在。党中央号召实现国家科技自立自强，是对我们这一代人科技担当的呼唤。值此百年交汇蕴含的重大变革机遇，编撰出版《黄海钩沉——黄海化学工业研究社与社长孙学悟》一书，重温黄海化学工业研究社的历史，体悟那一代人勇于担负时代使命和责任的精神，激励我们这一代人以及今后的青年人赓续精神，代代相传，自觉承担起时代赋予的实现民族兴旺、国家昌盛的使命担当，意义深远。

实业发展与科研创新相辅相成。在中国化学工业发展史上，伴随着实业的不断成长，对科学研究、科技创新的需求愈发强烈。20 世纪初，范旭东先生心系民族存亡，立志工业报国，先后创立了我国第一家精盐生产企业——久大精盐公司、亚洲第一家制碱企业——永利制碱公司。在此基础上，被他视为一生创办的“第三件大事业”、致力于“为中国创造新的学术技艺”的黄海化学工业研究社应运而生。黄海化学工业研究社诞生于非常之时，历经沧桑。从塘沽起步到抗战入川，再到迁京重整及政府接管，从协助久大公司、永利公司解决技术难题，到发展化肥、发酵与菌学、有色金属、水溶性盐等多领域产业，再到协助成立京、津、沪三大化工研究机构，极大推动了中国近代化学工业的发展。黄海化学工业研究社成立后，孙学悟先生被聘为社长。在献身中国化工科研事业的 30 多年时间里，他身先士卒，率先垂范，淡泊名利，默默奉献，始终以“守寡”的心态精心抚养着黄海化学工业研究社这个“小宝贝”，无怨无悔，被誉为“无名英雄”和“近代化工界的圣人”。

在黄海化学工业研究社 30 年的非凡历程中，老一辈“黄海人”认真践行“致知、穷理、应用”三大理念和“永久黄”团体的四大信条，逐渐形成了矢志不移、坚韧不拔、竭诚奉献、大胆创新的黄海精神。如今，恰逢黄海化学工业研究社创立百年纪念，世界处在百年未有之大变局，我们正肩负着实现中华民族伟大复兴的时代使命。在这重要的历史时期，新的黄海科学技术研究院成立了，一批新“黄海人”将接过中国化工前辈的接力棒，赓续老一辈“黄海人”开创的黄海精神，续写黄海化学工业研究社及中国化工科研下一部百年奋斗史。

吾辈愿秉承黄海精神，不忘初心，砥砺前行，为中国化工发展尽心尽力。

2022 年 3 月于沈阳化工大学

（许光文，系沈阳化工大学校长、黄海科学技术研究院院长）

引言　从中国知识分子的思考到“李约瑟之问”

对中国科学技术及其历史感兴趣的人，一定熟悉一个外国人的名字——李约瑟（Joseph Needham，1900—1995）。他是英国近代生物化学和科学史学家、英国皇家学会会员、英国学术院院士、美国国家科学院外籍院士、中国科学院外籍院士，曾获英国女王授予的荣誉勋爵称号、联合国教科文组织颁发的爱因斯坦金奖、中国国家自然科学奖一等奖等。1942—1946年在中国，李约瑟历任英国驻华大使馆科学参赞、中英科学合作馆馆长；1946—1948年在法国，任联合国教科文组织科学部主任；自1966年起在英国剑桥大学，历任冈维尔—基兹学院院长、李约瑟研究所所长和名誉所长。

作为一位享誉世界的外籍科学家，李约瑟在中国工作期间曾进行了十多次游历、考察，所见所闻让他倍感惊讶：古代中国的科学技术原来如此辉煌、灿烂，对世界文明的贡献远超其他国家。此后，他在1954年出版的科学巨著《中国科学技术史》第一卷序言中发出了这样的叩问：“中国的科学为什么会长期大致停留在经验阶段，并且只有原始型的或中古型的理论……中国的这些发明和发现往往远远超过同时代的欧洲，特别是在15世纪之前更是如此（关于这一点可以毫不费力地加以证明）……而中国文明却没有能够在亚洲产生出与此相似的现代科学，其阻碍因素又是什么？”[①] 这一叩问就是著名的“李约瑟之问”。

---

① ［英］李约瑟：《中国科学技术史》（第一卷总论第一分册），科学出版社1975年版，第2—3页。

正是这位外籍科学家提出的这样一个发人深省的问题，几十年来，在中国大地上搅动起关于“为什么科学和工业革命没能在近代中国产生”的大讨论，引发了中国几代知识分子的思考和探索。

其实，早在“李约瑟之问”提出之前，一些在国外接受教育的中国知识分子，通过比较中国与西方国家的发展差距，就已开始思考类似的问题了。1914 年，任鸿隽、赵元任、杨铨等一批中国留美学生在美国康奈尔大学成立民间学术团体——中国科学社，其设立宗旨为“联络同志，研究学术，以图中国科学发达”。社长任鸿隽于 1915 年在《科学》杂志创刊号上发表《说中国无科学之原因》一文，开篇就提出了类似问题：“今试与人盱衡而论吾国贫弱之病，则必以无科学为其重要原因之一矣。然则吾国无科学之原因又安在乎？是问也吾怀之数年而未能答。”[①]任鸿隽提出这个问题的时间，比李约瑟于 1942 年来到中国并在此后提出“李约瑟之问”早了近四十年。中国留美学生这个当年怀揣复兴中华梦想，并有机会接触到西方思想、文化、科学、技术的群体，在学习西方先进科学技术知识的同时，也在思考为什么科学技术没能在中国产生、如何才能使科学技术在中国“生根”等问题。他们并不是把这些问题单纯作为学术问题去探究，而是在深入思考究竟是什么因素阻碍了近代科学技术在中国这个文明古国产生，如何做才能让科学技术在古老中国的土地上生根、开花、结果。

更为可贵的是，这些有识之士不仅在思考、探索这一问题，而且将所思所想付诸行动，以各种方式积极实践，以期找到“如何让科学技术在中国大地上生根、开花、结果”的答案，并因之成为近代以来推动中国科技发展的先驱。其中，中国最早、最知名的民间科研机构之一——黄海化学工业研究社（以下简称“黄海社”），就是努力将西方先进科学技术根植于中国土壤的实践者，以科研创新推动中国近代化学工业兴起、发展的开拓

① 任鸿隽：《说中国无科学之原因》，《科学》1915 年创刊号，《科学》2014 年第 2 期重发。

者。黄海社为中国化工领域胸怀实业救国、科学救国梦想的有识之士提供了施展才华的舞台，聚集了一大批为实现这一伟大理想而放弃国外优越待遇、毅然回国的仁人志士，如“中国民族化学工业之父”范旭东，著名爱国企业家李烛尘，世界制碱工业权威、著名化学家侯德榜，民族化工科研的开路先锋孙学悟等人。他们克服了种种无法想象的艰难险阻，以坚忍不拔的毅力、顽强不屈的精神，用自己的学识和毕生精力在旧中国大地上辛勤耕耘、开拓进取，陪伴中国近代化学工业经历了从无到有的风风雨雨，真正做到了把现代科学技术的种子播撒在中国这片贫瘠荒芜的土地上，用脚踏实地的行动去奋力破解“为什么科学和工业革命没能在近代中国产生”这一难题。

李约瑟在1943年刚到中国不久，就考察过黄海社在四川乐山五通桥的研究基地，后来在英国《自然》杂志上发表《川西的科学》一文，盛赞黄海社的盐井卤液提炼和将蜜糖发酵制造酒精两项研究成果，感叹这是“黄海社在筚路蓝缕中对中国化学工业的卓越贡献”。在考察期间，黄海社社长孙学悟与李约瑟讨论了关于中国炼丹术为什么没能在中国发展为化学的问题。其实，孙学悟早在留美学习化学期间，就与中国科学社好友任鸿隽探讨过这一问题；并在黄海社成立后不久的1933年，便开始收集有关中国古代炼丹术等与化学有关的历史资料；1936年派遣方心芳到欧洲考察时，顺便让他了解欧洲炼金术的发展史；1938年还一度协助曹焕文，开展对中国火药史的研究。孙学悟曾多次告诫黄海社的研究人员：“弄清中国的科技发展史，可以树立我们的信心和爱国心；研究外国的科技发展史，可以知道各国科技发展因素、前后次序，给我们搞科研以启示、指导。”就在李约瑟来到中国的前一年即1942年，孙学悟还在中国科学社大会上的讲演中提出了“为什么现代科学不产生于中国”这样的问题。相信李约瑟来到中国后在黄海社的考察以及与孙学悟的交流，会对他后来提出“李约瑟之问”有一定的启发吧！

第一章　黄海社的诞生

黄海社成立于 1922 年 8 月，是中国历史上第一家化工科研机构。它的诞生具有历史必然性，是在清末民初实业救国、科学救国思潮影响下，伴随着中国近代化学工业的兴起而产生的。著名实业家范旭东在塘沽创办久大精盐公司、永利制碱公司后，面对“毛病百出”和外商技术封锁的困境，毅然成立了专门的研究机构——黄海化学工业研究社，并将其视为毕生创办的“第三件大事业”，赋予黄海社“为中国创造新的学术技艺”的目标定位，由此拉开了中国近代化工科研的历史大幕。

第一节　历史背景

一、清末民初的实业救国、科学救国思潮

19 世纪中叶以后，在中国的社会经济关系中，以农业小生产和家庭手工业为主体的、自给自足的封建经济仍占统治地位，以君道臣节、名教纲常为主导的文化旧学充斥着思想文化领域。资本主义经济虽有所发展，但非常缓慢和幼弱。资产阶级的民主、自由思想即新学的宣传很不够，而且受到种种压抑和限制。鸦片战争后，中国进入半殖民地半封建社会，陷入了任人宰割、山河破碎、内忧外患的悲惨境地。在这种形势下，一大批知识分子与有识之士大力提倡发展实业和科学，认为这才是救国之道和中国未来发展的出路，从而在社会上形成了一种实业救国、科学救国的思

潮。基本出发点是希望通过发展实业和科学，使国家富强起来，挽救民族于危亡之中。

（一）实业救国思潮

所谓实业救国，就是振兴工商业，发展民族经济和资本主义，以此使国家富强，不再受外强侵略和压迫，并向近代化迈进。

1859 年，洪秀全的族弟洪仁玕在《资政新篇》中主张学习西方实业、发展工商业：一是“兴车马之利”，二是提倡开采矿藏，三是提倡机器制造。他认为，“商之源”在矿业，“商之本”在农业，“商之用”在工业，而“商之气”在铁路。

19 世纪 60 年代后，冯桂芬、王韬、陈炽、郑观应等一批知识分子深刻认识到中国的落后和危机，要求发展民族工商业，把开办新式企业作为谋求民族独立和国家富强的出路。比如，冯桂芬提出“采西学，制洋器”，王韬指出“恃商为国本”，薛福成认为“商握四民之纲”。此外，还有马建忠的“富民”说、陈炽的“富国”策、郑观应的“商战”论等。这些都在不同程度上，表达了要求发展民族资本主义、抵御外强侵略的愿望。

19 世纪 90 年代，以康有为、谭嗣同、梁启超为代表的资产阶级维新派，以“救亡图存”为口号，发动维新变法运动，主张立宪法、兴民权、设学堂、育人才、发展工商业。例如，康有为提出了“并争之世，必以商立国”的思想；谭嗣同认为，西方资本主义国家“以商为战，足以灭人之国于无形”，中国为了自救，只有“奋兴商务”，来和外国竞争。

当时，各种报刊也都把发展实业作为救国的一大急务。比如，1903 年创刊的《科学世界》提出：“夫二十世纪，生产竞争之时代也。欲图生产力之发达，必致力于实业。”1909 年创刊的《华商联合会报》认为：“近世以来政局大变，列国倾向注集于商战，经济竞争烈于军备。”今欲“药吾国贫弱之根源”，唯“发展实业”，“以工商立国”。

民国初期，孙中山在上海的一次演讲中称：“中国乃极贫之国，非振兴实业不能救贫。仆抱三民主义以民生为归宿，即是注重实业。今共和初成，兴实业实为救贫之药剂。”黄兴也在很多场合大力强调兴办实业的重要性，认为“今者共和成立，欲苏民困、厚国力，舍实业莫由”，主张“以国家为前提，以实业为发展国力之母”。

实业救国思想在社会上传播开来后，许多知识分子加入到实业大潮中，不仅大力提倡使用国货、抵制外货，而且积极创办各类工厂，涌现出一大批爱国实业家。新中国成立后，毛泽东曾在接见李烛尘时说过这么一段话：“有几位先驱不能忘：讲钢铁工业不能忘记张之洞，讲纺织工业不能忘记张謇，讲化学工业不能忘记范旭东。”①

（二）科学救国思潮

所谓科学救国，就是重视和发展科学技术，以此促进民族兴盛、国家富强。

“科学”一词最早在19世纪末由康有为引入中国。明清时期，西方科学进入中国。明代的徐光启根据朱熹把《大学》中的“格物”之说解读为“即物穷理”，进而提出“格物穷理之学”的概念，以涵括西方科学。1898年初，康有为所编《日本书目志》卷二“理学门”，列举了《科学入门》《科学之原理》等书目，最早运用自然科学意义上的“科学”一词。晚清以降，汉语中的“科学”一词与格致学、理科一直并用。1902—1905年，“格致”与“科学”的使用频度相差无几，但在1905年废除科举之后，“格致”一词完全被“科学”取代。

科学救国思潮萌芽于19世纪中叶，兴起于20世纪初。鸦片战争后不久，魏源在《海国图志》中提出“师夷之长技以制夷”，即学习西方先进的“长处”来强盛中国，并最终战胜西方列强。他相信，通过学习，中国定能赶上西方国家，认为“风气日开，智慧日出，方见东海之民，犹西海之民”。此后，郑观应等人认识到欧洲富强之因在于“讲求格致之学尤推

① 政协土家族苗族湘西自治州委员会文史资料研究委员会编：《湘西文史资料第25、26辑合刊李烛尘资料专辑》，1992年出版。根据该专辑中的“李烛尘先生大事年表”，1953年9月14日，毛泽东在单独接见李烛尘时对他说了这段话。

独步”，因而提倡翻译介绍西方的科学文化书籍，主张要“通天”“通地”“通人”，认为“讲富强以算学、格致为本”。

19 世纪 70 年代后，京师同文馆、六先书局、江南制造局编译馆、英美传教士组织的广学会等，翻译出版了许多西方的自然科学和应用科学书籍，包括近代数学、物理学、化学、矿物学、天文学、医学等。与此同时，在中国出现了一批近代科学家和工程技术专家，如龚振麟、李善兰、徐寿、华衡芳、詹天佑、冯如等人。其中，龚振麟首创铁模制炮法，撰写的《铸炮铁模图说》是世界上最早论述铁模铸造法的科技文献之一；李善兰的《方圆阐幽》阐述了微积分的初步理论，翻译的《重学》一书首次把牛顿的三大定律介绍到中国；徐寿翻译的重要著作有《化学鉴原》《化学鉴原续编》等；华衡芳的《决疑数学》是中国第一部介绍西方概率论的著作；詹天佑是中国著名的铁路工程师，主持兴修京张铁路；冯如是中国近代著名的飞机设计师。

进入 20 世纪，许多报刊都开始大篇幅介绍世界科学知识，还出版了一批专业自然科学刊物。中国最早的自然科学综合性刊物《亚泉杂志》，在 1900 年创刊伊始就致力于宣传科学救国思想，“揭载格致算化农商工艺诸科学”，强调科学技术的重要性及其对各方面的影响，认为“航海之术兴，而内治、外交之政一变；军械之学兴，而兵政一变；蒸气、电力之机兴，而工商之政一变；铅字石印之法兴，士风日辟，而学政亦不得不变”。《科学世界》是近代中国最早冠以“科学”之名的杂志，它以“发明科学基础实业，使吾民之知识技能日益增进”为宗旨，认为要使民族兴盛、国家富强，就必须发展实业，而要发展实业，就必须极大重视和发展科学与教育。

戊戌变法失败后，康有为流亡海外，亲身感受到科学技术在国家发展和兴盛中发挥的重要作用，于 1904 年写出《物质救国论》一书初稿，提出科学救国的主张。他认为：“中国之病弱，非有他也，在不知讲物质之学而已。”“科学实为救国之第一事，宁百事不办，此必不可缺者也。”

辛亥革命后，随着资本主义的发展，人们对科学越来越重视。1914

年，任鸿隽、杨铨等一批留学生在美成立中国科学社并创办《科学》月刊，主要目的就是研究和传播自然科学原理与知识、提倡和实现科学救国。次年1月，《科学》月刊的“发刊词”鲜明阐述了《科学》的指导思想——科学救国，并指出“百年以来，欧美两洲声明文物之盛，震烁前古，翔厥来源，受科学之赐为多”，强调中国与西方国家间的差距，根本在于中国民众普遍缺乏科学知识，传统学问在闭关自守的时代已经不能适应，在当今世界更不能拯救民族，能富民强国者只有科学，并发出了“继兹以往，代兴于神州学术之林，而为芸芸众生所托命者，其惟科学乎，其惟科学乎”的呐喊。① 此后，任鸿隽、杨铨等在美留学生纷纷撰文，积极倡导科学救国思想。

在五四新文化运动中，《新青年》提出的口号之一就是科学，指出“国人而欲脱蒙昧时代，羞为浅化之民也，则急起直追，当以科学与人权并重”，强调“用科学解释宇宙之谜”，以科学说明真理，士农工商医都必须知道科学、都必须现代化，同时提倡科学精神、科学方法，普及科学知识，反对迷信愚昧和陈规陋习。

二、中国近代民族工业的兴起

清末民初，中国近代工业化进行了两次尝试，形成了两个高潮。1861年兴起的洋务运动虽然在甲午战争的炮声中宣告失败，但仍推动产生了中国第一批近代工业，是中国近代以来的第一次工业化尝试。洋务派提出“中学为体，西学为用”的原则，影响了中国近百年的历史进程。民国初年，在共和政府颁布一系列鼓励工商业发展的法令、第一次世界大战造成商品物资短缺，以及实业救国、科学救国思潮等内外部因素的推动下，中国近代工业化开启了第二次尝试，虽然总体发展规模有限，但仍形成了民族工业加快发展的一个“黄金时期”，强化了国人实业救国、科学救国的

① 《发刊词》，《科学》1915年创刊号，《科学》2015年第1期重发。

思想观念，对中国走上由传统农业社会向现代工业社会转型之路起到了奠基作用。

（一）清朝末年中国近代工业化的第一次尝试

通过鸦片战争、甲午战争，西方列强用先进科学技术制造的洋枪洋炮打开了中国闭关锁国的大门。被迫打开国门之后，以恭亲王奕訢、曾国藩、左宗棠、李鸿章、张之洞等人为代表的洋务派官员认为，列强之所以强大，根本原因是船坚炮利。中国落后挨打的根源在于武器落后，要自强，就必须发展兵器工业。

19 世纪 50—90 年代，在洋务派官员主导下，中国建立了第一批近代工业，如安庆军械所、上海洋炮局、苏州洋炮局、江南制造局、金陵制造局、湖北枪炮局等。其中，1865 年在上海成立的江南制造局，规模大，设备新，从 1867 年建立新厂房到 1894 年，已有十几座装备了优良机器的大厂房、一座中型船坞，雇佣工人 2000 多人，能生产枪炮、子弹、火药、水雷等军用品，能炼钢和制造简单的机器，给清政府供应了大量军火物资。至 1884 年（光绪十年），全国所建军工局、厂遍及 18 个省份，数量达 32 家，主要生产枪炮、火药、子弹、水雷、轮船、炮弹等。①

表 1—1 1900 年以前清政府经营的重要军火工业

局、厂名	所在地	设立年份	创办人	情况
安庆军械所	安庆	1861	曾国藩	规模很小，以手工制造为主，生产子弹、火药、炸炮等，造过一艘小汽轮船
江南制造局	上海	1865	曾国藩、李鸿章	清政府所办规模最大的军用工业，造轮船、枪炮、水雷、子弹、火药与机器，有炼钢厂
金陵制造局	南京	1865	李鸿章	规模比江南制造局小、比各省的机器制造局大些，造枪炮、子弹、火药
天津机器制造局	天津	1867	崇厚、李鸿章	规模仅次于江南制造局，造枪炮、子弹、火药、水雷，有炼钢厂

① 中国社会科学院历史研究所《简明中国历史读本》编写组编写：《简明中国历史读本》，中国社会科学出版社 2012 年版，第 458 页。

续表

局、厂名	所在地	设立年份	创办人	情况
广州机器局	广州	1874	瑞麟、刘坤一	初办时规模很小，主要造小轮船，后来逐渐扩充，包括自英商购买的黄埔船坞，1885 年后能造子弹、火药、水雷
山东机器局	济南	1875	丁宝桢	中等规模，造枪、子弹、火药
湖北枪炮局	汉阳	1890	张之洞	规模颇大，1895 年正式开工，造枪炮、子弹、火药，机器比其他各局、厂先进

资料来源：赵匡华主编：《中国化学史》（近现代卷），广西教育出版社 2003 年版，第 614—615 页。

晚清时期的官办工业主要以军工制造为主，创建人是洋务派官员，普遍采用了国外的先进技术和设备。例如，洋务运动代表人物张之洞在湖北主政时创办了湖北枪炮局、汉阳铁厂、大冶铁矿等。其中，湖北枪炮局于 1890 年（光绪十六年）开办，所用设备购自德国的力佛厂和格鲁森厂，是当时全国兵器制造工厂中最新式的，主要生产枪炮、枪弹、炮弹以及与其配套的炮架、铜壳、底火等产品；生产的“汉阳造”步枪是中国军队的主力枪械，从辛亥革命到抗美援朝一直在战场上发挥作用，是中国战争史上的一个传奇。汉阳铁厂是一个钢铁联合企业，于 1893 年（光绪十九年）建成，包括炼钢厂、炼铁厂、铸铁厂等大小工厂 10 个，炼炉 2 座，工人 3000 多人，是中国近代第一个利用资本主义国家机器进行大工业生产的钢铁工业，也是亚洲首创的最大的钢铁厂。从管理和经营形式看，这些官办工业与传统的封建官府工业类似，但由于采用了机器大工业的生产方式和雇佣劳动，部分实行了成本核算等生产经营方法，因而已与传统的封建官府工业有了重大差别，具有一定的资本主义现代工业属性，是中国最早的工业化文明，也是中国近代工业诞生的标志。

除官办工业外，清末还出现了一大批官商合办、官督商办的民用工业，以及主要由商人、地主、官僚、买办创办的民营工业，比如云南铜矿（1865 年）、上海源昌号（1872 年）、直隶通兴煤矿（1879 年）、大生纱厂（1895 年）等。其中，大生纱厂是一家民营棉纺织企业，由光绪二十年（1894 年）状元张謇奉张之洞之命创办。1903 年，全厂共有纱锭 4.08 万锭，占到全国纱锭总数的11.9%。张謇是中国近代实业家、政治家、教育家，主张实业救国，也是中国棉纺织领域早期的开拓者，一生创办了20多家企业、370多所学校，为中国近代民族工业兴起、教育事业发展作出了重要贡献。各种非官办工业的崛起，进一步推动了中国近代民族工业的发展，加快了中国资本主义现代工业的历史进程。据统计，1872—1894年，全国有民营工厂共计100多家，主要集中在纺织、面粉、火柴、造纸、印刷、船舶修造和机器制造、采矿等部门，也有少量的公用事业。甲午战争后，中国民营工业的发展开始突破困境，呈现加速发展之势。1895—1913年，开办资本在1万元以上的厂矿达500多家，棉纺织业、面粉业、机器制造业有显著发展，火柴、卷烟、水泥、矿冶等也有一定起色。①

（二）民国初期中国近代工业化的第二次尝试

中国近代民族工业发展的第二个高潮出现在民国初期。辛亥革命推翻了清朝的封建统治，宣布建立共和制度。新建的共和政府主张工商业自由，颁布了一系列鼓励工商业发展的法令，进行了经济法律法规的初步建设。这使中国工商界为之振奋，投资热情一度高涨。尤其是第一次世界大战期间，西方列强无暇顾及东方，对中国输出的商品大幅减少，导致中国市场上的洋货锐减，同时还增加了对各种战略物资的需求。由此，中国工业发展进入了一个难得的“黄金时代”。

第一次世界大战期间，国内工业投资大大增加。从投资金额看，1913年为4987.5万元，1917年为12824.3万元，1920年达15522万元。1916—1919年，平均每年注册的新厂为124家，主要集中在纺织、面粉、卷烟、缫丝、搪瓷、造纸等轻工产业。②这期间，欧洲战争导致的物资短缺对中国轻工产业投资的刺激作用非常大。例如，第一次世界大战开始

---

① 高德步、王珏：《世界经济史》（第四版），中国人民大学出版社2016年版，第236—237页。

② 高德步、王珏：《世界经济史》（第四版），中国人民大学出版社2016年版，第237页。

后，外国棉纱、棉布对华出口锐减，而欧洲对中国棉布、棉纱的需求量猛增。这导致国内纱布价格飞涨，纺织企业投资骤然增加。1914—1922 年，中国民族资本投资的纱厂和布厂多达 54 家，开工的纺锭达到 150 万枚；而 1912 年以前总共才有 10 余家，纺锭不足 40 万枚。再如，第一次世界大战期间，欧洲各参战国粮食匮乏，先是俄国，继而是英国和法国，甚至日本、菲律宾、越南、土耳其等亚洲国家也需要从中国进口面粉。这种变化极大刺激了中国民族资本投资面粉加工业的热情。到 1921 年，中国已有面粉加工厂 123 家，资本总额约达 1500 万元。其中，第一次世界大战期间建立的就有近百家。

在轻工产业加快发展的同时，机器制造、采掘、炼铁等重工业也获得较大发展。比如，国内五金业的发展增加了对车床的需求，而进口车床减少，中国不得不发展机器制造业。上海在 1914—1917 年设立了 59 家民营机器工厂。1915 年，中国民营工业制造的车床曾一度行销东南亚市场。采煤量在 1913 年为 763 万吨，到 1920 年增至 1413 万吨；同期，生铁产量也由 9.7 万吨增加到 25.9 万吨。①

三、近代化学工业从天津起步

（一）清末民初中国化学工业的发展

中国近代化学工业主要包括金属冶炼、制酸制碱、火药等重化学工业，以及制药、造纸、火柴、玻璃等轻化学工业。

19 世纪后半叶是我国近代化学工业开始产生和逐渐发展的时期。这一时期的化学工业可以分为 3 个部分：外国资本主义投资兴办的、清政府兴办的和民族资产阶级兴办的。

19 世纪 60 年代以后，由于帝国主义的入侵、不平等条约的订立，中

① 高德步、王珏：《世界经济史》（第四版），中国人民大学出版社 2016 年版，第 237 页。

国成为帝国主义疯狂掠夺的对象。资本主义国家不仅向中国输出大量工业产品，攫取廉价工业原料和特产，而且在中国开采矿山、冶炼金属、修筑铁路，建立了多种近代工业。化学工业中的制酸、制药、玻璃、火柴等绝大部分就是英国经营的。例如，江苏药水厂在1879年开工生产，由英国商人美查创办，主要生产硫酸，并熔炼金银。除了制酸外，外商开办的化学工业多为轻化工业。

晚清政府在洋务运动中兴办了一批近代工业，虽然主要集中在军工制造领域，但因军工生产大多与化学工业有密切关系，比如制造火药需要硫酸，因此，在一些机器局、制造局内部设立了制酸的工厂或生产线。例如1874年，天津机器制造局设立了生产硫酸的淋硝厂。

民族资产阶级早期兴办的化学工业主要集中在轻化工业领域。比如，1886年在天津设立的自来火公司，由吴懋鼎等人创办，最初资本为1.8万两白银，雇佣外国技师，1891年改为中外合办；1889年在重庆设立的森昌泰火柴厂，由卢干臣等人创办，资本为5万两白银；1889年在广州设立的宏远堂机器造纸厂，由钟星溪创办，资本为15万两白银，每日产纸62担；1890年在上海设立的燮昌火柴公司，资本为5万两白银。

进入20世纪后，民族资产阶级在继续投资轻化学工业的同时，开始大跨步涉足重化学工业领域。硫酸和纯碱是化学工业的基础原料，生产水平如何，是衡量一个国家化学工业水平的重要指标。民族资产阶级涉足重化工业，就是从制酸、制碱开始的。

生产硫酸主要有铅室法和接触法。我国较早开办的硫酸厂主要是官办军工企业内设的工厂。上海江南制造局在1909年3月开始用铅室法自制磺镪水（硫酸)，汉阳兵工厂于1909年9月建成硫酸厂并投产，四川机器厂的火药厂在1919年也开始用铅室法生产硫酸。巩县兵工厂是我国第一家引进接触法制硫酸的工厂，于1918年投入生产。最早的民办硫酸厂由项松茂于1930年在上海创办，采用铅室法制硫酸，1932年10月投产，是市场上最早出现的国产硫酸。民办规模最大、最早采用接触法生产硫酸的，是1936年底投产的永利化学工业公司南京铵厂的硫酸厂，以硫黄为原料，年产硫酸3.6万吨。①

我国制造纯碱经历了从路布兰法、索尔维法向联合制碱法的过渡。除了更早年代对天然碱的加工利用外，工业制碱起初采用的是路布兰法。清末在四川彭山县官商合办成立的同益曹达工厂，就是以芒硝为原料，采用路布兰法后半段工艺制造纯碱。中国全流程用路布兰法制造纯碱的第一家工厂，是1918年葛廷杰等人在胶济铁路女姑口设立的山东鲁丰化工机器制碱厂。用路布兰法制碱在1791年由法国医生路布兰发明，以食盐为原料制造纯碱，最大缺陷是难以实现连续生产，原料利用不充分，产品质量不纯，且价格较贵、污染严重。1862年，比利时人索尔维以食盐、石灰石和氨为原料制得纯碱，很大程度上规避了路布兰法的缺陷，实现了连续生产，食盐的利用率得到提高，成本低廉，尤其是产品纯净，故称为“纯碱”，制造方法被命名为索尔维法。我国最早采用索尔维法生产纯碱的企业是永利碱厂，由著名实业家范旭东于1918年在塘沽创办，在较长时间内是我国唯一的大型纯碱制造企业。抗日战争期间，永利碱厂迁入四川五通桥。由于原料用盐由海盐改成了井盐，在侯德榜等专家的主持下，对索尔维法进行了重大革新，研制出使用井盐且能同时生产纯碱和氯化铵的制碱新流程，使食盐的利用率提高到98%，被命名为“侯式碱法”，新中国成立后根据侯德榜的建议改称“联合制碱法”。

（二）天津是中国化学工业的策源地

从中国近代化学工业的发展历程看，化学工业企业主要出现在上海、南京、武汉、广州、重庆等大城市，尤其是中西部城市，但各城市化学工业的发展有早有晚，水平也不一致。在清末民初的百年间，包括塘沽在内的天津地区堪称我国最重要的化学工业基地，中国化学工业的许多“第一”就出现在这里。

---

① 赵匡华主编：《中国化学史》（近现代卷），广西教育出版社2003年版，第618页。

中国第一家大规模的火柴厂是天津丹华火柴公司。1886年，天津买办吴懋鼎与两位合伙人共同投资创办了天津自来火公司，后更名为天津华昌火柴公司。1917年，华昌公司与北京丹凤火柴厂合并，成立天津丹华火柴公司，成为全国最大的火柴厂。丹华公司与同时期的天津北洋、中华、荣兴等3家较大的火柴公司，共同占领了国内各地主要市场。

我国最早的硫酸厂是设在天津机器局的淋硝厂。天津机器局是清政府所辖三大军工厂之一，其中的火药厂规模最大，1873年开始制造黑色火药，1874年建成淋硝厂（包括生产硝镪水——硝酸、磺镪水——硫酸、硝酸钾），附设于天津机器局第三厂。此后，因生产扩大，旧有铅房太小，遂于1881年添建淋硝新厂，建有铅房6间。

中国近代最早的肥皂厂是天津造胰股份有限公司。1903年，民族实业家宋则久等人在天津成立造胰股份有限公司，并于1905年10月在天津商会注册。采用国产原料研发出纯净黑色洗面香胰子，取名“黑方块”，价格比同类洋货便宜很多，品质精细，与洋货相比堪称物美价廉，获得天津直隶工艺总局授予的优等金奖产品荣誉称号，宋则久因之获得“国货旗手”的美誉。

中国第一家生产精盐的公司是久大精盐公司。1914年，范旭东在塘沽创办久大精盐公司。1916年9月11日，第一批“海王星”牌精盐在天津销售。久大精盐公司生产的精盐品质纯净、色泽洁白，备受市场欢迎，从此结束了国人食用粗盐的历史。

中国第一家大规模纯碱制造工厂是永利碱厂。1918年11月，在久大精盐公司获得成功的基础上，范旭东又在天津成立了永利制碱公司。1919年冬，永利碱厂在塘沽破土动工，以海盐为原料，用索尔维法制碱。1921年10月，留学美国的侯德榜回国后，主持永利碱厂建设。1926年6月29日，生产出碳酸钠含量达99%以上的“红三角”牌纯碱，在美国费城举办的万国博览会上获得金质奖章，被誉为“中国近代工业进步的象征”。

中国近代最著名的油漆厂是天津永明漆厂。1929年，爱国实业家陈调甫在天津创办永明漆厂。到1936年，先后研制出“永明漆”“万能漆”和国内首创的汽车喷漆等。其中，“永明漆”的质量超过美国产品。1948年，天津永明漆厂又研制生产出能喷、能刷、能烤的“三宝漆”，性能达到国际先进水平，成为我国涂料工业发展史上的一个里程碑。

天津之所以成为我国近代最重要的化学工业基地，是地理位置、自然禀赋等多种因素综合作用的结果。天津靠近北京，是从海上通往北京的咽喉要道，自古就是京师门户，在晚清政府布局近代工业企业时有“近水楼台”之便。天津近代工业肇始于洋务运动中清朝政府创办的天津机器制造局，原因就在于此。洋务运动后，袁世凯又在天津推行“新政”，于海河北岸建设河北新区，聚集了大量近代工业企业，周学熙等实业家也在天津创办了一批官督商办性质的大型产业，这使天津成了中国近代工业“天然”的策源地。天津交通便利，铁路贯通，海运八达，原料、燃料及产品的水陆运输都很方便。塘沽地区在当时是一片“九曲十八弯”的浩瀚盐滩，“煮海为盐”，有得天独厚的海盐资源，民间很早就有利用盐滩制盐的传统，附近还有开滦煤矿及石灰石矿，淡水资源也十分充足，因而具有兴办化学工业的优越条件。正如“永久黄”团体于1935年在欢迎美国经济考察团的祝词中所说：“塘沽是华北海岸一个闲静的村庄，村民巧于利用这一带的大平原和干燥多风的天候，自古就以产盐著名。1915年我们在这里兴办精盐工业，不久又续办了碱厂，中国碱业从此在此地立下根基。”①

多种原因共同促成了清末民初天津化学工业的繁盛。据统计，到1929年，天津的化工企业达到264家，加之其他工业企业和金融商贸的发展，使天津成为当时中国北方最大的城市和工商业中心，以及中国第二大工业和金融商贸城市。

---

① 《久大精盐公司、永利化学工业公司、黄海化学工业研究社欢迎美国经济考察团祝词（民国二十四年五月八日）》，《海王》1935年第7卷第26期。

第二节 范旭东擎起化学工业大旗

一、爱国实业家范旭东

范旭东（1883—1945），原名源让，字明俊，祖籍湖南湘阴，1883年10月24日生于长沙东乡。他的祖父曾当过直隶大兴县知县，为官清廉。范源让的父亲，名琛，字彦瑜，体质素弱，以教书为业，是个彬彬儒者。范源让的母亲谢氏，一生勤劳贤良。范源让在家排行第三，上有兄长、姐姐。兄长范源濂，字静生，是近代教育家，曾任北洋政府教育总长、北京师范大学校长、中华教育文化基金董事会董事长等职。姐姐幼名二姑，许与宁乡周氏，未婚而卒。1889年，湖南大旱，饿殍遍野。范源让的祖父和父亲相继去世，家境陷入贫困，靠范源让的母亲帮人浆洗衣服和做针线手工勉强糊口。范源让在姑母资助下得以就学。1894年中日之战时，范源让在私塾读书。1898年，维新运动风靡全国，范源让随范源濂在梁启超所办时务学堂求学。

范旭东肖像（方成绘制于1942年）

当时，范源濂是梁启超在时务学堂的高足，还是革命党人。19世纪末叶，我国正处在列强步步入侵、民族岌岌可危、爱国之士纷纷觉醒、新政高潮勃勃兴起的时候。当时，湖南有南学会、时务学堂，提倡维新变法。1898年9月21日，历时103天的戊戌变法失败。范源濂遭到追捕，

范旭东与夫人许馥

被迫东渡日本留学。1900年以后，革命党人在长江流域活动频繁。范源濂也回国活动，参加唐才常领导的自立军起义，失败后恐累及胞弟，遂携范源让同行，东渡日本求学。

范源让在1901年到日本后，先入日本清华学堂学习日语，后补习功课；1905年毕业于和歌山中学，同年考入冈山第六高等学堂，学习医学；1908年，考入京都帝国大学，学习应用化学，享受官费待遇；1910年毕业后，留校任专科助教。同年，经范源濂介绍，范源让与东京青山实践女校附设师范班的许馥女士相识。许馥，字馨若，湖南长沙人，出身名门望族，其父许雪门以循吏称著于世。许馥比范源让小1岁，两人报国之志相投，情趣相合，很快就在日本结婚。婚后，许馥在生活上全力照顾范源让，使他能全心全意投入事业。他们互爱互励，矢志为民族复兴而奋斗。

在日本留学期间，范源让一度想从事军工专业，期望以坚舰利炮来拯救中国，后放弃造兵救国之念，决定以所学专业化学为出发点，走工业救国之途。其间，范源让由范源濂引见，与梁启超相识，得到提携和教诲，思想认识有了很大提高。他目睹日本各项事业蒸蒸日上、国势日益强盛，回顾自己的祖国，却屡遭外强欺凌，千疮百孔，民不聊生，故而开始探索振兴中华之道。范源让当时拍照立誓，表达忧国忧民的心情：“我愿从今以后，寡言力行，摄像立誓之证。”旁注：“时方中原不靖，安危一发，有感而记此。男儿男儿，其勿忘之。”范源让发现，日本的强盛与工业的发展有密切联系，因此，决心致力于工业救国。为了表达并坚定自己的雄心壮志，他改名范锐，字旭东。

1911年10月，辛亥革命消息传来，范旭东当即决定回国。对当时的情景，范旭东在30多年后曾回忆说：“当时我在日本京都帝大做研究工作，早去晚归，生活比较安适，国内还在激变，一天一个说法，实在叫人难受，趁冬假得暇赶回中国。”①

范旭东回国后，范源濂已步入政界，1912年中华民国成立后，先后任北洋政府教育次长、教育总长。在范源濂帮助下，范旭东进入北洋政府财政部工作。1913年，他意外获得赴欧洲考察盐政和工业用盐问题的机会，出国考察学习近一年时间。关于这次机会，范旭东后来回忆说：“忽然得了个意外的消息：财政部要派员去奥国调查盐专卖法，和盐厂的制盐设备，需要一个懂得工程的人，经过几番交涉，我居然当选了。一行四个人，允许我调查完事，暂时在国外继续求学。到欧洲将近一年，大陆各国矿盐产地和沿海盐场，将近都跑到了。三位同事准备回国，我极力补习功课，各如所愿，非常顺畅。一天忽然接到部电，政府为改良盐质，急于要办个新式盐厂，叫我一同回国，我的留学计划，终被打断了，至今回想，一生的学生生活，也从此告终。”②

范旭东回国后，国内政局已发生较大变化，范源濂不再担任教育总长。摆在范旭东面前的是一种尴尬的局面：“到北京，财政总长换了人，继任的始则忙其所忙，继则顾左右而言他，再不提起办厂，但是薪金还照旧给。”③此后，范旭东到币制局做点事，“等着无聊，又替币制局到各

---

① 范旭东：《久大第一个三十年》，《海王》1944年第17卷第2期。

② 范旭东：《久大第一个三十年》，《海王》1944年第17卷第2期。

③ 范旭东：《久大第一个三十年》，《海王》1944年第17卷第2期。

省调查了一趟造币厂”。[1] 然而，当时官场积弊太深，各种“潜规则”横行，很难真正为国家、为社会做一番事情。原本在欧洲考察学习近一年时间，所见所闻更进一步坚定了范旭东实业救国、科学救国的信念，但不料回国后面对的情况与这一心愿背道而驰，他不得不开始考虑走一条艰难的创业之路。对此，他后来回忆道：“多见多闻，胜读死书千万卷。本来‘幣’‘弊’有何不同，无须太认真，反为多事，我又多受了一番教训。老朋友们，比我熟习世情，苦口劝我，不要再存妄想。要办工业，自己招股，自己动起手来，否则，安安心心领着公俸混下去，不用着急。这种好意，我当然拜受，而且十分瞭解；到这般地步，的确，也非下决心不可，我终于干脆辞去职务，离开政治中心的北京，找我自己的路走了。”[2]

当时，英、德、法等国的工业已很发达。对比之下，中国非常落后，盐政积弊很深，盐民世代遭受引岸制度压榨，灶户贫困，“富归盐商”，且食盐紧缺的局面长期得不到改善。尤其是对盐的用途，中国老百姓只知食用，而且盐质粗劣，有的氯化钠含量甚至不足50%，极不卫生，更不会使盐变性，制成纯碱，促进化学工业发展。范旭东认识到这种情况后，便产生了如下想法：中国必须自己制造标准的精盐，抵制进口精盐倾销，扭转长期吃粗盐的局面；中国必须自己能利用盐制纯碱，抵制洋碱进口，保证中国化学工业的发展。

范旭东从欧洲归来后曾向财政部提交改革盐政的设想，包括“取消专商，废除引岸，改良盐产，统一税率”“特殊奖励工业用盐”“工业用盐无税”等主张，并写成方案，报请政府审查。虽然后来财政总长换人后不再提办新式盐厂的事，但这些设想还是引起了当时财政部盐务署顾问兼《盐政杂志》主编景学钤（韬白）的重视，他曾约范旭东长谈如何实现这些方案。盐务署署长张弧对范旭东的建议也很感兴趣，曾问范旭东：“咱们自

---

① 范旭东：《久大第一个三十年》，《海王》1944年第17卷第2期。

② 范旭东：《久大第一个三十年》，《海王》1944年第17卷第2期。

己办一个精盐工厂如何？”范旭东当即回答：“我们能够办到。”鉴于当时国内政局极不稳定，没有兴办工业的条件，盐政同样没有改变的可能，范旭东最终意识到，盐政改革方案及兴办工业的愿望要想实现，可能只有靠探索一条坎坷曲折的创业之路了。

在决定创业办厂后，1914 年，范旭东来到渤海之滨一个盛产长芦盐的地方——塘沽（当时属直隶省）考察。他以一个战略家的敏锐眼光，一下子就看中了那片海洋蕴含的宝贵资源和便利的交通条件，认为这是起步发展中国盐碱工业、实现人生理想的绝佳之地，并于当年 7 月在这里创办了中国第一家精盐生产企业——久大精盐公司(以下简称“久大公司”或“久大”)，1915 年 6 月破土动工，1916 年 4 月竣工投产，从此结束了国人长期食用粗盐的历史。1917 年，在成功创办久大公司的基础上，他又在此筹办了亚洲第一个索尔维法制碱企业——永利制碱公司（以下简称“永利公司”或“永利”），1919 年冬破土兴建，1924 年 8 月开工出碱，打破了西方对这一核心技术的长期垄断，最终实现了国产纯碱对洋碱的替代。紧接着，他又相继在外地创办了青岛永裕盐业公司、江苏大浦盐厂，以及中国第一座大型化工联合企业——南京永利硫酸铔（即硫酸铵，一种优良的氮肥）厂。由此，在中国这块贫瘠的土地上，创建了以酸碱盐为龙头的近代化学工业基地，奠定了中国化学工业发展的基础。1922 年，范旭东创办黄海化学工业研究社，开启了中国近代化工科研的先河，并在化工领域形成了集团化运作的“永久黄”团体（因久大公司所产精盐的注册商标是“海王星”，故也称“海王”团体）。1928 年，范旭东创办“永久黄”团体内部刊物《海王》旬刊，揭开了中国历史上企业创办刊物的序幕。1934 年，范旭东通过充分征集意见，确定了“永久黄”团体的四大信条，即“第一，我们在原则上绝对的相信科学；第二，我们在事业上积极的发展实业；第三，我们在行动上宁愿牺牲个人顾全团体；第四，我们在精神上以能服务社会为最大光荣”，成为中国近代弘扬企业精神的早期倡导者。全民族抗战爆发后，他带领“永久黄”团体南迁入川，创建华西化工基地，有力支援了抗战，保留了中国化学工业的“种子”。1943 年，范旭东亲拟“十厂计划”，包括扩大塘沽永利碱厂，修复南京铔厂，完成五通桥合成氨厂工程，建设五通桥硝酸、硝酸铔及硫酸工厂，建设湖南株洲水泥厂，建设青岛食盐电解厂，建设株洲硫酸铔厂，建设株洲炼焦厂，建设株洲玻璃厂，建设南京新法制碱厂等，以期在战后大展化工宏图。

然而，正当范旭东欲乘抗战胜利东风“大干一场”之际，他突患胆化脓症，仅病两日，医治无效，于 1945 年 10 月 4 日在重庆寓所病逝。一代工业巨子，为中国化工事业鞠躬尽瘁的一生就此落幕。临终前，这位中国民族化学工业的开拓者仍念念不忘宏图大志，嘱咐后继者“齐心合德，努力前进”！

二、首创精盐工业

1914 年，在办厂兴业思想的驱使下，在盐务署顾问景学钤、其兄范源濂等人的支持下，范旭东来到了海盐资源十分丰富的塘沽。他找到跛脚的穷孩子张汝谦做向导，在塘沽各处察看。虽然到处残垣断壁、满目疮痍，但塘沽终究是名不虚传的天赋盐都，由近及远尽是白皑皑、晶莹莹的盐坨，给了范旭东希望和力量。范旭东在第一次来塘沽时的日记中写道：“大沽口，不是今天的样子。每一块荒地到处是盐，不长树木，也无花草，只有几个破落的渔村。终年都有大风，绝少行人，一片凄凉景状，叫你害怕。那时候，离开庚子国难不过十几年，房舍大都被外兵捣毁，砖瓦埋在土里，地面上再也看不见街道和房屋，荒凉得和未开辟的荒地一样。”① 然而，就是这个看上去鸟都不下蛋的地方，范旭东却认定是天赋的精盐工业基地，因为塘沽不仅有丰富的盐产，还有方便的海陆交通，又有相距不远的唐山煤炭，原料、燃料、运销都具备十分优越的条件。

---

① 徐盈：《范旭东及“永久黄”工业团体发展小史》，中国人民政治协商会议天津市委员会文史资料研究委员会编：《天津文史资料选辑》第 23 辑，天津人民出版社 1983 年版，第 37 页。

老塘沽

塘沽东、南两面荒碱地改成的方田内，由渤海之水，经自然蒸发晒制成的粗盐堆积成山。那一次，范旭东在张汝谦的引导下，居然发现一家通州盐商用土法熬制精盐的小作坊，但小锅小灶，产量极少，且不知注意盐质，只为应市牟利，成不了大业。

回到北京后，范旭东把他在塘沽的见闻和设想，与景学钤畅谈，提出了在塘沽筹建精盐工厂以提高盐质、改进食盐的倡议。这个倡议随后得到范源濂及社会名流梁启超、李思浩、王家襄等人的赞同。随之，由范旭东、景学钤、胡浚泰、李积芳、胡森林、方积林、黄大暹为发起人，梁启超、范源濂、李思浩、王家襄、刘揆一、陈国祥、左树珍、李穆、钱锡孙等人为赞助人，决定在塘沽创办中国人自己的精盐工厂，并试制盐的副产品。

1914 年 11 月 29 日，范旭东组织召开了第一次筹备会议，决定募股 5 万银圆作为筹建资金，由各位发起人分别募集，其中，范旭东自己负责招募 2.5 万银圆。到 1915 年 3 月 21 日，先后召开 4 次筹备会议，募得股金 3.3 万余银圆，不足者继续募集。到 1915 年 4 月 18 日召开第一次股东会议时，实收股金 4.11 万银圆，与起初拟定的资金募集目标相差无几。在提供资金的股东中，有许多政商学界的知名人士，包括近代戊戌变法领袖之一梁启超、北洋政府参政院参政杨度、四川财政厅厅长黄孟曦、北洋政府币制局总裁徐佛苏、北洋政府农商部部长向瑞琨、长芦盐运使李彬士（李宾四）、北洋政府参政院议长王幼山、北洋政府众议院副议长陈敬民、北洋陆军检阅使冯玉祥、民国第二任总统黎元洪、北洋政府陆军部部长吴自堂、北洋政府外交部部长汪泊唐、天津金城银行总经理周作民、清华大学校长周寄梅、北洋政府农商部部长刘霖生等人。此外，还有盐政学者景学钤、盐法专家左习勤、化工学者叶绪耕、教育家严修以及实业家方耕砚、蒋孟萍等人。另外，在第一期股东名册中有“大信堂曹”，姓名为曹秉权，是由中、德、日三国商人出资合办的北洋保商银行的监察。实际上，直系军阀首领曹锟在购买久大公司股票时，借用了曹秉权的名字和堂号，成为久大公司的“隐蔽”股东。

此后，范旭东再次来到塘沽，用募得的资金买下通州盐商开设的熬制精盐的小作坊，并在塘沽一块曾被帝俄占领过的区域购地16亩有余，在1915年6月破土动工，建筑厂房，开始兴办中国第一家精盐工厂，自称是建设中国化学工业的“耶路撒冷”。机器设备由范旭东亲自赴日本调研购买，锅灶由上海求新工厂制造。当年10月30日，久大精盐工厂的建筑安装工程全部竣工，12月1日呈报开始制盐，12月7日获得批准。这时，范旭东特地遣人把当年引导他在塘沽各处察看的跛脚穷孩子张汝谦找来，安排在久大精盐工厂做了工人。1916年4月6日，久大精盐工厂开工点火。9月11日，第一批精盐运往天津销售。久大精盐厂所产精盐，商标为五角形的“海王星”。在太阳系八大行星中，海王星距离太阳最远，公转周期最长。取名“海王星”，寓意久大精盐工厂自强不息，象征为民造福。

久大精盐公司开工时，制造精盐的第一步是将收购的粗盐溶化、澄清，再用钢板平锅熬制出精盐。这种用平锅熬制精盐的方法非常有效，翻开了中国盐业技术史上崭新的一页。此后，中国出现了第一批制造精盐的平锅，精盐工业开始在国内各地普遍开花。当时，久大精盐公司所用粗盐原料除仰赖于滩户外，又排除各种干扰和挤压，自购盐滩数处。长芦四沽代表 42 户灶户的灶首张文洲曾回忆说：“一九一六年，我在长芦盐运使段永彬的批准下，在宁河县汉沽附近大神堂，以利海公司名义投资，开辟了新滩六付。久大精盐公司成立以后，经过段芝贵（段永彬是他的三弟）的介绍，我将利海的六付盐滩出售给久大，又订立了长期合同，指定盐滩十九付（包括我家九付）全部供给久大原盐。时价每包四十元，我们降为每包三十八元，但还是供不应求。”“芦纲公所总纲李赞臣大为恼火，从中破坏，不准灶户四十二家供给久大原盐。又经新盐运使张调宸有意以此四十二家原盐转供河南境芦纲襄八公所。这时，另有灶户李少堂，愤将自备盐滩十付及房屋设备，以十万元售与久大，使其生产不虞匮乏。”① 久大精盐公司从此自有盐田 2000 余亩，原料（粗盐）无缺，脚跟站稳，未被扼死于襁褓之中。

久大精盐公司在塘沽购买的自备盐田

① 徐盈：《范旭东及“永久黄”工业团体发展小史》，中国人民政治协商会议天津市委员会文史资料研究委员会编：《天津文史资料选辑》第 23 辑，天津人民出版社 1983 年版，第 38 页。

久大精盐工厂生产的精盐品质纯净、色泽洁白，备受市场欢迎，改良食用盐质获得空前成功。然而，在社会上一片颂扬声中，却有一些人咬牙切齿地喊道："久大久大，不久不大！久大久大，子时成立丑时垮！"这是来自那些封建运盐专商的诅咒。久大精盐工厂生产、出售精盐，简直就是从这些盐商腰包里抢钱，他们怎么会甘心呢?！中国盐政承袭封建旧制，食盐销售权都在少数盐商手里。这些运盐专商又分为引岸、纲商、票商、包商、指定商等，各据一方，都有专卖权，不许别地别人插手，否则就叫"越界为私"，"以私盐论处"。久大精盐的运销受到了抵制。开工初期，主管方面只许在天津东马路设店行销，使久大精盐的销售范围受到极大限制。后来，久大同人得知当时的风云人物、北洋政府参政院参政杨度与袁世凯关系密切，便千方百计让杨度去游说。杨度拿了两瓶久大精盐送给袁世凯品尝，袁世凯品后大加赞赏，高兴之余，批给久大精盐工厂 5 个口岸的销售地。从此，久大精盐在长江流域的湘、鄂、皖、赣 4 省打开了销售局面。

1916 年，久大精盐工厂赞助人梁启超出任北洋政府财政总长和盐务署督办。这一年，久大精盐终于打破禁区，进军长江领域，指向有 1.1 亿吃盐户的淮南四岸。久大精盐闯进长江流域在当时是中国盐政史上破天荒的事件，立即引起长江流域各口岸盐商的极大不满。他们全力对抗，并勾结地方驻军，以筹措军饷、预借税款等手段威胁久大精盐工厂。范旭东南北奔波，费尽周章，备尝创业艰辛。当时，两湖地区出现盐荒，已有 18 家精盐商号在沿江的长沙、岳阳、湘潭、常德等地做小量试销。1918 年，范旭东把在汉口的 18 家精盐商号组织为汉口精盐公会，实现了"精盐联营"，此后又发动湖南、湖北各县商会向省议会请愿，要求运精盐济湘济鄂，从而为久大精盐打开了新的市场。时年的一天，范旭东在南京沿江大饭店的楼顶上放鞭炮，迎接从塘沽码头装上久大精盐的怡和公司英轮驶进长江口，向着武汉等埠进发。久大公司利用汉口精盐公会的力量打开两湖销路后，接着又在九江组织九江精盐公会，被淮南四岸的旧盐商视为"劲

李烛尘（1882—1968）

敌”。但是，在当时赣北镇守使吴金彪的弟弟吴朗山支持下，九江另设九江精盐查运所，名为“查禁”精盐，实则为精盐统计销数，一次就倾销精盐 4000 余袋。久大精盐工厂逐渐取得了淮南四岸的半壁天下。

1918 年，就在范旭东为扩大销售市场奋力拼搏之际，迎来了又一位中国化学工业的奠基性人物——李烛尘。李烛尘，原名李华搢，1882 年 9 月 16 日出生于湖南永顺，1912 年公费赴日留学，在东京高等工业学校（后称东京工业大学）攻读电气化学。留日期间，他结识了范旭东、傅冰芝、唐汉三等中国留日学生。他们一面同窗攻读，一面酝酿实业救国。毕业前夕，他们商定：和衷共济，各用所学，开办工厂，振兴民族工业，挽救国家危亡。1918 年毕业后，李烛尘怀着实业救国、科学救国的理想，回国准备从事工业。是时，范旭东正在为久大公司物色人才、筹集资金。应范旭东之邀，李烛尘去了久大公司，担任技师，并积极倡议和参与召集民股、扩大资金、增加生产等事宜。1919 年，李烛尘奉派去四川自流井调查井盐，费时数月，掌握了不少资料，为久大公司后来在抗日战争时期西迁开拓川盐，打下了可靠的基础。

久大精盐工厂初期的日产量只有 5 吨，每年赚五六十万银圆。此后几年中，随着久大精盐工厂“海王星”牌精盐的销售范围逐渐扩大，社会知名度与日俱增，股东们的回报也相当丰厚。久大精盐工厂几次扩股，用以扩大生产规模。到 1918 年 12 月，在久大精盐工厂西厂的基础上，又建成

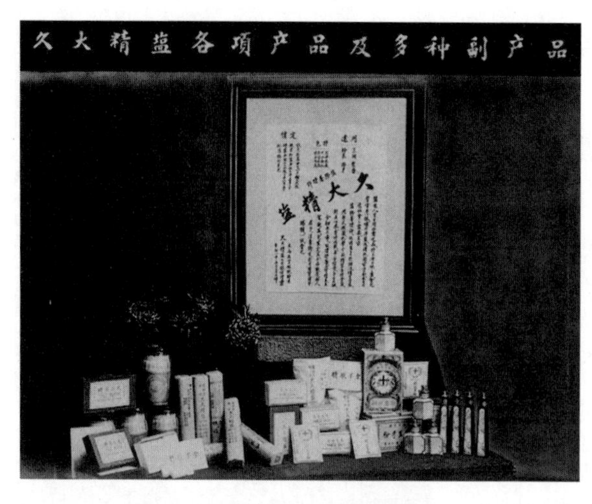

久大精盐公司的产品

久大精盐工厂东厂，年产量最高达6.25万吨，获利更加丰厚。1921年4月，在久大公司股东会上，景学铃当选为董事长，范旭东当选为副董事长。

1922年，第一次世界大战后的华盛顿会议决定，日本继德国之后在中国山东掠夺的各项权利都要归还中国，其中包括在青岛的盐场和制盐设备，但又规定，日本每年若需要青岛盐，可向中国购买。当时，北洋政府无能，国库空虚，纵或收回青岛盐田和制盐工厂，也无力经营，只有招标商办。范旭东鉴于久

1918年建成的久大精盐公司东厂外景

大精盐公司的职责，决定投标应承。盐务署知道久大公司经营盐业既有经验，又有技术，愿交久大公司承办。范旭东团结当地盐商，共同组织了青岛永裕盐业公司，承受了政府收回的日本在青岛的全部盐产。

1923 年，久大公司在天津市旧法租界 32 号路（今赤峰道）自置地基，兴工建楼，作为总公司所在地。1924 年 4 月 20 日，范旭东在久大公司股东会上当选为董事长。到 1925 年，经过与旧盐商的长时间血战，久大公司已发展成为中国最大的精盐企业，资本由原来的不足 5 万银圆增至 250 万银圆。

20 世纪 20 年代初，久大精盐公司生产场景

1931 年九一八事变后，日寇窥伺华北，局势紧迫。范旭东于 1936 年冬将久大精盐公司改为久大盐业公司，扩大经营范围，进入两淮盐区，又在江苏大浦建立盐厂，为塘沽久大精盐工厂准备退路。1937 年七七事变发生后，大浦盐厂即首先迁往抗战后方四川。随后，塘沽久大盐厂人员也入川，在自流井建厂制盐。

三、变盐为碱的缠斗

碱是人们日常生活离不开的东西，更是冶金、石油、机械、纺织、造纸、玻璃等多种工业不可缺少的原料，被称为“化学工业之母”。范旭东在欧洲考察时，深深感到一个国家如无制碱工业，便谈不到化学工业的发展。他之所以先创办精盐工厂，正是为了下一步变盐为碱，然后再发展制酸工业，以此孕育强壮的中国“化学工业之母”。

旧中国工业落后，人民日常食用的是天然碱，主要产在张家口、古北口一带，俗称“口碱”。这种碱是把天然土碱化成碱水，再凝成碱块，加工粗劣，杂质很多，类似黄泥，不仅影响人民健康，也无法用于制碱等现代化学工业。

1900 年八国联军侵华战争以后，英商卜内门公司的洋碱开始倾销中国，独霸市场。卜内门总公司设在上海，在各大商埠、城镇都有分销店。上海卜内门公司经理李立德原是传教士，熟悉中国国情。最初，他雇用中国人挑着洋碱，他自己则摇着串铃沿街叫卖，当场表演，逗引路人使用。洋碱是采用化学工艺生产的，含碳酸钠 99%以上，质量远远超过土碱，而且价格低廉，不论工业、民用都受欢迎。

1914 年，第一次世界大战爆发，欧洲战事激烈，交通阻塞。卜内门公司等外商销往中国的洋碱中断，过去旧存的洋碱价格飞涨，引起民食和工业用碱的恐慌，上海、天津等大城市用纯碱作原料的工厂纷纷停工。范旭东深刻认识到，中国应该有自己的纯碱工厂，决不能再仰人鼻息，让卜内门公司的洋碱长期控制中国的国计民生。

其时，比利时一家索尔维新法制碱厂在战争中倒闭，所有技师及设备闲置，经人游说，同意移来中国与范旭东合办。在谈判中，比利时人提出 3 项条件：第一，比方资本占比必须过半数；第二，机器设备及制造由比方负全责，中方不能过问；第三，营业由中方主持，但销售价格须由比方规定。对前两条，范旭东等人作了相当让步，唯有第三条难以接受。范旭东预见到，将来一旦制碱成功，与洋碱的竞争必然激烈。中国实业幼稚，只可胜不可败，一败之后不能再募第二次股本，企业会一蹶不振。价格由比方规定，等于中方失去产品主权，无法竞争。谈判中，比方不愿作任何让步，合办计划遂告吹。

范旭东又拟将天然碱精制，救一时之急。张家口外碱湖所产天然碱含碳酸钠49%，稍作加工，即可应市。据调查，这里年产天然碱30万担，制成纯碱，可得15万担。工厂设计、建造费需10万元。若将久大工厂移往，可省资金3万元。如运原料至塘沽精制，产品成本必然提高。范旭东等人反复权衡：口碱改制在欧战时获利无疑，但欧战结束后，洋碱再度来华，则将难以存在，故而工厂应有长久打算，不能只顾眼前利益。范旭东说："盖既成立一独立国家，以此等工业之母，不能专依赖天然，亦不能久仰于外人，无论如何决计非制造人工碱不可。"口碱改良计划由此也未实施。

1917年，范旭东与各方友好商议，积极筹划在塘沽兴建纯碱工厂。事也凑巧，在即将行动之时，苏州人吴次伯、陈调甫、王小徐等人一行慕范旭东之名，来到塘沽，特地前来考察、拜访。吴次伯原在苏州设厂制造汽水，因见市场上纯碱奇缺，有利可图，有意改产。陈调甫毕业于东吴大学化工系，曾试制纯碱，应邀与吴次伯一起筹建碱厂。王小徐曾留学英国，擅长数学、电工、机械，在上海任大效机器厂厂长兼总工程师，也参加了吴次伯筹建碱厂的工作。3人特地到北方产盐区考察，选择厂址，先到塘沽东的汉沽，南返时又到塘沽。范旭东在久大精盐工厂接待了3位客人，彼此畅谈兴建纯碱工厂的见解。范旭东认为，在塘沽办碱厂的条件最好，当地盛产原盐，100多里地之外有唐山的煤，再往东不远有滦县的石灰石。塘沽面临渤海，背靠铁路，交通方便，又有久大精盐工厂作为支柱，只要大家勠力同心，碱厂必然降生。他们经过充分交流，感到彼此志同道合，旋即决定携手在塘沽创办中国第一个制碱厂。

范旭东当时家住天津日本租界的太和里。就在他家里，陈调甫、王小徐和他 3 人亲自操作，先委托万有铁厂造了一套小机器并安装到位，后又造了一座 3 米多高的石灰窑供给碳酸气，仿当时世界上最先进的索尔维制碱法做小规模试验。他们开工试制多次，居然出了纯碱，大家认为满意，这更增强了他们在塘沽建碱厂的信心。

试制成功，大家同意办厂。王小徐因是电学专家，对于机电事业有兴趣，无意投身化工事业，不久南归。吴次伯则感到厚利在望，自告奋勇，拟回上海募股银洋 30 万元。可他认识的富商大贾们多愿干转手间得大利的生意，对资金周转慢的重工业却不肯投资。吴次伯因之知难而退，中途散伙，不再到塘沽，招募股金的工作最后落在了范旭东身上。陈调甫因为学的是化工专业，范旭东邀他促膝谈心，劝他把制碱的技术责任承担起来，共同奋斗。陈调甫说："我能力薄弱，要我担负此重大责任，等于要孩子当家。"范旭东回答道："谁都是孩子，只要有决心，就能成功。"他又说："为了这件大事业，虽粉骨碎身，我亦要硬干出来。"听了这话，陈调甫大为感动。后来，他们又一起到厂外散步，看见一堆一堆的盐坨，外面席盖泥封，形如小山，数之不尽。范旭东说："一个化学家，看见这样的丰富资源而不起雄心者，非丈夫也。我死后还愿意葬在这个地方。"从这次谈话中，陈调甫断定范旭东是一个有雄心壮志的事业家，最终决定追随他共同奋斗。[①] 此后，以共同筹建永利碱厂为契机，在数十年的奋斗

陈调甫（1889—1961）

① 陈调甫：《永利碱厂奋斗回忆录》，全国政协文史资料研究委员会、天津市政协文史资料研究委员会：《化工先导范旭东》，中国文史出版社 1987 年版，第 57 页。

生涯中，陈调甫最终成为中国近代著名的实业家、化工专家和教育家。

范旭东创办久大精盐工厂的成绩有目共睹，社会声望不断提高。当他发起创办碱厂时，久大的股东和各地的代销商、银行家、官僚、议员、盐官各色人等纷纷投资。特别是，久大是碱厂的最大股东，还有金城银行也是碱厂的重要经济支柱。1918 年 11 月，在天津召开碱厂创立大会，决定募集资金 30 万银圆，兴建永利制碱厂。会议还决定，范旭东为总经理；筹建事务由 4 人负责：陈调甫为总负责人，刘仲山主管工程，张月三主管材料运输，林铁庵主管财务。

1918 年召开永利碱厂创立大会后，趁申办工业用盐免税久延未批之际，范旭东派陈调甫去美国学习、考察制碱技术，寻找设计人员，购买机器设备，招揽技术人才。陈调甫到美国后，首先拜访了纽约华昌贸易公司总经理李国钦，请他就有关事宜在美国予以协助。华昌贸易公司是华人较早在美国开设的从事国际贸易的公司。总经理李国钦，字炳麟，系湖南长沙县人。李国钦听了陈调甫的介绍后，相信范旭东创办碱厂必能实现，欣然答应提供协助。他邀请曾在马叙逊碱业公司担任厂长的美国工程师孟德为永利碱厂提供设计服务，约定设计费用为 2 万美元，生产技术和流程采用当时最先进的索尔维制碱法。

设计图纸确定后，李国钦又在美国为永利碱厂代购了一部分机器设备。至于其他能在国内制造的设备，则由王小徐帮忙，在上海大效机器厂定制。1919 年冬，塘沽永利碱厂破土动工，占地约 300 亩。兴建的主要厂房中，有 2 座钢筋水泥高楼，这就是制碱的心脏——蒸吸厂房（北楼）和碳化厂房（南楼）。南楼高达 9 层。北楼高达 10 层，在当时被誉为“东亚第一高楼”。随着厂房竣工，在美国和上海定制的机器设备也陆续运到塘沽，开始安装。

永利碱厂的设计图纸由美国专家主持绘就，但许多设计工作由 5 名在美国的中国留学生承担完成，其中就包括当时正在哥伦比亚大学攻读制革专业、后来誉满世界化工界的制碱专家侯德榜。侯德榜，名启荣，字

侯德榜（1890—1974）

致本，1890 年 8 月 9 日出生于福建闽侯县坡尾村，1913 年毕业于清华留美预备学堂，1916 年获美国麻省理工学院化工科学士学位，1921 年获美国哥伦比亚大学博士学位。在美国即将结束学习前夕，他应邀参加了永利碱厂的图纸设计翻译和设备采购工作。侯德榜经由李国钦介绍与陈调甫相识。陈调甫与他见面后，详细介绍了国内纯碱市场供应面临的严峻形势及范旭东在国内兴办碱厂的雄心壮志，并真诚邀请侯德榜加盟永利。侯德榜听后思绪万千，当场表示："祖国需要我，我决不推辞。"1920 年 12 月，已回到国内的陈调甫从苏州家中给范旭东发信，力荐侯德榜："弟为公司计决定聘侯君德榜为技术主任，已代拟就海电请即拍发，并乞兄与任之即日致信与侯君。"范旭东接到陈调甫的来信后，当即给侯德榜拍发了越洋电报："请通知 123 大街西区 528 号的侯德榜先生，我们将提供总工程师职位给他，薪水为 300 美元，工作从（1921 年）9 月开始。"侯德榜收到邀请电报后，深为范旭东、陈调甫以实业振兴中华、拼命而为之的精神所感动，决定弃革从碱，接受邀请加入到永利的行列中。翌年，侯德榜获得博士学位，又在美国考察了 8 个月，于 1921 年底回到国内，接受范旭东之约到塘沽走马上任。

侯德榜回国后被委以重任，开始主持永利碱厂的建筑、安装、技术等工作，工厂的经营管理工作则由李烛尘负责。陈调甫名义上是制造部部长，但厂内习惯称他为"厂长"。他不仅在永利碱厂设计、建设阶段担当重任、殚精竭虑，更因在荐贤上以大局为重、高风亮节，获得范旭东的高度称赞："荐贤有功，应受上赏。"后来机构改组，永利碱厂由侯德榜、李烛尘轮流当厂长（每人任职1年，循环轮流）。

侯德榜回国时，紧随他来到中国的，还有美国制碱机械工程专家李佐华。李佐华是美国某著名制碱厂的机械工程师，在这家碱厂服务多年，有着丰富的生产经验。1921年，侯德榜在美国为永利碱厂设计图样和采购设备期间，参观过这家制碱厂并结识了李佐华。后经多次联系和协商，1922年1月5日，李佐华约聘来华，聘期2年，年酬金1万美元。当年，他还不到40岁。当时的中国化学工业是一片空白，永利碱厂建设初期极度缺乏有经验的技术人员和一线操作人员。李佐华到来后，以他多年的经验和现代管理方式，为厂里机械、化工、电工等岗位的青年技术人员进行授课，在现场实际指导训练，培养出永利碱厂乃至中国化工界第一批专业

范旭东（中）、李佐华（左）、陈调甫合影

技术人员和操作人员。

1917 年决定筹办碱厂时，范旭东等人联名向财政部盐务署备案，得第 1415 号训令特许立案。1920 年 9 月，奉农商部批准以第 475 号注册，定名为“永利制碱公司”，设工厂于塘沽，资本总额定为银洋 40 万元，特许工业用盐免税 30 年。凡在塘沽周围百里以内，他人不得再设碱厂，并规定永利公司股东以享有中国国籍者为限。

1920 年 5 月 9 日，永利召开第一次股东会，选出范旭东、景学钤、张弧、李穆、周作民、聂云台、陈栋材为董事，黄钧选、佟陀公为监事。董事会推选范旭东为总经理。在这些董事、监事中，景学钤是重要的盐务改革人士和社会活动家，创办了《盐政杂志》并任主编；张弧是财政部盐务署署长；李穆是长芦盐运使；周作民曾留学日本，是金城银行的创办人兼总经理，曾任财政部钱币司司长；聂云台是上海商会会长，开办有恒纱厂，在上海的股金大部分是他招募的；陈栋材是前江西督军陈光远长子，

1934 年，永利制碱公司制作的厂景沙盘

20 世纪 20 年代，北京大学师生在永利制碱公司参观时留影

久大精盐公司、永利制碱公司办公楼

陈光远对永利热心支持，大量投资，还广为募股，但他不愿出面，故由其子任董事；黄钧选为国会众议院议员；佟陀公曾任长芦盐运使署高级官员。

1923年，永利碱厂大部分机器设备安装就绪，陆续单机试车，准备开工。当时的生产设备，计有碳化塔2座、锅炉3台、发电机2台、真空机2台、空气压缩机1台、混合塔1座、滤碱机2台、碳酸机2台、推轮机4台、干燥锅4台、白灰窑1座、蒸氨塔1座。1924年8月13日，永利碱厂开工出碱，揭开了东亚碱史的第一页。然而，没想到的是，生产出来的碱非常令人失望，碱色发红夹黑，根本无法销售，而这时已耗去资金300余万元，除股本200万元外，欠外债100余万元。到第二年3月，主要设备干燥锅烧坏，全厂停工。

为什么会出现这种情况？这是因为，索尔维法制碱的特点之一是连续生产，整个工艺流程中所有的机器设备节节相连，形成一个完整的系统。全过程有7个主要环节，生产只有在7个环节都正常运转的情况下才能正常进行。如果有一个环节发生故障，或机器设备的适用性不强，平衡失去控制，生产就会受到严重影响，甚至会发生事故。与此同时，由于索尔维公会对索尔维法的技术封锁，永利制碱公司试车的时候，技术人员对索尔维法的技术仍一知半解，未能实质掌握其生产工艺。对试车过程中可能发生什么问题、有哪些应注意的地方等，大家都胸中无数，整个试车犹如在汪洋大海中盲目航行。① 如此，试车不成功也就在情理之中了。

为使永利渡过难关，范旭东等永利领导层断然作出3项决定：第一，派遣技术人员再去美国，进一步考察制碱技术；第二，继续挪用久大资金，并向金城银行贷款，解决资金奇缺的困难；第三，宣布暂时裁减员工，以节约开支。同时，向股东和留厂员工宣布："裁减人员后，留下的职工要再接再厉，摸索钻研，寻找失败的原因。"此后，在新成立的黄海

① 陈道碧、薄凯文编著：《中国化学工业的先驱：著名化学家侯德榜》，吉林人民出版社2011年版，第41—42页。

社及美国工程师李佐华等人协助下，侯德榜带领永利的技术人员日夜辛劳，废寝忘食，深入探究索尔维制碱法的奥秘，不断进行技术试验，先后将半圆形干燥锅改为圆筒型干燥锅、用加少许硫化钠的方法防止出色碱，并改进了锅炉加煤机，改装了化盐设备，实现了灰窑下灰自动化。

永利制碱公司的“红三角”商标

1926 年 6 月 29 日，在找到试车失败原因、充分汲取经验教训后，永利碱厂重新开工，终于生产出洁白的“红三角”牌纯碱，碳酸钠含量在 99%以上，质量完全可以与卜内门公司出产的洋碱相抗衡。1926 年，在美国费城举行的万国博览会上，永利“红三角”牌纯碱获得最高荣誉金质奖章；1930 年，在比利时举行的工商博览

1926 年，永利制碱公司“红三角”牌纯碱荣获的美国费城万国博览会金奖证书

会上，“红三角”牌纯碱再一次荣获金奖。永利制碱从此赶上了世界先进水平，为中华民族争得了荣誉，同时也奠定了中国近代化学工业的基础。

1930年，永利制碱公司“红三角”牌纯碱荣获的比利时工商博览会金奖证书

第三节　应运而生

一、从化验室的“襁褓”中诞生

范旭东是一位有远见卓识的实业家、科学家，是实业救国、科学救国理念的积极践行者，认为振兴工业当为救国最要者之一。他先后创建久

大、永利两家化工企业，擎起发展中国近代化学工业的大旗，成为中国近代化学工业的奠基人。在这一过程中，他对科学研究极为重视，将之置于与实业同等重要的位置，因为他深知："中国今日若不注重科学，中国工业有何希望?""近世工业非学术无以立其基，而学术非研究无以探其蕴，是研究一事尤当为最先之要务也。"

其实，早在创立久大之前，他就十分重视学术和科研。在日本留学期间，他专攻化学，其间还一度痴迷于军工。回国后，他专门进行过食盐精制的研究，为日后久大的创立奠定了技术基础。1913—1914年，在欧洲考察期间，他发现欧洲的技术类企业都有自己的研究机构，这些机构有强大的科研能力，是企业发展的一大动力，这使他"研究一事尤当为最先之要务也"的看法愈加坚定。在他看来，中国地大物博、物产丰富，但如果没有先进的技术手段去开发利用，再丰富的资源也只能和尘土一起深埋地下，所以，建立专门的研究机构，开发先进技术，充分利用资源，是非常紧迫的事。①

久大成立后，生产的精盐品质纯净、色泽洁白，在市场上获得了成功，表明应用近代科技改良盐质是成功的。但范旭东感到，精盐生产过程中仍有不少问题需要通过深入的科学研究来解决，尤其是鉴定精盐的质量和探索其综合利用的途径。为此，他很快在久大厂内设置了一个化验室，专门研究解决生产中遇到的技术难题。当时，范旭东既是久大精盐公司的总经理，又是厂里唯一的化学技师。在这仅有平房数间的化验室里，有张带折翼的办公桌。白天的一些时候，范旭东在其上做试验，晚上则可用

---

① 1944年7月20日，范旭东在《海王》旬刊第16卷第31期发表《创设海洋研究室》一文，其中写道："开发海洋，自当以学术研究为基础。""吾人相信，惟学术研究，始有前程，惟有向大自然界进展之事业，始能可久可大。""属于久大之盐田，北起渤海，中经胶澳，南至江淮，合而计之，不下十余万亩，实具世界绝大海矿场之资格，只待研究有成，则世称斥卤之地，将一变而为黄金穴矣。"这表明，范旭东自始至终高度重视科学研究，认为要想开发资源、发展工业，必先着力于科学研究。

作睡榻。他当时所做试验主要是关于海盐的综合利用。此后，由于范旭东要投入全力筹建碱厂，化验室又增加了一位名叫章舒元的技师。

科研创新与实业发展相伴而生。在实业成长发展的过程中，不可避免会遇到一些技术问题，因此，产生了对科学研究、科技创新的需求，这也决定了企业寻求科技支撑是一种必然的选择。1920 年，在筹建永利碱厂的过程中，因当时的制碱技术被国外垄断，所有技术难题只能依靠自己解决，由此遭遇到无数困难。这使范旭东在创办永利时再度感受到科学研究对企业发展的极端重要性，因而萌生了对久大化验室进行扩建，继而创建一个独立研究机构的想法。随之，在当时经费极其紧张的情况下，他咬紧牙关，拨出巨款，在久大盐厂左侧辟地数亩，花费 10 万银圆，建造了一座有两层小楼的建筑，将原来的久大化验室扩建为新型的化学工业研究室，内设分析化学研究室、工业化学研究室、动力室等，计划能够供 100 位化学师作研究之用，并附设一个图书馆。

范旭东对扩建后的化学工业研究室高度重视，一直在想方设法为它寻找一个合适的"当家人"。1922 年夏的一天，其兄范源濂向他介绍了留美化学博士孙学悟的情况。范旭东听后认定，孙学悟就是做学术研究的理想之人，于是怀着求贤若渴的心情，迅速委托孙学悟的好友侯德榜前去邀请他加盟共事。当时，范旭东给孙学悟写了一封邀请函，内容如下。

颖川先生大鉴，敬启者：

塘沽久大工厂附设之化学室，现经决定自本年七月起改由弟私人出资经营，拟聘足下为主任，从事研究。即希早日驾临，是盼。此颂大安

范锐（民国）十一年七月六日

孙学悟，字颖川，1888 年 10 月 27 日出生于山东省威海卫孙家疃，1911—1919 年在美国哈佛大学化学系学习，攻读博士学位，并因成绩优

异在毕业后留校任助教；回国后接受天津南开大学校长张伯苓之邀，为南开大学筹建理学系；后受聘于英国人开办的开滦煤矿，任总化学师，月薪300银圆，还免费住高级洋楼、享受上等伙食，物质条件十分优厚。但是，孙学悟志在振兴中华民族工业，不甘寄于洋人篱下，且与立志实业救国的范旭东志向相同并对他仰慕已久。于是，在范旭东的邀约下，孙学悟毅然弃职，宁肯每月少得银圆，立即来到塘沽的久大精盐公司，出任扩建后的化学工业研究室主任。孙学悟的加盟，给范旭东推动科学研究工作增添了巨大信心。从此，孙学悟与侯德榜两博士“肩靠肩，背靠背”，成为范旭东开创中国近代化学工业技术方面的“左膀右臂”。

孙学悟肖像（方成绘制于1942年）

1922年8月，根据对海盐综合利用研究的需要，范旭东决定把化学工业研究室同工厂分开，正式成立一家独立的研究机构，取名为“黄海化学工业研究社”，简称“黄海”（在本书中简称“黄海社”），由孙学悟出任社长（主任）牵头创办，研究工作则另聘专家担任，不再完全由久大、永利两厂的技师兼任，但两厂的技师仍为当然的研究员。对于当时的情景，1942年刊发的《黄海化学工业研究社二十周年纪念册》在沿革部分作了描述：“黄海前身，原为久大塘沽精盐工厂附设之化学室，因时代之需求与我国化工技术之进展，在精神与物质双方均与学术研究息息相关，确有组织研究团体之必要，遂商决改为独立机关，使能充分寻求科学真理，探索研究工作应走之途径，以期促进研究与致用之联系。”1946年，侯德榜发表的一篇纪念文章也进行了说明：“（范旭东）先生创办久大精盐公司、永利制碱公司成功之后，觉中国化学工业非用科学方法增高效能，终将因

黄海化学工业研究社成立初期的门景

成本过高、技术落伍，不能与外货角逐，遂于民国十一年，就久大化学试验室旧址创立黄海化学工业研究社，专研究精盐副产及化学制造方法，对于原料之探讨、成品之检查、制法之讲求、技术之研究尤为注意。盖化工研究室执工业之成功锁钥，实为工业之智囊也。”①

黄海社的成立，标志着范旭东创立的“永久黄”团体正式形成。“永久黄”是永利、久大、黄海社的合称。“永久黄”团体的领导大多是永利、久大及黄海社的发起人，他们都接受过新式教育，很多人有海外留学背景，掌握先进的科学技术知识。更重要的是，他们都有实业救国、科学救国的理想和抱负，愿意将所学知识与实际相结合，生产出中国自己的产品，创建中国自己的工业。“永久黄”这种三位一体的组织模式，与现在的大型企业集团大体相同。三者之间，首先有业务纽带的联系。在很多时候，黄海社的科技创新都是围绕着永利、久大生产中出现的技术问题展开

① 侯德榜：《追悼范旭东先生》，《科学》1946 年第 5 期。

的，研究成果直接应用于生产，形成了生产力和经济效益。三者之间，还有资本纽带的联系。黄海社开展科学研究和维持运转的资金，是由范旭东个人以及永利公司全体股东捐助的。这样一种联系紧密又相对独立的“产研”一体化模式，虽不敢说就是几十年后被积极倡导的“产学研”一体化的雏形，但对于科研与生产紧密结合的探索，即便在今天也是值得研究和借鉴的。

二、为中国创造新的学术技艺

发展实业，必须有科研的支撑。调查与分析资源、进行专题研究、解决生产中的技术难题、培养技术力量等，都属于科学研究的任务，是发展实业的先决条件。范旭东深刻认识到了这一点，这也是他创办黄海社的初衷。他在《创办黄海化学工业研究社缘起》中写道：“第近世工业非学术无以立其基，而学术非研究无以探其蕴，是研学一事尤当为最先之要务也。顾在吾国欲就工业而论，学术盖有不易言者矣。”“于国内化学工业中心地之塘沽创设黄海化学工业研究社，仿欧美先进诸国之成规，作有统系之研究，于本地则为工业学术之枢纽，并为国内树工业学术世界。”为了更好发挥黄海社的作用，范旭东强调：“黄海应该是我们的神经中枢，它不属于永久两公司，而是与永久两公司平行的独立的化工学术研究机关。”换言之，黄海社既是永利、久大的智囊，又是一个自由、独立的科研机构，在科研方面不受永利、久大两公司的行政约束。根据这一要求，黄海社成立后立即购置图书、仪器，陆续招聘国内大学毕业和留学归来的学化学、化工的人才到社工作。

那么，范旭东创办黄海社的根本目的是什么呢？仅仅是为久大、永利提供技术支持吗？显然不是。1942 年黄海社庆祝建社二十周年时，范旭东在题写的《黄海二十周年纪念词》中道出了缘由：“中国广土众民，本不应患贫患弱，所以贫弱，完全由于不学；这几微的病根，最容易被人忽略，它却支配了中国的命运，可惜存亡分歧的关头，能够看得透澈的人，至今还是少数；中国如其没有一班人肯沉下心来：不趁热，不惮烦，不为当世功名富贵所惑，至心皈命为中国创造新的学术技艺，中国决产不出新的生命来。世论辄嫌这看法太迂缓，权势在握的人，什九又口是而心非之，我人何敢强聒。惟有邀集几个志同道合的关起门来，静悄悄地自己去干；期以岁月，果能有些许成就，一切归之国家，决不自私；否则，也惟力是视，决不气馁。这是二十年前我们创立黄海的微意”。这就是说，范旭东创立黄海社的根本目的，其实不仅仅是为本企业提供技术服务，而是为中国创造新的学术技艺，产出新的生命来，促进国家富强、民生福祉，最终实现科学救国、实业救国的理想。

黄海社是中国历史上第一家化工科研机构，《黄海化学工业研究社二十周年纪念册》中写道：“国内私立化工学术研究机关，当以此为嚆矢。”成立民间科研机构黄海社，在百年前军阀混战、列强蚕食的旧中国，无疑是一个具有远见卓识的重大创举。那么，为什么将研究社起名为“黄海”呢？这是因为，黄海社诞生于塘沽。塘沽濒临渤海，而渤海朝宗于黄海。海洋蕴蓄着无尽的宝藏，是化学工业的广阔天地，也是大好的试验场所，正如范旭东所说：“我们把研究机构定名为‘黄海’，表明了我们对海洋的深情，我们深信中国未来的命运在海洋。”久大生产精盐以海洋提供的盐类资源为基础，永利制碱的主要原料也是海盐，因此，范旭东将海洋作为化学工业的广阔天地和最好的试验场所。当初，在久大精盐工厂内成立化验室，初衷就是以海洋为研究对象，后来将化验室扩充为化学研究室，进而创立独立的研究机构，当然要“不忘初心”，故而将研究社定名为“黄海”。由此可见，范旭东将研究社取名为“黄海”，体现了他最初的信念和愿望，表达了他对黄海社的殷切期望。

为了顺利推动化工科研工作的开展，在聘请孙学悟为社长的同时，范旭东还陆续招聘从国内外大学毕业的学化学、化工的人才到黄海社工作，采取工业化学与农业化学并重的方针，先后成立了化工原理、应用化学、发酵化学、海洋化学等研究门类，并购置科研仪器，收集图书资料，开展科研工作，为久大、永利两厂攻克了许多技术难关，培养了大批技术人员。后来，还选拔一批优秀人才到国外进修深造，先后达数十人。这些人员回国后都成了“永久黄”团体中的骨干力量，在生产技术和经营管理上都作出了重大贡献。

黄海社成立后，明确主要任务“除（1）协助久大永利之技术，（2）调查及分析资源，（3）试验长芦盐卤之应用外，厥为探讨研究方向，以为奠定我国科学应用之基础”。① 所以，招聘来的研究人员不断深入生产现场，边实验、边研究，探讨解决生产中出现的各种问题。然而，在成立初期，由于对社会上一般的需求，枝枝节节有求必应，在研究方向和课题上也一度陷入不着边际的境地，正如范旭东所言：“简直是暗中摸索，有时这样，有时那样，越做越怀疑”。所幸的是，在经历短暂的彷徨后，黄海社就根据自身的实力情况，踏上了聚焦国计民生的坦途。对此，《黄海化学工业研究社二十周年纪念册》的沿革部分作了这样的记述：“溯自黄海成立之初，因欲应付社会一般需求，曾一度步入工作庞杂、漫无标的之境。设以‘以有涯应无涯’之光阴，长此下去，将渐失学术研究之真义。吾人深知办化工研究社本身，就是一个要研究的课题，本此警觉，始得探讨黄海应采取研究方向的重要启示！从此困心衡虑，斟酌我国情形，度量本身力量，在大小轻重缓急之间，择最切国计民生者数端——如轻重金属之于国防工业，肥料之于农作物，菌学之于农产制造，以及水溶性盐类之于化工医药等，均为建国所急需者——为主要研究之对象。”② 也就是说，当时的黄海社一方面针对国计民生的需要，另一方面度量自己的能力，通过斟酌轻重缓急，最终选择了几项研究课题，厘定了研究范围。大体说来，共有4类：在化工医药方面研究水溶性盐类，在农业方面研究肥料，在农业产品制造方面研究发酵与菌学，在国防工业方面研究轻金属的冶炼。至于协

① 《黄海化学工业研究社二十周年纪念册》，1942年出版，第11页。

② 《黄海化学工业研究社二十周年纪念册》，1942年出版，第11—12页。

黄海化学工业研究社的社徽

助久大、永利两厂解决技术问题，原本就是分内之事和义不容辞的工作。

1924 年，黄海社确定了社徽。社徽为圆形，外圈是个齿轮，代表工业的动力；内圈是互相涵抱的 3 个部分：致知、穷理、应用，互相涵抱表示这 3 个部分紧密联系、不可分割。社徽如此设计，表达了这样一种逻辑：实现科学救国、实业救国，首先要大力推动科研和创新，然后将致知所得、穷理所到应用于生产实践，以此为工业发展提供动力。社徽图案表达的逻辑，恰如其分地体现了黄海社当时办社的方针、方向和理念。

三、范旭东带头捐酬资助

创办黄海社时，永利尚处在建设过程中，只有投入，没有产出，经济十分困难，维持黄海社又要多一份开支。当时，有人说范旭东有点傻气，可范旭东还是力排众议，坚持把黄海社办了起来。范旭东把黄海社看作他毕生创办的“第三件大事业”，视为“永久黄”团体的神经中枢。为了确保黄海社能顺利运行，从 1922 年黄海社筹备建立起，他个人就投入了 10 万元启动资金，随后又把个人应得的久大创办人的报酬金全部捐出，作为黄海社的运转经费。

1924 年 6 月 22 日，在范旭东的表率作用感召下，特别是看到黄海社建立后对永利在解决技术难题上发挥的巨大作用，经全体创办人一致同意，永利公司第四届股东会议作出决议：“因念科学研究不容稍缓，愿将公司章程内所规定的创办人全体所得报酬金，悉数永远捐作黄海社研究学术之用。如有不足，再由永利、久大资助。”这意味着，为了全力办好黄海社，永利的其他创办人将与范旭东采取一致行动，把作为创办人所得酬金全部捐赠给黄海社。据说，在当时股东会议上各创办人表态支持后，范

1924 年，永利制碱公司第四届股东会议后，股东们参观永利碱厂

旭东现场大书“云天高谊”四个大字，高悬会场，以示纪念，顿时掌声四起，气氛热烈。范旭东随后在会上作报告时感慨地说道：“本公司事业之重心，全在工厂，而工厂之能否改进，又视致力科学之深浅为转移，故欲稳固公司基础，则科学之研究，实为刻不容缓。久大精盐公司夙有化学室之设备，所费不资，成效卓著，民国十一年八月，化学室改组，成一独立研究科学机关，定名为黄海化学工业研究社，社费自筹，不受久大之补助。此研究社立于久大与永利两公司范围之外，而两公司有关于化学及工业上应待解决之问题，研究社则可担负其责，藉收分工之益，盖该社不啻塘沽各工厂知识之泉源也。本公司创办诸君，竟于公司成功之日，举应得之创办人酬劳金，宣告永久捐作该社研究学术之用，远谟壮举，超轶等伦，此匪独公司根本上之至幸，实堪为吾国工业学术界称祝者也。兹表满腔之敬意，并以绍介于诸公。”①

不过，即使范旭东及全体创办人一致捐酬，又有久大、永利两公司的

① 范旭东：《在永利制碱公司第四届股东会议上的报告》（1924 年 6 月 22 日），公私合营永利久大化学工业公司历史档卷（永利案卷顺序号 10）；永利化工公司：《范旭东文稿（纪念天津渤化永利化工股份有限公司成立一百周年）》，2014 年出版，第 26—27 页。

特别补助，但由于当时范旭东还处在创业期，久大、永利成立的时间都不长，尚在不断扩张，因而客观上，各方面资金都十分紧张，黄海社的经费有时捉襟见肘也就在所难免。回忆起黄海社起步阶段艰难的经历，孙学悟曾在一篇手稿中写道："永利头一个十年，无日不在过着朝不保夕、九死一生的日子……而黄海的经费都不能有个预算。可是因为黄海'其始也简'，信心坚实，终能由讥笑之中，不见形的斗争里自立起来。"① 由此可见，在成立后最初的几年，由于研究经费不足，黄海社的日子并不是太好过。

1927 年南京国民政府建立之后，由于孙学悟的努力，以及黄海社为社会所作许多贡献，不仅赢得了社会各方人士的同情和支持，还获得了中华教育文化基金董事会的支持。从 1928 年到 1937 年，中华教育文化基金董事会每年给黄海社提供 1 万元的经费补助，条件是其间黄海社每年向该会报告活动情况和科研成果。这笔经费虽然数目不是很大，却有两方面的意义：一是缓解了黄海社研究经费的不足，二是表明黄海社的科研工作得到了社会认可。此外，1939 年，黄海社还得到了管理中英庚款董事会和国民政府资源委员会等机构的资助。其中，中英庚款董事会提供的资助，主要用来补助张承隆、方心芳、谢光蘧等人赴国外进修深造的生活费及支持创办《黄海》双月刊；国民政府资源委员会提供的资助，主要用来支持几项相关课题的研究。因为增加了这些补助和资助，从 1928 年开始，黄海社的经费状况较前几年有了明显改善，研究工作范围也随之逐步扩大，取得了一系列显著成果。

1931 年 8 月，黄海社正式成立董事会，在通过的《黄海化学工业研究社章程》中，黄海社经费的主要来源明确为 4 项："本社常年经费由下列之四项收入照每年预算支出：（一）范旭东君捐助其个人所得之

---

① 孙继仁：《父亲，我们怀念您》，政协威海市环翠区文史资料研究委员会：《孙学悟》，1988 年出版，第 62 页。

久大精盐公司创办人报酬金。（二）永利制碱公司创办人全体所得报酬金。（三）赞成本社宗旨之个人或团体之补助费。（四）社外利用本社研究之结果企业成功者所捐助之经费。"①经过一段时间后，又将经费的主要来源增加为5项，在1940年修正章程时进行了明确："本社常年经费，由下列之五项收入照每年预算支出：（一）范旭东君捐助其个人所得之久大精盐公司创办人报酬金。（二）永利化学工业公司创办人全体所得报酬金。（三）赞成本社宗旨之个人或公团之补助费。（四）个人或公团委托本社研究所指定之问题，依双方契约所得之费用。（五）社外之企业家利用本社研究之结果经营实业，依双方契约所得之报酬。"②

虽然黄海社章程规定的经费来源渠道变多了，但除了中华教育文化基金董事会等机构的一些经费支持外，经费来源仍然主要依赖于其中的第（一）（二）项，即范旭东捐赠的个人在久大、永利的报酬金以及永利其他创办人捐赠的报酬金。这是因为，第（四）项是针对黄海社开展的社会有偿服务而言的，第（五）项则是研究成果的转让收益，这些对于黄海社的经费收入应是很重要的。但是，鉴于当时的国情和国人对科研成果的认识状况，黄海社为社会做了大量工作和贡献，却是不计酬报，收益无几，因此，这两项收入实际上微乎其微。

---

① 孙学悟：《黄海化学工业研究社概况》，《中国建设》1932年第6期。

② 《黄海化学工业研究社章程（民国二十九年二月二十三日修正）》，《黄海化学工业研究社二十周年纪念册》，1942年出版。

第二章　黄海社的科研探索

黄海社在成立后的30年时间里，“以研究化学工业之学理及其应用，并辅助化学工业之企业家计划工程，及为现成之化学工厂改良工作，增高效能为宗旨”，在“协助久大、永利解决技术难题”的基础上，克服一切艰难险阻，于发酵与菌学、化肥、有色金属、水溶性盐类等多个领域“纵横驰骋”，取得了一系列重要科研成果，推动了中国近代化学工业的发展，并为国家输送了一大批骨干技术人才。

第一节　组织与人员构成

一、组织架构和社务管理

黄海社成立后，逐渐搭建起支撑各项研究工作的组织架构。与此同时，随着研究内容和范围的拓展，组织架构相应地也不断进行调整。

1942年刊印的《黄海化学工业研究社二十周年纪念册》沿革部分写道：“分析为一切化工研究之根本，本社最先成立分析室，添聘研究及事务员，购置图书仪器，研究于以发轫。”①这说明，黄海社的组织架构是从成立分析室开始的。对于黄海社早期的组织架构，1925年，《中华化学工业会会志》曾刊文记载：“黄海化学工业研究社，肇始于民国十一年秋，内部组

① 《黄海化学工业研究社二十周年纪念册》，1942年出版，第11页。

织约分调查、化验、工程诸部分，专事化学工业学理之研究，关于化工上应用之原料已就我国北部先行进行调查。”① 此后，南开大学经济研究所研究员王恒智曾在 1928 年 11 月到黄海社参观，并在次年发表《塘沽黄海化学工业研究社概况》一文，较详细介绍了当时黄海社的组织架构及相关情况。②

根据王恒智在文中的描述，当时黄海社分为研究、事务两部及附属部分。其中，研究部包括调查、化验、工程 3 股，化验股进一步分为工业实验室、定量化学分析室、定性化学分析室；事务部下面设有文牍室、会计室、庶务室、图书室、仪器室、机械室、药品室；附属部分则为牙粉厂。具体组织结构见下图。

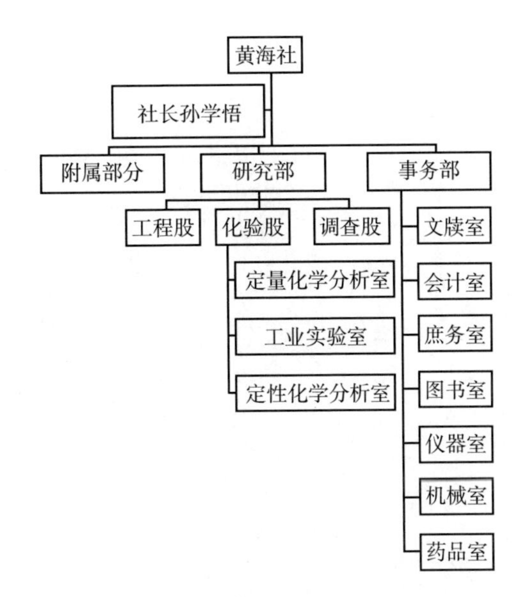

黄海化学工业研究社早期组织结构图

黄海社图书室、仪器室购置的图书、仪器很丰富。图书室藏书包括

① 《化学工业新闻：黄海化学工业研究社》，《中华化学工业会会志》1925 年第 1 期。
② 王恒智：《塘沽黄海化学工业研究社概况》，《钱业月报》1929 年第 12 期。

文、法、商、化学、土木、电、航、植、矿、物理、生理等类书籍，英文版图书最多，德、法、日文版次之，中文版的较少。另有一个橱柜，专门珍藏已故教育家、范旭东长兄范源濂的遗著，共有200余册。壁间还悬挂有一幅海河流域图，制作极为精细。1933年，新建的图书馆落成。此后，图书资料的收藏规模不断扩大。时年5月31日，国民党政府的熊斌和日本的冈村宁次在塘沽签订卖国的《塘沽协定》，曾拟借黄海化学工业研究社新建的图书馆举行签字仪式，遭到范旭东、孙学悟严词拒绝，未能得逞。仪器室的各种仪器十分齐备，包括物理仪器、化学仪器等，总价值约5000银圆，可以满足当时开展的各种试验的需要。

牙粉厂是黄海社的附属事业。当时市场上销售的“红星”牌精盐牙粉，皆由该厂监制。牙粉厂位于黄海社内，占用房屋两大间，内装有一个三四

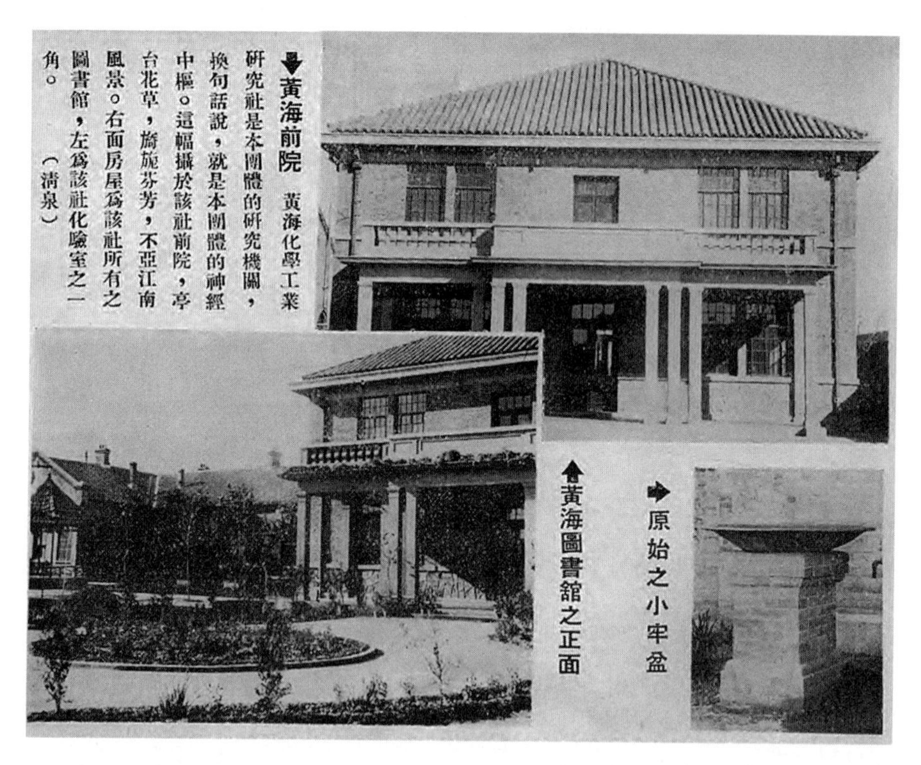

黄海化学工业研究社图书馆的正面（见《海王》1935年第7卷第31期）

马力的马达、一台制牙粉机和一台搅牙膏机，都进口自德国。制作牙粉的原料，是久大制盐泛卤（即氯化镁）以及永利碱厂的“红三角”牌纯碱，用它们制成碳酸镁，然后再加碳酸钙、香料等，用机器搅拌均匀，等干燥后装袋，即为市场上销售的牙粉。除牙粉外，该厂也制作牙膏。牙膏的做法类似，也用这些原料，唯独需要混合适量的水，拌匀后装入锡筒，便可发售，装牙膏所用锡筒也系德国制造。黄海社制作牙粉和牙膏，最大目的是做广告之用，并不以此牟利，故而定价极其低廉。

关于黄海社的管理人员，王恒智写道：“当编者前往参观时，该社职员计有正副主任各一人、名誉技师一人、事务员一人。前三人皆为化学专家。个人略历分志于下：（一）正主任孙颖川君，美国哈佛大学化学博士，曾任天津南开大学化学教授、开滦矿务局化学技师；（二）副主任张子丰君，北平清华大学理科毕业，曾任北京大学化学系教授，在清华修业时与孙君同学；（三）名誉技师聂汤谷君，日本大学理科毕业，并曾留学德国，专攻化学。”

黄海社的领头人起初称主任，后称社长，由孙学悟（颖川）担任，主要职责是主持研究事项，并管理黄海社业务，签订对外合同。黄海社的社务管理实行社务会议制度，每月第一个星期的星期一举行一次社务会议，由社长主持。会议内容包括：审查研究科目，分别进止；编发刊物；审议各系提出的关于研究及社务的报告；议行黄海社日常庶务。

副主任（副社长）设一人，由张承隆（子丰）担任，辅助主任（社长）管理社务。此外，在具体业务管理上，其他一些

张承隆肖像（方成绘制于 1942 年）

骨干社员也有参与："自1922年黄海社在塘沽成立起，到1937年七七事变迁往内地止，业务和技术领导除正副社长外，后期还有区嘉炜博士、卞松年博士、张克忠（子丹）博士、蒋导江教授、刘养轩先生等人。"①

孙学悟出任主任（社长）后，沉下心来，不计较个人得失，不为功名富贵所惑，一心一意搞研究，坚持"守寡"三十余年，直到1952年去世。在范旭东看来，孙学悟能一如既往地"守寡"呵护黄海社，体现的是一种不图升官发财、一心一意搞研究的思想境界。为此，他为能找到孙学悟这样难得的科学大家而感慨："严格的说，寻常所谓优秀健全的送进研究室，每每还嫌不够。研究室的工作和在前线打仗是一样的，非勇敢拼命，必要败退。研究室要极有抱负的天才做他的台柱，才有生命，这岂是容易得来的？其次是一般文化水准要高，才能相得益彰。"② 孙学悟非常斯文，是典型的学者形象。在同事们眼里，他慈祥、和蔼得就像长辈亲人，所以，大家对他都很尊敬，没有距离感。

张承隆是中国早期耐火、耐酸材料方面的专家，来到黄海社后，历任研究员、化验股股长、副主任（副社长）等职。他有两点与孙学悟很像：一是随和、幽默，常和同事们讲笑话，大家开心地在一起工作，友爱融洽；二是埋头搞科研，不求个人私利，也是始终"守寡"的一个人。这两位社领导都如此温和、敬业，使黄海社形成了一种温馨、友善的气氛。1942年大学毕业后进入黄海社工作的方成（原名孙顺潮）曾回忆说："社长孙颖川（学悟）博士、副社长张子丰，都是五十多岁一心办事业的学者。大家相处谁也不感觉有机关衙门气息。社长们仁厚可亲，怎么看都像

① 方心芳、魏文德、赵博泉：《黄海化学工业研究社工作概要》，《化学通报》1982年第9期。

② 范旭东：《黄海二十周年纪念词》，《黄海化学工业研究社二十周年纪念册》，1942年出版，第3页。

家长。”①

在黄海社成立之初，范旭东、孙学悟等人组织制订了社章，几经磋商，初定黄海社组织大纲，对有关事宜作出了规定。组织大纲全文如下。

黄海化学工业研究社组织大纲

1. 本社延聘国内外化学专家研究化学工业，定名为黄海化学工业研究社。

2. 本社与久大精盐公司、永利制碱公司约定：所有两公司现有之化学设备及仪器书籍悉数暂归本社借用保管，惟工厂制造上必需之仪器书籍不在此例。

3. 本社自民国十一年八月以后之费用由范旭东君全部担任，每年核定预算一次，按月支用。

4. 本社由范旭东君特聘主任一人主持研究，并社员若干人辅助主任执行社务。

5. 凡久大、永利两公司之技术人员，经主任许可得为本社特别社员，入社研究不取社费。

6. 本社研究之主要题目由主任与范君商定之。

7. 本社的研究有得因营业所得纯利分作三成，以一成为本社基金，一成为本社成员酬劳金，一成偿还久大、永利两公司，其分配方法依两公司协助本社财产之多寡为比例。

8. 本社办事细则由主任定之。

后来，将组织大纲修改为简章，一个时期后正式制定了《黄海化学工业研究社章程》，并在董事会上讨论通过。章程对建社的宗旨、定名、经

① 方成：《我和“黄海”》，中国人民政治协商会议天津市委员会文史资料研究委员会编：《天津文史资料选辑》第23辑，天津人民出版社1983年版，第126页。

费、董事会、研究员聘任、研究科目及组织机构的设置等，都作了明确规定。孙学悟在1932年发表《黄海化学工业研究社概况》一文，首次公开了黄海社章程。①

在当时的章程中，对研究部内部的组织结构作了这样的规定："本社研究科目及社务分下列各系执行之：(一）特别科目系，(二）农业化学系，(三）分析化学系，(四）冶金及机械工业系，(五）制造化学工程系，(六）化学工厂设计及管理系，(七）出版系。"至此，研究部内部的机构设置由原来的3个股（工程股、化验股、调查股）演变成7个系。这里，章程中采用了"系"的说法，主要是把研究项目分成几个大类或几个不同的研究方向。但是，根据各方面的文献资料记载及后来黄海社人员的回忆，在习惯使用中并没有出现"系"的称谓，而是一直将研究单元称为"室"。故而，这里"系"的设置最终就落实到具体的"室"了，等于用"室"的层级直接取代了原来"股"的层级，而农业化学系其实就是1931年成立的菌学室(发酵室)。② 此后，1940年公布了修正后的《黄海化学工业研究社章程》，其中规定："本社研究科目及社务，分下列各系执行之：1.特别科目系；2.农业化学系；3.分析化学系；4.冶金及机械工业系；5.制造化学工程系；6.出版系；7.经理系。"对照前后两个版本的章程可以看出，修正后的章程保留了原来"系"的设置，但将其中的化学工厂设计及管理系改成了经理系。

此后，过了一段时间，黄海社再度变更研究部门设置，不再采用"系"的称谓，而是直接归并成了3个研究室，即菌学室（发酵与菌学研究室）、有机室（有机化学研究室）、分析室（分析化学研究室），负责人分别是方

---

① 孙学悟：《黄海化学工业研究社概况》，《中国建设》1932年第6期。

② 1942年出版的《黄海化学工业研究社二十周年纪念册》中黄海化学工业研究社沿革部分的记载是："(民国）二十年社务改进，成立菌学室，于是农业化学与工业化学并重，主要研究为菌类生理形态及其应用，如起始研究高粱酒之酿造，此时社中人员与设备，逐渐增加，各种调查研究报告，亦于是年开始出版。"在黄海化学工业研究社沿革部分的陈述中，出现的内设研究部门只有分析室和菌学室两个。

心芳、魏文德和赵博泉。对于当时的情景，方成在1983年发表的回忆文章中作了这样的描述：“黄海共有三个研究室。菌学室主任方心芳（现任中国科学院微生物研究所副所长），有机室主任魏文德（现任北京化工研究院副院长），分析室主任赵博泉（现在大连化工研究院工作）。当时留在社里的研究人员，菌学室有阎振华（现在美国）、高盘铭（现在包头工作）、许重五（是大夫）、淡家林、萧永澜（现均在微生物研究所）、谷惠轩（已故）、赵乃逊。我在分析室，和我一起的还有一位叫郑玄的，他很早也到美国去了。在外工作的研究人员，记得有刘养轩（已退休）、孙继商（现任上海化工研究院总工程师）、吴冰颜、郭浩清（均已故），他们被借到外单位工作。”①

20世纪30年代，黄海化学工业研究社分析化学研究室内景

西迁入川对黄海社来说在当时是一个巨大的考验，但黄海社入川后很快就认识到西南地区自然资源的价值，决定以协助化工建设为宗旨，加快西南地区自然资源的调查、分析与研究工作，并根据西南地区的实际情况，重新安排重点科研领域及课题。此后，在孙学悟的带领下，黄海社的科研人员或到各地踏勘调查，或在实验室潜心钻研，撰写出一篇篇学术研究或试验报告，结出了科学研究的累累硕果。1939年，我国近代地理学和气象学的奠基者、时任浙江大学校长的竺可桢参观黄海社后很有感触，在日记中写道：“由颖川（孙学悟）指导参观，其研究室特点在于能物物

① 方成：《我和“黄海”》，中国人民政治协商会议天津市委员会文史资料研究委员会编：《天津文史资料选辑》第23辑，天津人民出版社1983年版，第126—127页。

事事自己利用国货制造。玻璃管也在嘉定附近制，最著成效者为由五倍子中以霉菌及酵母菌提没食子酸，以制造染料，代碘酒等消毒品、墨水照相药品等。”1943 年夏，英国近代生物化学和科学史学家李约瑟参观黄海社后，在英国《自然》杂志发表的《川西的科学》一文中盛赞黄海社，感叹它在筚路蓝缕中对中国化学工业的卓越贡献。在这一过程中，为了更好开展倍子发酵制棓酸研究，黄海社决定成立染料研究室；为了更好开展盐类研究，还一度设立盐类研究室。在《黄海化学工业研究社调查研究报告》中，曾出现盐类研究室的称谓，首次出现是在 1943 年 3 月刊印的研究报告第 30 号的作者署名中。在全部调查研究报告中，作者署名中写有盐类研究室的研究报告有 5 篇。此外，写有分析室的研究报告也有 5 篇。在全部 41 篇调查研究报告中，作者署名出现过的内设部门只有盐类研究室和分析室两个。

枝篠架之性能及鹽滷濃縮試驗（改訂稿）

魯　波　　劉嘉樹

研究報告第三十號

黃海化學工業研究社鹽類研究室

此文曾載於鹽專號第一期，當時以行文倉促，手民誤植，及在渝印刷校勘不便之故，以致錯誤甚多，加以爲篇幅所限，簡略過甚，關於枝篠架之經濟及實施方案，俱未刊出。三年以來，此架之推行業已漸廣，（現全川已有百餘架）而著者等亦有新的了解及解釋。茲特改成此稿，將一切新的理解及其經濟價值與實施方案一併刊出，一以就正於同道先進，一以爲有志利用者之方便參考也。至於戰時無法追索之部分，則惟有俟戰後再行實驗，而第三稿亦或爲必需耳。（著者識）

黄海化学工业研究社盐类研究室完成的研究报告

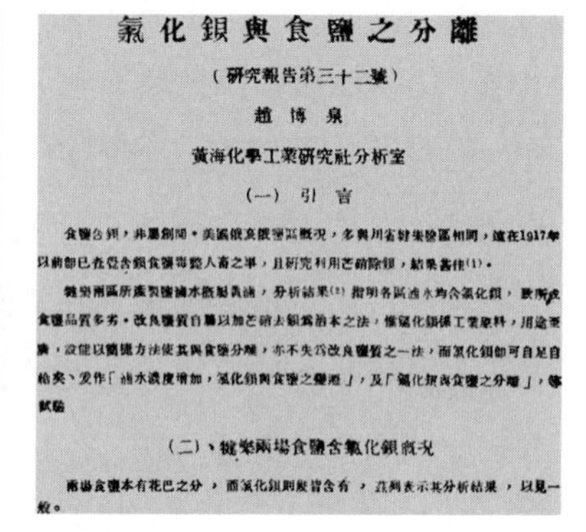

氯化鋇與食鹽之分離

（研究報告第三十二號）

趙博泉

黃海化學工業研究社分析室

（一）引言

[illegible]

[illegible]

（二）、犍樂兩場食鹽含氯化鋇概況

[illegible]

黄海化学工业研究社分析室完成的研究报告

1948 年底，黄海社在青岛设立基本工业化学研究所筹备处，后改为青岛研究室。新中国成立后，1949 年冬，黄海社一部分工作人员先行入京，入驻北京芳嘉园一号。黄海社在 1950 年 3 月 1 日增设北京研究室(或称北京分社，社长孙学悟，副社长方心芳、张承隆)。此后不久，因集中人力物力的需要，把留在四川五通桥和青岛的机构分别结束，逐渐移并到北京，将下属机构改设为5个研究室，即在过去3个研究室（菌学室、有机室、分析室）的基础上增设两个研究室：无机室（无机化学研究室）和化工室（化工研究室），主任分别由吴冰颜、孙继商担任。此外，还增加了一个修配车间，附属在化工室内，主管由王德政担任。

在新中国成立后神州大地一派生机勃勃的发展形势下，五个研究室“不待扬鞭自奋蹄”，都在各自领域作出了不俗的成绩和贡献。1952年，黄海社进入政府接管程序，但社长孙学悟于当年6月15日不幸逝世。移交工作在副社长张承隆的带领下，由秘书王星贤、菌学室主任方心芳、有机室主任魏文德、无机室主任吴冰颜、分析室主任赵博泉、化工室主任孙继商、修配车间主管王德政共同负责办理。

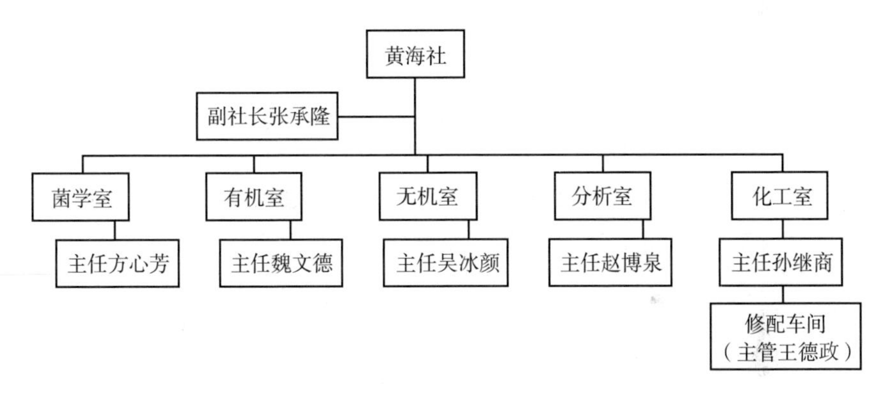

新中国成立后黄海化学工业研究社移交时的组织结构图

二、董事会及其成员

黄海社刚成立时未设董事会。10年后，于1932年正式成立董事会。当时，除了创办人范旭东、社长孙学悟以及久大、永利的总工程师各一人作为当然董事以外，又延聘了7位学术专家及热心赞助黄海社宗旨者共计11人。第一届董事会成员名单如下。

董事：任鸿隽、翁文灏、刘瑞恒、吴宪、朱家骅、孙洪芬、杨铨。

当然董事：范旭东、孙学悟、沈化夔、李烛尘。

董事任期以3年为一届，可以连续延聘。当然董事除范旭东外，皆以在职期为任期。董事会的职责主要有5项：规划社务，核计会计，筹划经费，保管基金，审定工作大纲及刊发年报。董事会每年召开一次年会，由社长负责召集。

1942年，在刊印的《黄海化学工业研究社二十周年纪念册》中，列出了当时的董事会成员及前任董事。

现任董事（以笔画多少为次序）：任鸿隽、何廉、李烛尘、杭立武、胡政之、翁文灏、傅冰芝。

当然董事：范旭东（创办人）、侯德榜、唐汉三、孙学悟（社长）。

前任董事（以笔画多少为次序）：朱家骅、吴宪、胡步曾、陈调甫、孙洪芬、杨子南、刘瑞恒。

在董事会成立后的20余年中，董事不断地增补调整，先后出任过董事的各界人士多达25位。具体名单列表如下。

表2—1　黄海化学工业研究社董事会董事名录

序号	姓名	生卒年	籍贯	专业	教育背景	简况
1	范旭东	1883—1945	湖南	化学	京都帝国大学	“永久黄”团体创始人
2	任鸿隽	1886—1961	四川	化学	哥伦比亚大学硕士	中国科学社创办人、四川大学校长、中华教育文化基金董事会干事长
3	李烛尘	1882—1968	湖南	化工	东京工业大学	久大公司技师、厂长，新中国成立后任轻工业部部长
4	翁文灏	1889—1971	浙江	地质	鲁汶大学博士	农商部地质调查所所长、中央研究院院士、国民政府资源委员会主任、行政院院长
5	孙学悟	1888—1952	山东	化工	哈佛大学博士	黄海社社长
6	吴　宪	1893—1959	福建	生化	哈佛大学博士	北京协和医学院教授、中央研究院院士
7	胡步曾	1894—1968	江西	生物	哈佛大学博士	中国科学社生物研究所、静生生物调查所创办人，中央研究院院士

续表

序号	姓名	生卒年	籍贯	专业	教育背景	简况
8	陈调甫	1889—1961	江苏	化工	伊利诺伊大学进修	永利公司创始人之一、永利津厂厂长
9	孙洪芬	1889—1953	安徽	化工	宾夕法尼亚大学硕士	中央大学理学院院长，中华教育文化基金董事会执行秘书、干事长
10	杨子南	1893—?	贵州	化工	东京帝国大学	久大盐厂厂长
11	刘瑞恒	1888—?	河北	医学	哈佛大学博士	北京协和医学院副院长、国民政府卫生部部长
12	唐汉三	1889—1973	湖南	化工	东京帝国大学	永利公司技师、久大公司技师长
13	何　廉	1895—1975	湖南	经济	耶鲁大学博士	南开大学经济研究所创始人、所长，中央研究院院士
14	侯德榜	1890—1974	福建	化工	哥伦比亚大学博士	永利公司总工程师、中央研究院院士、中国科学院学部委员
15	杭立武	1903—1991	安徽	政治	伦敦大学博士	国民政府教育部部长
16	胡政之	1889—1949	四川	法律	东京帝国大学	《大公报》总经理兼副总编辑
17	傅冰芝	1887—1948	江西	机械	东京帝国大学、哈佛大学	永利川厂厂长、永利硫酸铔厂厂长
18	李承干	1888—1959	湖南	机械	东京帝国大学	金陵兵工厂厂长、兵工署二十一兵工厂厂长，永利公司协理兼永利硫酸铔厂厂长，新中国第一任国家计量局局长
19	李倜夫	1986—1974	湖南	土木	伊利诺伊大学	永利公司秘书长、协理、总管理处业务部部长，建业银行总经理
20	沈化夔		浙江	农业	留日	归国后编译《中等肥料教科书》《作物泛论教科书》《实用养蜂新书》《造林学本论》等书
21	谷锡五	1892—1955	山东	哲学	北京大学，留日	国民政府铁道部专员、国民参政会秘书、立法院立法委员、立法院主任秘书

续表

序号	姓名	生卒年	籍贯	专业	教育背景	简况
22	杨 铨	1893—1933	江西		哈佛大学	东南大学工学院院长、中央研究院总干事、中国民权保障同盟副会长兼总干事
23	范鸿畴	1901—?	湖南	经济	南加州大学	范旭东堂弟，久大公司业务部部长、永利公司协理兼财务部部长，建业银行总经理，永利公司副总经理、代总经理
24	张承隆	？—1968		化学	普渡大学	黄海社副社长
25	朱家骅	1893—1963	浙江	地质	柏林大学博士	国民政府教育部部长、交通部部长，浙江省主席，中央研究院代理院长

资料来源：根据《黄海化学工业研究社二十周年纪念册》及相关资料整理。

这些人士大致可以分成4类。

第一类："永久黄"团体的领导。根据黄海社章程规定，在董事会中，创办人范旭东、社长孙学悟以及久大、永利的总工程师各一人为当然董事。此外，还有一些领导担任董事一职，如陈调甫、傅冰芝、范鸿畴等人。

陈调甫，化工专家和实业家，永利早期创办人之一，曾任技师长（总工程师）、工务部部长，1916年毕业于东吴大学化学系，1918年赴美进修并负责在美进行永利碱厂的设计、订购设备等工作，还荐聘侯德榜等技术人员，为制碱事业作出重要贡献；后独自创建永明漆厂，研制生产了著名的"永明"牌酚醛清漆、"三宝"牌醇酸树脂漆，是中国纯碱工业和涂料工业的奠基人之一。

傅冰芝，中国化学工业界著名科学家，1915年毕业于日本东京帝国大学，1916年公费留学美国，入哈佛大学继续深造，为当时美国最大航空母舰设计绘图者之一；回国后，应范旭东之聘入永利碱厂，曾主管工程与人事管理，创办铁工车间，创建明星小学并任首任校长；抗战期间，任永利驻渝办事处主任、永利川厂厂长，1946 年 3 月任永利硫酸铔厂厂长。

范鸿畴，范旭东堂弟，美国南加州大学经济系毕业，“永久黄”团体领导班子核心成员，曾任久大营业部部长、永利汉区营业处区经理、永利协理兼财务部部长、久大渝分处运输部部长、久大业务部部长、永利副总经理；1943 年，范旭东在四川集资成立建业银行后，任总经理；1945 年 1 月辞去总经理职务，5 月被久大董事会推举为代总经理。

第二类：学术专家。黄海社在聘请董事时非常注重他们的学术造诣。所聘专家型董事，无一不是在各自领域颇有建树、声誉卓著的学术专家。其中，尤以时任农商部地质调查所所长翁文灏、北京协和医学院（今协和医科大学）教授吴宪、静生生物调查所所长胡步曾、南开大学经济研究所所长何廉最为突出。聘请知名学术专家为董事，对于提高黄海社的学术声誉和社会影响，起到了非常重要的支持作用。例如，翁文灏曾在抗战初期“永久黄”团体最困难的时候帮助提供了 300 万元的资金援助；吴宪则不仅想加入黄海社，扩大黄海社同人的研究新领域，甚至愿意将他在北京芳嘉园一号的房产捐给黄海社使用。

翁文灏，清末留学比利时，为鲁汶大学地质学博士、我国获地质学博士学位第一人；1912 年回国后，先担任农商部地质调查所所长，并兼任北京大学、清华大学、北京高等师范学校（今北京师范大学）教授，曾任清华大学地学系主任及清华大学校长；1932 年底任国防设计委员会秘书长；1936 年任行政院秘书长，兼任国防委员会秘书长；1938 年任国民政府经济部部长，同时兼任资源委员会主任，后又任战时生产局局长、行政院副院长；1948 年 6 月出任行政院院长，11 月辞职，同年获评中央研究院第一届院士；1951 年从法国归国后，被推举为全国政协委员，继续从事地质学研究。

吴宪，1911 年春入清华留美预备班，同年 9 月赴美国麻省理工学院海军造船工程专业学习，1913 年改为主修化学、副修生物学；1917 年进入哈佛大学研究血液化学，1919 年获得博士学位，博士学位论文《一种血液分析系统》改进了血糖的测定法，获得学术界的极高评价；1920年春回国，到北京协和医学院任教，1924年成为该校最早的3位华人教授之一，在生物化学领域完成了许多重要研究，成为中国近代生化事业的开拓者和奠基人。1946年夏，吴宪开始筹建中央卫生实验院北京分院，任院长兼营养研究所所长。此时，他已成为国际上著名的生物化学家，是中央研究院的第一批院士之一。

胡步曾（先骕），两次赴美留学，是植物学博士、中国科学社发起人之一；1922年参与筹建中国科学社生物研究所；1923年任东南大学生物学系主任；1928年参与创办北平静生生物调查所，任植物部主任；1934年被选为中国植物学会会长；1940—1944年出任中正大学校长；1946年后，继续主持静生生物调查所工作并兼北京大学教授；1948年被选为中央研究院院士。他是中国植物分类学奠基人之一、中国现代植物学研究事业的早期领导者。

何廉，1919年留美，获经济学博士学位；1926年回国，任南开大学教授兼财政系主任、经济学院院长，并主持南开大学经济研究所工作；1936年后，曾任国民政府行政院政务处处长、经济部常务次长兼农本局局长、中央设计院副秘书长、联合国社会经济和人口两委员会中国代表；1948年出任南开大学代理校长；1949年赴美，在哥伦比亚大学经济系及东亚研究所任教。

第三类：热心赞助黄海社宗旨者。私立科研机构的发展，不仅需要机构自身的不懈努力，还需要来自社会各界的支持，因而在黄海社董事会成员中有适当体现。例如，中华教育文化基金董事会长期支持黄海社的科学研究活动，总干事任鸿隽、孙洪芬都先后担任过黄海社董事。尤其是任鸿隽，不仅坚持从基金会的基金中划拨资金用于支持黄海社的科研活动，还极力宣传科学的社会作用，大力提倡科学研究。他担任黄海社董事的时间最长，并在后来被推举为董事长，对黄海社的支持非常大。除中华教育文化基金董事会之外，社会各界的其他人士如胡政之、李倜夫、沈化夔、谷锡五等人，因积极支持黄海社的科研活动，也都担任过董事会董事。

任鸿隽，1909 年赴日本东京高等工业学校学习化学，回国后于 1916 年出任临时总统府秘书，同年 10 月赴美国康奈尔大学学习化学，是中国科学社的发起人和领导人；从美国留学归来后，先在北京大学执教，后出任北洋政府教育部专门教育司司长，并曾任东南大学副校长、四川大学校长；1929—1935 年，担任中华教育文化基金董事会董事兼干事长；1938 年，担任中央研究院总干事兼化学研究所所长；1942—1949 年，再次出任中华教育文化基金董事会干事长。

孙洪芬，1915 年留美，先后在芝加哥大学、宾夕法尼亚大学学习化工，获硕士学位；1919 年回国后，先后出任南京高等师范学校及东南大学理科主任、化学教授，中央大学理学院院长，华中大学与武昌文华图书馆专科学校董事；1929 年，担任中华教育文化基金董事会执行秘书、干事长；1945 年抗战胜利后，曾任国民政府农林部顾问。

胡政之（胡霖），笔名冷观，1905 年留日，东京帝国大学毕业；1912 年应聘上海《大共和日报》，先后任翻译、编辑、主笔；1916 年任《大公报》经理兼总编辑；1919 年赴欧洲采访巴黎和会；1926 年任《大公报》总经理兼副总编辑，是当时报界著名人士。

第四类：政府官员。黄海社虽为独立的民间科研机构，但开展科研活动难免要与政府部门打交道，因此，也适当邀请了一些有深厚学术背景的学者型官员担当董事。例如，中央研究院总干事杨铨、国民政府教育部部长朱家骅、国民政府行政院卫生署署长刘瑞恒等人，就曾应邀担任黄海社董事。其中，朱家骅是学者，后来从政，成为国民党高官。他担任董事后在许多场合给黄海社带来方便，最明显的就是当时能到某些高校挑选聘任优秀毕业生，同时可以阻挡国民党特务组织，特别是 CC 派特务对黄海社的渗透和干扰。

杨铨（杏佛），早年在上海中国公学读书，后留学美国哈佛大学，是中国科学社的发起人和组织者之一；回国后，曾先后在南京高等师范学校、东南大学任教，并出任东南大学工学院院长；1928 年，出任中央研究院总干事；1932 年，与宋庆龄、鲁迅等人组织中国民权保障同盟，担任副会长兼总干事；由于反对蒋介石的独裁统治，1933 年 6 月在上海被国民党特务暗杀。

朱家骅，1912 年留学德国，学习地质；1924 年被聘为北京大学地质系教授；1927 年任广东省民政厅厅长兼中山大学副校长；1929 年后，出任国民政府教育部部长、交通部部长，浙江省主席；1939 年负责国民党中央组织部并兼中央调查统计局局长；1940 年任中央研究院代理院长。

刘瑞恒，1909 年留美，1915 年回国，曾任上海红十字会总医院外科医师；1920 年再次赴美；1923 年归国后，任北京协和医学院外科教授，1928 年后出任国民政府卫生部常务次长、部长，1935 年改任行政院卫生署署长，1936 年授军医总监，1949 年去台湾。

根据黄海社章程规定，董事皆为名誉职务，没有任何报酬，所凭的均是一番支持黄海社事业的热情。黄海社则按期向董事奉赠该社研究报告。这些董事无论是专家型还是官员型，都尽力为黄海社的科研活动提供帮助，未曾试图干涉或左右黄海社的科研活动和正常运作。

董事会的成立标志着黄海社经过近 10 年的艰难创业，步入了规范发展的新阶段，是走向成熟的重要标志。董事会成立后，虽然经历了时局的动荡和战乱的严酷考验，却始终坚持按期召开会议，及时总结工作经验和已取得的科研成果，根据不同时期的社会需求确定工作目标和方向，在黄海社社务活动中发挥了重要作用。正是由于有了这样的架构和基础，黄海社在以后的战乱煎熬中，不仅没有垮掉，反而保存和锻炼了人才，作出了比之前更大的成绩。尤其是通过董事会的工作及各位董事发挥的影响，不仅加强了黄海社与社会的联系，还进一步提高了黄海社的社会形象和地位，社会上很多人已将它与国立研究机构同等对待，从而为黄海社发展创造了良好的社会氛围。

三、研究人员

黄海社的研究人员主要包括名誉研究员、研究员、助理员、特科研究员。其中，名誉研究员为社外学术专家，对他们来说，研究员身份仅仅是一种名誉；研究员及助理员为该社职员，由黄海社根据研究问题的繁简进行聘任，分别担任各科目的研究工作；特科研究员非该社职员，由社外学术机关或公益机关推荐，经黄海社许可后到社里开展研究工作，与该社研究员享受相同待遇，唯其薪金由推荐机构负担。

1942年印制的《黄海化学工业研究社二十周年纪念册》，记录了当时的名誉研究员、在职人员和离职人员名单。

名誉研究员（以笔画多少为次序）：范维、高长庚、许重五、解寿缙、赵文珉、鲁波、钟心煊。

现任职员（以笔画多少为次序）：方心芳、王公谨、石上渠、吴冰颜、谷惠轩、李文明、李希崇、汪巽之、宋义全、马东民、孙学悟、孙继商、许縢八、陈秉常、郭浩清、郭保国、高盘铭、高家赐、张承隆、张克忠、张英甫、区嘉炜、黄汉瑞、赵博泉、蔡著才、蔡子定、蔡子芸、刘养轩、刘嘉树、刘福远、刘和清、阎幼甫、阎振华、谢光蘧、魏文德。

离职人员（以笔画多少为次序）：王荫棠、王式通、卞柏年、卞松年、朱先栽、李守青、李大盛、李树扰、李泽西、李树梧、谷子深、汪汝霖、金培松、周瑞、易昌铸、胡铭石、陈文远、陈秀如、陆东莱、曹典环、曹菊逸、张学旦、屠伯范、章涛、章干、章曼钰、戚桂山、曾维嘉、杨公庶、郑柱年、蒋导江、谢祚永、聂汤谷、魏嵒寿、萧乃震。

黄海社是中国近代最早成立的化工科研机构，由于创办人范旭东当时在化工界已声名卓著，且是毕业于京都帝国大学的留日学生，社长又聘请获得美国哈佛大学化学博士学位的孙学悟担当，故而成立后在社会上引起不小震动，各方人才纷纷慕名而来，以至研究人员队伍十分庞大。1942年印制的《黄海化学工业研究社二十周年纪念册》共记录名誉研究员7人、在职研究人员35人，离职人员也有35人，而同期的南开大学应用化学研究所仅有研究人员10人。难怪有人说，黄海社的科研力量可能比当时国内任何一所大学的化学系都要强。黄海社不仅人员数量多，素质也非常高，其中不乏国内名校毕业生及从国外学成归来的留学生。例如，黄汉瑞是曾任国民政府财政部次长的黄大暹之子、久大精盐公司创办人之一，早年毕业于南开大学，1929年进入永利碱厂工作，1934年赴英、美留学，获美国衣阿华州立大学工商管理硕士学位，是“永久黄”团体唯一的MBA、中国最早的MBA海归之一，曾经担任永利公司顾问、总经理侯德榜的助理。张克忠（张子丹）毕业于美国麻省理工学院，1928年获博士学位，回国后到南开大学任教并创办了化工系和应用化学研究所，任化工系主任兼应用化学研究所所长，同时兼任黄海社研究员，曾直接参与永利碱厂某些难题的解决，并与张承隆、周瑞等人合作在中国第一个研制出氧化铝。张克忠的妻子王端驯与周恩来是南开同学。当时，他们家住津南村23号，周恩来曾借他们家宴请南开校友，并在宴后专门写信向张克忠、王端驯夫妇致谢。① 区嘉炜在1931年毕业于美国麻省理工学院，获博士学位，是知名化工专家，曾任厦门大学化学系第四任系主任。

表2—2　1942年黄海化学工业研究社人员名录

序号	姓名	生卒年	籍贯	专业	教育背景	在社时间	任职状态
1	方心芳	1910—1992	河南	农化	上海劳动大学	1931—1952	在职
2	王公谨						在职
3	石上渠			化学			在职
4	吴冰颜	1909—1980	河北	化学	辅仁大学	1934—	在职
5	谷惠轩						在职
6	李文明			化工	武汉大学		在职
7	李希崇						在职
8	汪巽之						在职

① 肖国良、周永华、王泽友：《周恩来同志在重庆南开中学》，《重庆师范学院学报》（哲学社会科学版）1980年第2期。

续表

序号	姓名	生卒年	籍贯	专业	教育背景	在社时间	任职状态
9	宋义全						在职
10	马东民						在职
11	孙继商	1911—1987	山东	化工	辅仁大学	1934—	在职
12	许滕八	1902—?	湖南	化工	密歇根州立大学		在职
13	陈秉常			医生			在职
14	郭浩清	1911—1960	江苏	化工	浙江大学	1937—	在职
15	郭保国	1913—?	湖南	化工	南开大学	1937—	在职
16	高盘铭	1916—?	江苏	化工	南开大学	1936—	在职
17	高家赐						在职
18	张承隆	？—1968		化学	清华大学、普渡大学	1922—	在职
19	张克忠	1903—1954	天津	化工	麻省理工学院	1937—1942	在职
20	张英甫						在职
21	区嘉炜	1903—1997	广东	化工	麻省理工学院	1934—	在职
22	黄汉瑞	1907—1993	四川	管理	衣阿华州立大学		在职
23	赵博泉	1910—?	北京	化工	齐鲁大学	1934—	在职
24	蔡著才						在职
25	蔡子定			化学	西南联大		在职
26	蔡子芸						在职
27	刘养轩			化工	北京大学		在职
28	刘嘉树	1910—1975	河北	化工	河北工学院		在职
29	刘福远			化工			在职
30	刘和清						在职
31	阎幼甫	1890—1965	湖南	文史	柏林大学		在职
32	阎振华			农学	浙江大学		在职
33	谢光蘧	1910—1969	江西	化学	国立明治化学专科学校	1931—	在职
34	魏文德	1911—1998	河北	化学	北京大学	1935—	在职
35	郭锡彤	1889—1975	江苏	化工	普渡大学		在职
36	王荫棠	1873—?	吉林		清代廪生		离职
37	王式通	1870—?	山西		清代光绪戊戌科进士		离职
38	卞柏年			化学	留美博士		离职
39	卞松年			化学	留美博士		离职
40	朱先栽						离职

续表

序号	姓名	生卒年	籍贯	专业	教育背景	在社时间	任职状态
41	李守青				上海劳动大学	1933—1934	离职
42	李大盛						离职
43	李树扰						离职
44	李泽西						离职
45	李树梧						离职
46	谷子深						离职
47	汪汝霖	1909—1992	江苏	化工	浙江大学	1934—?	离职
48	金培松	1906—1969	浙江	农化	上海劳动大学	1931—?	离职
49	周　瑞			化工	清华大学	1933—?	离职
50	易昌铸						离职
51	胡铭石				复旦大学	1933—1934	离职
52	陈文远			图书		1934—?	离职
53	陈秀如				湖北省立高工	1934—?	离职
54	陆东莱						离职
55	曹典环						离职
56	曹菊逸			生物	武汉大学	1942—?	离职
57	张学旦						离职
58	屠伯范						离职
59	章　涛	1909—?		化工	浙江大学	1934—?	离职
60	章　干						离职
61	章曼钰						离职
62	戚桂山					1934—?	离职
63	曾维嘉						离职
64	杨公庶		湖南	化工	留德		离职
65	郑柱年						离职
66	蒋导江	1903—1984	湖北	冶金	谢菲尔德大学	1933—?	离职
67	谢祚永						离职
68	聂汤谷			化工	留德博士		离职
69	魏嵒寿	1900—1973	浙江	化工	京都大学	1931	离职
70	萧乃震	？—1950	江苏		留德博士	1931—?	离职
71	徐应达	？—1933		药学	留美	1929—1933	离职

黄海社成立后，不仅广招贤士、延揽人才，还逐渐形成了一种不求名利、只求奉献、潜心做学术研究的作风，营造了一种脚踏实地、精益求精、在科研领域探本溯源的学风。对于当时复杂的政治，黄海社则一向不

过问、不参与。抗战时期，国民党曾派人游说孙学悟带领黄海社人员集体加入国民党，孙学悟严词拒绝说："研究学术的人没工夫兼问政治。"游说者只得悻悻而归。在这种潜心学术、宽松向上的环境里，通过范旭东、孙学悟等人的言传身教，很多青年科研人员在作出成绩的同时，个人也得到了锻炼和成长。方心芳、魏文德、孙继商、赵博泉这 4 位"黄海人"，都是从黄海社成立之初就入社的，在黄海社这片沃土里得到了培养，新中国成立后都成为国家科研机构或企业的技术负责人。

黄海社非常重视人才培养。范旭东在给孙学悟的信中曾讲道："我个人的意见，最好还是从青年方面拔选人才出来，加以培植，比较稳当。我们把过去的做法，耳提面命的传授给他，只要他能消化，新生命一定可以造得出来的。久（大）永（利）如此，黄海亦如此。"为此，黄海社不断选派研究人员出国学习。例如，抗战之前，张子丰、方心芳、谢光蘧先后留学国外；抗战期间，即使面临经费困难的局面，黄海社仍然选派赵博泉、吴冰颜、魏文德、孙继商、郭浩清、萧积健等人出国进修；抗战胜利后，刘福远等人也获得留学机会。这些人完成学业以后，都回到了黄海社，为黄海社的科研工作作出了突出贡献。黄海社如此重视人才培养，在当时不能不说是慧眼独具、高瞻远瞩之举。

第二节　不平凡的历程

黄海社自成立起，先后历经塘沽起步、抗战入川、迁京重整及政府接管等阶段，走过了 30 年不平凡的发展历程，取得了一系列研究成果，给后人留下了弥足珍贵的科技财富。

一、塘沽起步阶段

从 1922 年 8 月黄海社在塘沽正式成立，到 1937 年七七事变后被迫离开塘沽止，共约 15 年时间，是黄海社发展的第一个阶段。

黄海社成立后不久，在社长孙学悟的主持下，制定了组织大纲和简章，确定以“协助久大、永利解决技术难题”为主要研究方向，并提出了调查及分析原燃物料、试验长芦盐卤的应用等课题。1924 年，孙学悟总结了两年的办社实践，明确科研工作要坚持“学术研究必须切合实际，针对中国之情势，以中国之原料，生产国人所需之商品”的原则，强调在坚持为久大、永利两公司提供技术服务的同时，应聚焦最切合国计民生的四大研究方向：一是研究将水溶性盐类应用于化工和医药，二是研究将化肥应用于农业，三是研究将菌学应用于农产品加工，四是研究将轻重金属用于国防工业。1932 年，随着业务规模的不断扩大，黄海社成立了董事会，建立了社务会议制度，修改了章程，黄海社的研究、管理、运营逐步走上正轨。

（一）对久大、永利两厂的协助

黄海社成立时，正值永利开启试生产、“毛病百出”的时期。作为永利、久大的“神经中枢”，协助永利及久大解决技术问题，为新生的近代化学工业保驾护航，并不断开拓新路、为以后开拓新产品打下基础，就成了当时黄海社最重要的任务。

1. 对久大的协助

对于久大，主要是协助解决生产中遭遇的技术难题，并以创新思想开拓新的方向，组织开展废弃制盐母液即苦卤水综合利用研究，帮助久大开发出两个销路很好的副产品。

1925 年，黄海社先用长芦盐区废弃的苦卤为原料，研究对它的应用，发现苦卤可以产生轻质碳酸镁作为生产牙膏的原料，后又从卤水中提取出氧化镁，可作为纺织厂生产用的润滑剂。黄海社还在社内的牙粉厂生产出牙粉及牙膏。久大公司利用这两项研究成果开发出两个副产品，大大增加了企业盈利。其中，生产的“明星”牌牙膏，曾在抗战前后一个时期内独步市场，风行一时。

上述研究使黄海社开始将水溶性盐类作为无机化学应用研究的重要领

域。长芦、青岛的盐田，河东的盐池，以及内蒙古的碱湖，因为同含食盐和其他盐类，都是良好的研究对象。此后，黄海社组织对内蒙古的碱湖进行了调查与样品分析，并接受盐务局的委托，派人调查河南的硝盐及河东的池盐，研究了改进办法，拟定了方案，供他们采择实施。

2. 对永利的协助

对于永利，主要是协助侯德榜等技术人员破解索尔维法制碱技术、开展碳酸塔的测定和改造设计，帮助生产出洁白的“红三角”牌纯碱。

永利碱厂建成后，范旭东对黄海社协助解决技术问题有明确指示，要求永利提供方便、给予配合：

迳启者：

永利制碱公司总厂制出之货，请以第三者资格详细检验，将所得结果按日报告该厂一次。每三日报告敝寓一次，除函知该厂制造部长按日检送货样到社外，特此布达。即颂黄海化学工业研究社公绥

范锐 （民国）十三年一月十日

根据范旭东的要求，在永利试车生产后，孙学悟带领黄海社的研究人员与永利的技术人员一道，深入生产现场，边试验，边研究，边提出改进意见，攻克了一个个难题，先后参与解决了色碱、浓盐水除钙、镁离子精制等一系列难题，在破解索尔维制碱法奥秘过程中发挥了重要协助作用。

当永利碱厂试车生产出第一批碱，但发红夹黑、无法销售时，黄海社与永利的技术人员密切配合，共同进行探讨和分析。经研究，他们发现，导致这种情况的主要原因是从美国买来的半圆形干燥锅。这种干燥锅系生铁与熟铁合成，膨胀系数不一致，往往烧裂，已属落后设备，不仅操作不方便，而且质量低劣，杂质极易入锅，影响纯碱质量。找到了问题的症结后，永利遂更换了干燥锅，改为圆筒形干燥锅，碱的颜色问题得到了解决。

当碳化塔的产量上不去的时候，孙学悟亲自挂帅，带领黄海社研究人员日夜奋斗在第一线，通过测定碳酸塔内温度的变化，掌握其化学反应的规律，并主持对碳酸塔的设计改造，从而提高了碳酸塔的产量。

永利碱厂建成后，拟采用当时世界上先进的索尔维法制碱技术，但因掌控索尔维法制碱技术的索尔维公会实施技术封锁和垄断，无法寻得外部技术支持，很快处于“内外交困”的境地。工厂虽已试车生产，技术上却屡屡出问题，质量不达标。在这种情况下，由侯德榜牵头担负起破解索尔维法制碱技术的重任，黄海社则将协助破解作为首要任务。经过长时间的踏实苦干，最终将索尔维法制碱技术全部攻下。1926 年 6 月，永利碱厂生产出洁白的“红三角”牌纯碱，投入市场后大受欢迎，成为地地道道的不亚于英商卜内门公司洋碱的中国货，不仅替代了进口的洋碱，还远销到日本、印度、东南亚一带。

制碱是个极灵敏、烦琐的化工操作过程，各个环节密切关联，任何一个环节有问题都会影响整个生产，可谓是“牵一发而动全身”。永利制碱所用原料是长芦的海盐，但海盐中多多少少都含有钙盐和镁盐，影响产品质量，这是大规模采用索尔维法制碱的障碍。为此，黄海社在 1935 年协助永利开展研究，先后完成了洗盐法，焙盐法，石灰和碱灰法，石灰和芒硝法，石灰、氨气和碳酸气法，分别做了详细试验。结果证明：洗盐法、焙盐法所得盐水的纯度不高；石灰和碱灰法、石灰和芒硝法所用材料较贵；唯有采取熟石灰和硫酸铵法精制盐水，设备最为简单，钙、镁去除率都在 97%以上，且经济合理，适合制碱工艺的程序，颇为适用。这些试验结果的应用，解决了浓盐水精制的技术难题，保证了制碱原料盐的质量，使制碱工艺更为完善。

（二）肥料

中国是一个传统农业大国，当时的农作物生长主要靠有机肥，偶尔利用石膏、硫黄、石灰等进行土壤改良。然而，在 19 世纪后期，西方国家就已经实现氮、磷、钾肥的工业化生产，大大增加了农作物产量，促进了农业发展。基于这一巨大反差，1928年，在永利碱厂刚刚走向正轨之际，范旭东和孙学悟就把目光转向了化肥工业，探讨化肥工业对于农业发展的重要意义，并讨论了德国科学家发明合成氨新工艺的情况，最终决定开启发展化肥工业的探索。

肥料研究是黄海社在塘沽起步阶段的主要研究领域之一，侧重点是关于钾肥、磷肥、氮肥等各种肥料的原料研究。其中，钾肥原料研究围绕海藻和浙江平阳、安徽庐江的矾石展开，磷肥原料研究围绕海州的磷灰石矿展开，氮肥研究围绕协助永利建设南京硫酸铔厂展开。

1. 钾肥、磷肥原料研究

关于钾肥、磷肥原料，黄海社没有跟在别人后边重复已有的实验，而是首先着眼于我国国情，注重开展从有机物中提取钾肥的研究。我国有漫长的海岸线，海边出产各类海藻，资源很丰富。1929年，黄海社延聘留法博士徐应达来社从事肥料及中草药研究。徐应达曾沿山东半岛海岸线收集到多种海藻，加以分析研究。然而不幸的是，徐应达于1933年因病去世，此项工作遂暂行中辍。1935年，黄海社又聘请厦门大学的曾呈奎，参与鉴定海藻的科学名称、收集华南海藻样品等事宜；此后，又派员前往河北、山东等省沿海地区进行调查，取得海藻30多种。经过系统研究，发现我国海藻有经济价值者颇多。就钾、碘而论，一为产于福建海坛岛的Ecklonia Kurome，其干物质含碘0.21%，含氯化钾10.29%；二为铜藻，其干物质含碘0.081%，含氯化钾17.85%；三为海芥菜，其干物质含氯化钾11.07%。最宜提取钾、碘的原料藻，应首推褐藻类的海带。后又在北戴河、烟台等地采得绿藻属的一种羽藻，含碘量竟达0.46%。其他尚有不少浅水小藻，钾盐含量有高达15%以上的。此外，对于药用及洋菜原料藻的寻求、海藻活性炭的制造，都曾进行试验。[①]

① 方心芳、魏文德、赵博泉：《黄海化学工业研究社工作概要》，《化学通报》1982年第9期。

从 1934 年起，黄海社组织专人对浙江平阳、安徽庐江的矾石从多方面进行综合利用研究，除了提取纯氧化铝外，主要就是致力于钾盐及硫酸钾铵复盐的回收。为此，黄海社对煅烧温度、氨水处理、酸类处理、碱液处理等都做了专门研究。研究发现，用氨水处理矾石可以得到氮、钾混合肥料，滤出的残渣能够制造较纯的氧化铝。这些研究成果先后形成 10 篇研究报告，分期发表。凭借这些研究成果，黄海社于 1936 年取得了庐江矾石矿的开采权，开采出几十吨矾石矿石，拟在南京永利硫酸铔厂进行扩大试验，后因全民族抗战爆发未能实现。新中国成立后，此项成果得到苏联专家的赞许，1954 年在沈阳化工研究院完成扩大试验，结果证明技术可行、经济合理，并设计了连续生产的设备，由上海化工研究院在南京永利化学工业公司建立车间，投入试生产。

黄海社对磷肥资源进行了调研，发现江苏海州的磷矿石有开发利用价值，通过试验可将氟磷灰石矿试制成过磷酸钙和浓磷酸；并发现为便于生产，还可通过磷石膏试制磷肥。此项研究也因全民族抗战爆发而中断，直到 1954 年才由沈阳化工研究院研究证实了它的可行性。此外，黄海社还重视微生物细菌在农村积肥中的运用，专门派人考察了农村堆肥和植硝的情况。

2. 协助筹建永利硫酸铔厂

1934 年春，范旭东开始选择厂址，购买土地，筹建硫酸铔厂。硫酸铔生产技术艰深，工艺复杂。为了确保筹建工作顺利进行，黄海社先行组织人员对世界氮肥工业发展状况、中国氮肥使用情况及建设氮肥工业的必要性做了大量前期调研，完成了对中国氮肥工业发展具有重要影响的研究报告《创立氮气工业意见书》，增加了范旭东及“永久黄”团体领导层对硫酸铔项目的认识和了解，坚定了建设硫酸铔厂的决心。

永利硫酸铔厂最终选址在江苏南京的卸甲甸（现今的大厂镇），采用 1918 年诺贝尔化学奖获得者德国人哈伯发明的高压合成法进行生产。采用此法建设的硫酸铔厂生产工艺复杂，设备精良，投资庞大，远超我国

南京永利硫酸铔厂

20 世纪 30 年代的工业水平，号称“远东第一”。它的主要产品是硫酸、硝酸、硫酸铵、液体阿摩尼亚等化工基本产品，与炸药、医药、印染及其他化工生产有密切关系。

范旭东深知该项目的难度，因此从一开始，就要求黄海社的研究人员参与。在完成前期调研的基础上，副社长张承隆带领部分技术人员直接参加项目的设计、实验、采购、培训工作，并主持了磷肥和复合肥料的研制工作。应当说，黄海社为永利硫酸铔厂的建设和中国氮肥工业的创建作出了突出贡献。

（三）发酵与菌学

孙学悟认为:“学术研究必须切合实际，针对中国之情势，以中国之原料，生产国人所需之商品。”这是手工业实现科学化、现代化的必经之路，也是中国从一个贫穷落后的农业国走向民族复兴、科技发展的第一步。基于这一理念，他非常重视历史传承，力求用现代科学知识和手段，不断改进、升级由劳动人民长期实践总结出来但较为落后的手工业，使它迈向科学化、现代化。

我国人民利用霉菌发酵酿酒、制醋有着悠久历史，积累了丰富经验。当法国科学家巴斯德于19世纪60年代揭示了酿酒发酵的机理后，发酵技术及原理逐步与微生物和细胞联系起来，成为20世纪科学探索的热门领域。特别是法国科学家在19世纪末发现中国酒曲中蕴含多种有益微生物后，中国的菌学研究进一步引起了人们的关注。孙学悟作为一个化学领域的科学家，敏锐地觉察到这一点，很快就把发酵与菌学列为同化肥一样重要的研究方向，正如他所说："吾国自古以来，应用微菌之广及发酵技术之巧，实为他国所不及。然自微菌生理学发达之后，发酵范围日益扩大。益菌之利用，害菌之抑制，皆有长足进步，其与人类生活之改进，势必大有贡献也。"① 这其实是孙学悟无时无刻不把中华优秀传统文化作为科研基础、将科学知识植入中国大地的一贯思想。

瞄准发酵与菌学后，孙学悟和他的伙伴们有了一个更大的梦想，就是要把存在于土壤、空气、生物、矿产中无处不在的有益细菌培育为"菌牛"，让它们像"耕牛"那样为人类服务，"以发酵与微菌学识，谋国内资源之合理的应用，外货之代替，出口之增进，以及发酵菌学在国内基础之建立等是也。至于发酵学理之研究，固有技术之改良，当量力行之，以求有益学术而服务社会"。②

在这些想法的驱使下，1931年，孙学悟在黄海社成立了菌学室（发酵与菌学研究室）。尽管当时由于思想认识不同，引起一些议论和质疑，但得到了范旭东及"永久黄"团体领导层的大力支持。他们非常清楚，成

① 孙学悟：《黄海化学工业研究社发酵部之过去与未来》，《黄海：发酵与菌学特辑》1939年第1卷第1期。

② 孙学悟：《黄海化学工业研究社发酵部之过去与未来》，《黄海：发酵与菌学特辑》1939年第1卷第1期。

立黄海社的目的有两个：一个是研究化学工业的发展；另一个是研究自然科学以促进民族经济发展，改进国人的生存、生活条件。菌学正是一门与化学紧密相连、关系人类生存的边缘学科，同时也是关系到微生物学、生物化学、分子生物学等基础科学的“复合”领域，如果能在这一领域有所突破，将是对科学的一大贡献。中国自古以来虽然在微菌应用和发酵经验积累方面有着宽广基础，然而，从科学角度真正认识微菌及其发酵原理在当时还是空白，仍处在“知其然，不知其所以然”的状态。只有用科学的思想和方法，将认识从“必然王国”上升到“自由王国”，才能真正让微菌与人类和平共处，并为人类所用。因此，在范旭东等人大力支持下，孙学悟带领黄海社开始了对发酵与菌学的科学探索和实践。

1. 对民间发酵技术的收集整理

我国旧有的发酵事业，如酿酒、做醋、制饴糖、做粉丝和豆豉等，技术巧妙，工艺精到，在社会上规范、合理经营的很多，但粗制滥造的也不少。想要振兴这种工业，对其技术工艺进行收集整理，然后选取其精华，并加以提高，乃是必不可少的步骤。黄海社非常重视对民间传统技艺的传承。在孙学悟他们看来，我国数千年的发酵技术和经验定有其学术与经济价值，可是对此种价值，局外人自难知悉，走马观花式的调查者也难洞察，因而，势必使具有学识之人与酿造老手携手合作、同处工作，用各种工具测验酿造过程的情形，方能得其究竟。为此，黄海社组织人员对我国的传统发酵事业开展调查研究，并参照该社新进大学生的优厚待遇，聘请各地富有经验的老师傅来社工作，与该社研究人员一起，对中国传统酿制工艺技术进行收集、整理、归纳、总结和创新。这种做法既总结、传承了传统发酵技艺的精髓，强调了传统经验、工匠精神在生产工艺中的独特作用，又通过创新使生产工艺得以改进，使其成为科学化的实用技术，从而确保了民间瑰宝不遗失，为后人的研究创新奠定了重要基础。

2. 酿酒发酵技术研究

1931 年，方心芳等人在孙学悟指导下开始了对高粱酒曲的科学研究。

从1932年起，他们以孙学悟大哥孙学思（字心田）在家乡威海创办的当地首家白酒作坊——广海泉烧锅为实验基地①，在研究中国传统酿造白酒工艺基础上进行了深入的科学探索，又对山西汾酒进行了详尽的调查、研究、总结，由此开创了我国酿酒业科学化研究的先河。

1932—1937年，金培松、方心芳等人收集了各地的酒曲、酒醅、葡萄及酱醅，采用科学手段分离出40株酵母菌，试验其发酵力。实验结果证明，当时中国使用的酒曲发酵速度大多比较缓慢。他们还从各地收取的酒曲中分离出曲霉、根霉及酵母，放在紫外线下观察其呈色，以此法鉴别那些形态甚为类似的种类，并由此研究酵母孢子形成与其培养基的关系。1935年后，区嘉炜、方心芳还通过科学实验的方法，证实了一些传统经验是错的。比如，传统制曲工艺认为，加入某些中草药对制曲极为重要。而实验证明，中草药对霉菌的繁殖无促进作用，反而多有抑制作用。

通过对酿酒工艺的长期研究，黄海社充分了解了中国传统酿酒工艺的科学内涵。酒是通过酒曲中的霉菌发酵，让谷物中的淀粉同时进行糖化和酒化而完成生化过程制得的，糖化过程靠的是根霉、曲霉及毛霉，酒化过程主要靠酵母菌。在发酵过程中，欲提高酒的产量和质量，酒曲中含有较多优良的根霉、曲霉及酵母菌是非常重要的。为此，黄海社的研究人员经过长期探索，明辨、分离出糖化力强大的曲霉，向酒厂推荐使用，帮助酒厂提高出酒率和出产更多的优质酒。

---

① 广海泉烧锅是1923年威海卫本土商人孙学思创办的白酒作坊，是现今山东威海卫酒业集团有限公司的前身。当年，“广海泉烧锅”创办后，孙学悟几次回到家乡威海卫，看到大哥孙学思开办的酒厂沿用的是古老的酿造法，出酒率低，规模难以扩大。于是，他带领助理研究员方心芳等人在威海卫深入开展了改良高粱酒酿造试验等研究工作，开创了我国酿酒工艺改革的先河。此后，在孙学悟的指导下，孙学思的酒厂焕发出新的生机。他们在广海泉烧锅工艺基础上，选用糖化力强的米曲霉和发酵力强的酵母菌做成麸皮曲，并加入酒母来代替原有的大曲，酿造出闻名遐迩的“威海卫特曲”，生产规模不断扩大。这种被威海人形象地称为“小地雷”的“威海卫特曲”，成为当时闻名山东的三大名酒之一。

在开展研究过程中，黄海社的科研人员撰写出多篇研究报告，如《高粱酒之研究》《华北酒曲中微生物之初步分离与观察》《改良高粱酒酿造之初步试验》《汾酒酿造情形报告》《汾酒用水及其发酵秕之分析》等。这些开创性研究不仅帮助人们认识了神秘的中国酒曲发酵的科学内涵，还为改进酒曲和发酵技术指明了方向。例如，在研究了汾酒酿造技术后，他们科学总结出汾酒酿造的“七大秘诀”，被国内白酒业奉为圭臬，至今仍为酿酒业所采用。对此，酿酒界人士曾给出高度评价：这些论文的发表，是中国人第一次用现代微生物学的视角，解构和开拓“新式酿酒实业”。

3. 醋、苎麻、饴糖、粉条研究

中国先民不仅掌握了用酒曲酿酒，而且也使用酒曲酿造多种风味的醋。这较之许多西方国家只知单一的果醋，内容要丰富得多，因此，中国传统的制造食醋工艺也是世界瞩目的。在中国生产的各种食醋中，山西老陈醋和镇江香醋是比较有名的。1933 年，孙学悟和方心芳通过考察，完成了对山西醋生产工艺的研究，撰写了研究报告《山西醋》。

中国是世界上最早种植和利用麻类植物的国家之一。黄河流域盛产大麻，苎麻则多种植于南方。麻纺业的第一道工序是沤麻，将收割的麻皮浸泡在水中，利用水中微生物分解麻类韧片纤维中的胶质，以达到脱胶的目的。脱胶不净，则纤维中形成结块，势必影响麻纺生产和产品质量。怎样才能使得除胶干净，曾是麻纺生产中的难题。1935 年，黄海社的谢光蘧进行了江西苎麻脱胶研究。他从发酵和化学两方面试验精制技术，终于得到了细软、洁白、适用于纺纱织布的苎麻材料，并开展对江西用土法生产夏布的详细调查，最终成果体现在研究报告《江西苎麻及其利用法之调查》一文中。

此外，黄海社在饴糖、粉条等方面的研究也初见成果，研究报告包括《制饴法之实验》《绿豆粉条制造之研究》等。

（四）有色金属

20 世纪初，人们在发展钢铁冶炼技术的同时，十分重视各种合金材料的研制，尤其是铝合金材料。铝在地壳中的含量居各种金属首位，差不多比铁多一倍，但提炼十分困难，直到19世纪中叶后才在实验室中获得金属铝。1886年，美国年仅22岁的学生查尔斯·马尔霍尔发明用熔盐电解法制取金属铝，使铝成为能大量生产、价格便宜的金属。此后，随着电力工业发展，铝制品逐渐进入社会生活各个领域。在1909年发现杜拉铝（含铜3.5%、含镁0.5%，并含微量铁、硅的铝合金）具有质轻、坚硬、耐腐蚀等优异性能后，铝很快成为制造飞机机体的主要材料。由于国防工业和电力技术（铝可以取代铜成为导电材料）的需求，炼铝技术和工业在各国都开始受到极大重视。

早在1928年永利、久大的生产步入正轨之时，黄海社科研人员就注意到冶铝工业的重要性，并把目光同时投向这一冶金领域。在他们看来，“化学就是变化之学”，而变化无处不在，只要需要，不管什么领域，就要去学习、探究。所以，虽然冶金非化工，“隔行如隔山”，但通过学习、实践，仍然可以“翻山越岭”。他们认识到，金属铝及其合金对国家经济发展具有重要作用，而在自然界，铝的储量非常大且广泛，关键点在于加快实现我国铝提炼技术的突破。为此，黄海社开始了对金属铝冶炼技术的探索与研究。

最初，黄海社使用复州黏土作试验原料，后来调查发现，山东博山储藏着大量铝土页岩，且便于开采，于是便把博山铝土页岩作为提炼金属铝的原料。经过长时间的不断摸索和多次挫折，终于在1932年完成提制铝氧的初步工作，掌握了铝氧的提炼技术，并发表研究报告《博山铝石页岩提制铝氧初步实验》。紧接着，对提制铝氧的技术进行深入研究和探索，经过一年多的不懈努力，完成了用碱灰法提制铝氧的进一步试验。此后，又开展用电解法制取金属铝的研究，在1935年炼制出我国第一块金属铝试制样品，并发表研究报告《电解法制纯铝初步实验》，开创了我国金属铝提炼的先河。难能可贵的是，中国第一块金属铝并非诞生于国家级研究机构，也不是出自专门的冶金研究机构，而是由一家成立仅十几年的民营化工研究机构研制成功的。这不仅大大激发了黄海社及“永久黄”团体全体员工的自信心，同时也在社会上得到了广泛赞誉。为了纪念中国第一块金属铝样品的诞生，主要完成人周瑞将铝液注入小飞机模内，铸造出中国第一架微型铝飞机，以表达黄海社研制金属铝的美好愿望，并祝愿中国自己制造的飞机能早日飞向天空。此事在当时成了一段佳话。

第二种冶铝原料是明矾石。这项研究曾和铝土页岩研究同时并进。以矾石为原料的优点是除了提制氧化铝以外，还有硫酸盐和钾盐为副产品。经过不断努力，到 1937 年春天，对于矾石的综合利用，包括石灰法、氨法、碳酸钾等种种方法，都做了比较详细的研究。另外，地质调查所采集了庐江矿样 163 份和平阳矿样 70 份，均由黄海社做了全面分析。

二、抗战入川阶段

从 1937 年被迫离开塘沽开始南迁，继而西迁，到 1949 年新中国成立止，前后共计约 12 年，是黄海社发展的第二个阶段。

1937 年，七七事变爆发，日本发动全面侵华战争。7 月底，塘沽沦陷，黄海社一切社务无法正常进行。这时，黄海社面临着两种选择：是留在塘沽，还是南迁？留在塘沽，可能会被日军胁迫；南迁，则会为抗战提供服务。在这民族大义面前，黄海社毅然与永利、久大一道，作出了不确定因素多、危险性大、损失可能更加惨重的选择——南迁。在“宁可放弃物质财富，也要保存所有科研技术人才”的思想指导下，黄海社的技术与业务骨干队伍撤离塘沽，踏上迁移之路，暂时前往武汉。“(民国) 二十六年七月，津沽沦陷，暴力紧迫，社务无法进行，毅然暂迁江汉，以待国军之驱敌。”①

1938 年春天，黄海社到达湖南，“择长沙名胜之水陆洲购地建筑新社

① 《黄海化学工业研究社二十周年纪念册》，1942 年出版，第 13 页。

址，立本社在黄河以南之始基”。[①]7 月，水陆洲新屋落成，调查和分析两个方面的工作继续开展。因为不敢相信局势会马上好转，为防万一，黄海社决定菌学部分先行西迁入川，暂假重庆南渝中学科学馆开展工作。11 月，武汉、广州相继沦陷，长沙进行疏散，水陆洲社务只得暂停，全社遂决定继续西迁至四川。由于时年 3 月，永利已决定迁至中国内陆重要的精盐产区——四川乐山五通桥（久大迁至西南地区最大的井盐生产基地——四川自贡，在自流井张家坝建厂），黄海社大部分人员从长沙疏散后，几经辗转，随之也都全部迁到五通桥。五通桥是一座位于川南的古盐城，清咸丰年间以前一直是四川最大的盐场。全民族抗战爆发后，国民政府的盐务总局也于 1939 年 6 月搬到这里。加之永利、黄海社的迁入，五通桥在中国盐业的地位空前高涨，成了真正意义上的战时盐业“陪都”。

1939 年，永利制碱公司选址四川乐山五通桥老龙坝建设新厂

黄海社全部迁到五通桥后，最早是临时租用民屋，后来“特在五通桥购地建屋，以冀树立华西化工学术研究之重心”。[②] 自此，在极其简陋的

① 《黄海化学工业研究社二十周年纪念册》，1942 年出版，第 13 页。

② 《黄海化学工业研究社二十周年纪念册》，1942 年出版，第 14 页。

初到四川乐山五通桥时，黄海化学工业研究社临时社址

条件下，黄海社开始依托西南地区的自然资源，继续开展科学研究工作。

永利、黄海具体落脚的地方是五通桥的道士观。为了追本溯源，不忘当年创建塘沽碱厂的奋斗精神，1939年2月24日，范旭东致函永利公司秘书处，于3月1日起，将道士观这个地名改为“新塘沽”。范旭东在函中写道：“同人去春西来，即经决定利用时机在华西建立化工基础，久大因原料关系，选定自流井张家坝设厂，于（民国）二十七年九一八正式开工，华西盐业，从此改观。永利、黄海则在犍为县属邻近五通桥之道士观购得广大地基，现正开始营造，前途无限，不让塘沽，将永为我华西化工之城堡。兹为追本溯源，不忘当日缔造塘沽之苦斗精神，从（民国）二十八年三月一日，将道士观地名改称新塘沽，以志纪念。”①

从撤离塘沽、西迁入川到抗战胜利的这个时期，黄海社经历了前所未有的磨难。在大迁徙途中，大量的图书资料、仪器设备由天津装船运往广

① 天津碱厂：《钩沉：“永久黄”团体历史珍贵资料选编》，2009年出版，第380—381页。

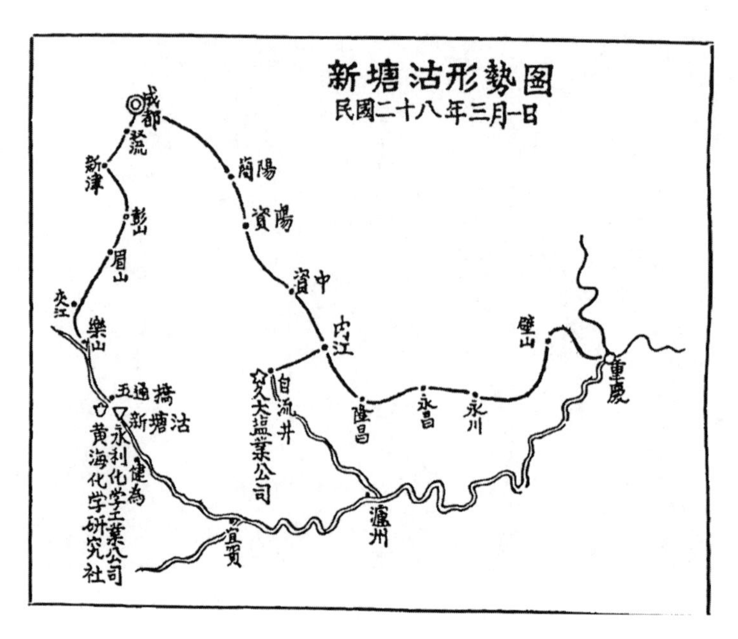

“新塘沽”形势图

“新塘沽”地名碑

州，再由广州运至长沙。然而，当这些珍贵物资运到广州时，广州已沦陷，从广州到长沙的交通中断，致使图书资料、仪器设备等损失一大部分。与此同时，有限的资金也消耗殆尽。在物资极其匮乏、资金严重短缺、工作生活环境异常恶劣的条件下，黄海社同人在孙学悟领导下，团结一致，顽强拼搏，到达四川后逐渐恢复了正常的科研活动。

日本侵华战争给中国人民带来深重灾难，同时也激发出中国民众抗日救国的巨大力量。在入川后的七八年时间里，黄海社凭着民族责任感和爱国热情，克服种种艰难险阻，坚持科技创新不动摇，埋头苦干，不仅生存下来，做到队伍不散、人才不失，取得的成果还远超在塘沽 15 年的成绩，可以说创造了奇迹。

（一）协助创立“侯氏碱法”

永利西迁入川后，开始筹建川厂，继续生产，但作为制碱原料的盐发生了变化。在塘沽时，制碱是利用海水取盐，资源丰富，成本较低。在四川建厂，制碱只能采用井盐，资源少，成本高。据记载，当时四川的盐比塘沽的贵上十倍，采用索尔维法制碱，盐的利用率仅为 70%—75%。为了提高盐的利用率，侯德榜认为，应放弃索尔维法，改用德国的察安法制碱。用察安法制碱，盐的利用率高达 90%—95%，可以大大减少原料浪费、减低生产成本。决定改用察安法制碱后，范旭东派侯德榜于 1938 年率寿乐、张克忠、林文彪、侯虞篪等人去德国考察，并洽谈购买专利和设备。然而，殊不知，当时德日两国，早已暗中勾结。考察组一到柏林，有关碱厂即严格保密，对侯德榜一行暗中监视，虚以应付，谈及转让技术时，索要的专利费极高，并无理提出，将来产品不准在当时已被日寇占领的东北三省销售。范旭东闻后十分气愤，认为“这是否认东北三省是中国的领土，是对我国的侮辱”。侯德榜则义愤填膺地大声疾呼：“难道黄头发、绿眼珠的人能搞出来，我们黑头发、黑眼珠的人就办不到吗?”随之，侯德榜中止了与德方的谈判，在购买了一些制碱方面的书刊资料后赴美，准备自行研究制碱新法。

1938 年底，留在美国纽约的侯德榜深入研究了关于察安法的两份专利说明和三篇论文，大致了解了察安法的基本原理及专利特点。据此，侯德榜制定了详细的试验计划，准备开展制碱新法研究。为了更好开展试验，根据范旭东的安排，将试验场所确定在各方面条件都较好的香港寓所，试验过程则由侯德榜在纽约遥控指挥。1940 年 1 月，为了便于开展扩大试验，将试验场所迁到上海法租界。在整个试验期间，黄海社的科研人员积极协助研究试验工作，不断改进生产工艺技术，经过几年探索，在进行了 500 多次试验、分析了 2000 多个样品后，终于在 1941 年初成功研制出一种新的制碱法。时年 3 月 15 日，永利川厂同人集会，由范旭东发起，将这一新的制碱法定名为“侯氏碱法”（译称“Hou’s Process”；1964 年，经侯德榜提议，改称“联合制碱法”）。

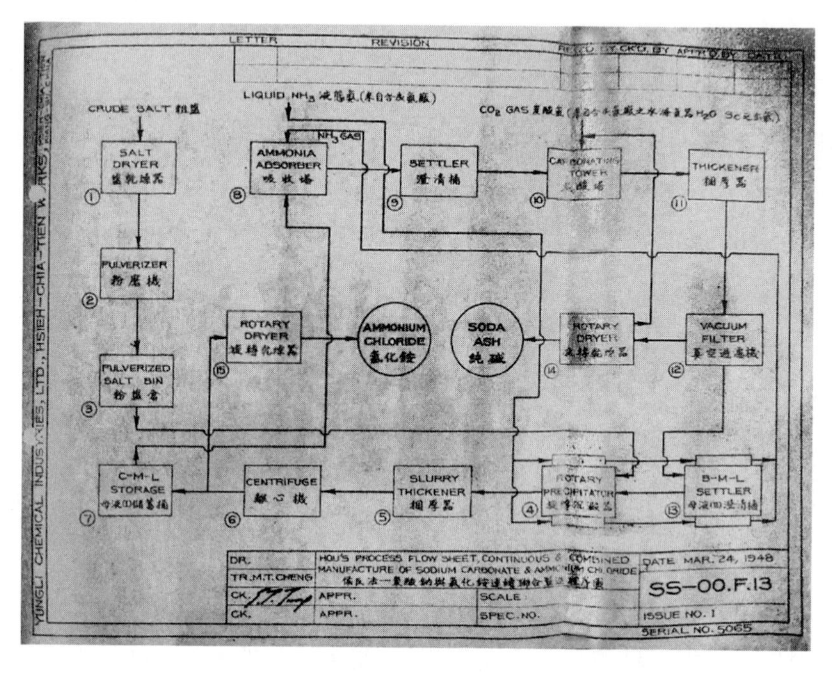

“侯氏碱法”联合制造程序图

“侯氏碱法”的诞生，打破了长期以来比利时索尔维制碱法及以后德国察安制碱法对世界碱业的统治，完成了中国化工史上的一次创新突破，中国化学工业技术从此一跃登上世界舞台。“侯氏碱法”兼具索尔维法和察安法的优点，不仅使原盐的利用率达到了 98%，生产设备比索尔维法减少了 1/3，而且免除了索尔维法排除废液的麻烦，使纯碱的生产成本降低了 40%。“侯氏碱法”公布后，在国际上引起巨大反响。侯德榜因之荣获英国皇家学会、美国化学工程学会、美国机械学会荣誉会员称号，并成为美国机械工程师协会终身荣誉会员。1953 年，“侯氏碱法”作为新中国发明证书第一号予以公布，国内新建制碱企业纷纷采用“侯氏碱法”。

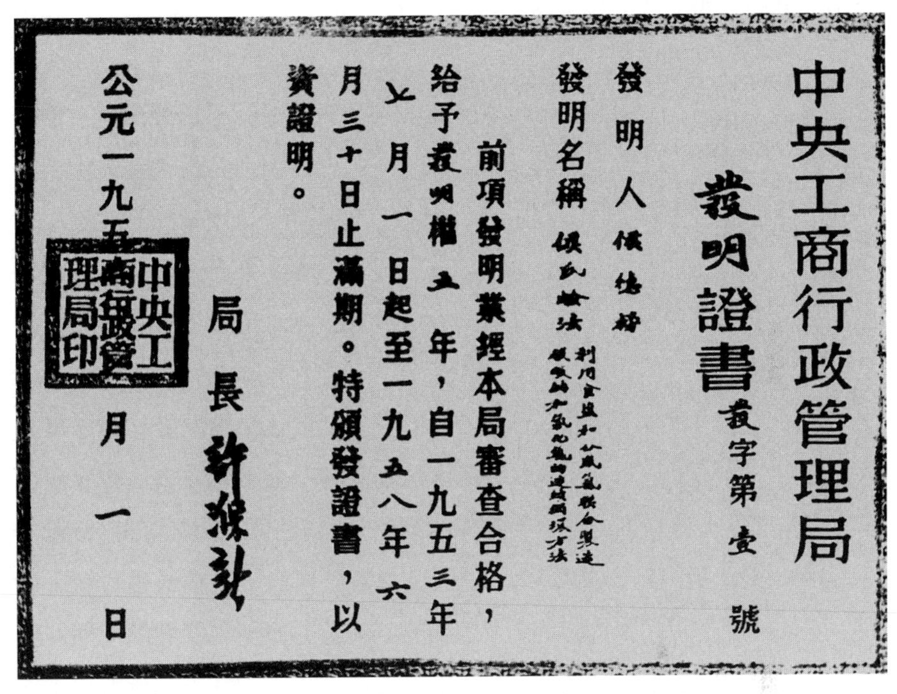

中央工商行政管理局

發明證書

發字第壹號

發明人 侯德榜

發明名稱 侯氏碱法 利用食盐和合成氨联合製造碳酸钠和氯化铵的连续循环方法

前項發明業經本局審查合格，給予發明權五年，自一九五三年七月一日起至一九五八年六月三十日止滿期。特頒發證書，以資證明。

局長 許滌新

中央工商行政管理局印

公元一九五 月 一 日

“侯氏碱法”获颁新中国第一号发明证书

（二）发酵与菌学

四川是我国西南大省，人杰地灵，物华天宝，自古就有“天府之国”的美誉。由于较特殊的地理和生态环境，四川孕育了丰富的菌类资源，当地的人们通过长期生产实践，逐渐掌握了较好的菌类系统和发酵技术，并生产出一些声名远扬的地方名品或特产，包括名酒、名醋、豆腐乳、泡菜等。黄海社西迁入川后，科研物资匮乏，研究工作既不能好高骛远，又不能坐等观望，需要结合实际重新确定方向。面对动荡和困难，孙学悟没有气馁，而是将“战时”视为创新的一次机遇，把目光投向最接近百姓生活、无处不在的菌学与发酵技术，拟借助“科学”的翅膀，探寻发酵技术的奥秘，赋予这一古老技艺“新的生命”。在这种思想指导下，黄海社就地取材，充分利用四川菌类资源丰富和地方发酵技术先进等有利条件，开展菌学与发酵技术研究，取得一大批成果，在艰苦环境中创造了奇迹，同时造就了一支高水平的菌学专业队伍。

1. 倍子发酵制棓酸

倍子（五棓子、五倍子）是由同翅目瘿绵蚜科的十几种蚜虫（五倍子蚜）寄生在盐肤木、红麸杨等漆树科植物的叶片反面形成的虫瘿，形状不整齐，其中含有大量单宁，是制革、染料、金属防腐、稀有金属提取、食品加工和医药等常用的原料，也是加工工业单宁酸、棓酸（没食子酸）和焦没食子酸的主要原料，具有很高的经济价值。倍子在我国西南各省特别是四川大量生产，但由于当时我国缺乏加工生产棓酸的技术，只能向国外出口倍子，再进口加工后提炼出的棓酸。从19世纪80年代起，倍子就作为重要出口物资供应日本、德国和其他发达国家，据当时估计，仅重庆的年出口量即达2400吨，这使倍子的经济价值无法在国内得以充分体现。

1938年，黄海社入川后，立即组织力量对用倍子制棓酸进行深入研究。刚从欧洲学习回国的方心芳从文献上得知，可通过微生物酶解法从倍子中获得重要的化工原料棓酸，建议开展这项研究。在孙学悟的支持和带领下，吴冰颜、方心芳、魏文德、谢光蘧等一批专家共同开展此项研究。他们先后试验了上百种黑曲菌及青霉菌，比较它们分解单宁酸的能力，研究内容包括从倍子浸渍到棓酸精

1938年，方心芳在重庆南渝中学

制，规模由试管发酵到日产百余斤的扩大试验，都曾尝试。最终，经过49次试验，在1939年成功确定了用发酵法生产棓酸的工艺，将实验室的结果以工业生产的规模重复出来，得到了100公斤棓酸。

1938年，方心芳在做实验

对于黄海社成功提炼出棓酸，1940年的《西南实业通讯》进行了报道："棓酸为五倍子中唯一有用之成分，约占五倍子全量百分之三十，为颜料及医药之基本原料。抗战以前，仅有五倍子出口，从未有将倍子提炼成棓酸而输出者。抗战发生以后，原有交通运输工具已不足供应频繁之军用品、日用品及工业原料与机械之用，若仍以五倍子运销国外，不特浪费运输费用，抑且徒占宝贵之运输工具。黄海化学工业研究社于鉴及此，从事于棓酸提炼之实验，经孙颖川、吴冰颜两先生费时一年之研究实验，已告成功。经济部农本局在提倡农产加工原则之下，投资合作，于去年（民国二十八年）冬建厂于川黔边区盛产倍子之区，就地制炼，预计本月（五月）内可以出货，并计划于本年内训练大量技术人才，成立棓酸提炼厂十处，一年以后希望在川西北、川西南、湖南、湖北、贵州等盛产倍子之省，普遍设立同样工厂。同时，并闻更进一步之研究配制颜料及制药，黄海化学工业研究社亦已研究，颇有成绩，正期待资本家之投资合作。"①

① 《黄海化学工业研究社棓酸提炼实验成功从事制销》，《西南实业通讯》1940年第6期。

当时的国民政府资源委员会很欣赏黄海社取得的这项研究成果，于是从广西和别的地方调集大量倍子原料供黄海社生产棓酸。1940 年初，由中国农民银行投资，在四川南川县南平镇建成可以进行规模生产的工厂，由著名化工专家、美国麻省理工学院博士张克忠教授负责。从 1940 年 5 月至 12 月，该厂共处理 22.5 吨五倍子，得棓酸 3.37 吨。用发酵方法生产出棓酸后，一下子改变了过去只能出口原料、进口成品的格局，使国产棓酸广泛应用于国内医药、有机合成、墨水、染料、农业、矿产等领域。

在棓酸生产工艺稳定后，方心芳等人又借鉴我国传统制曲技术，试验通过固体发酵生产棓酸。他在发表的研究报告中写道："棓酸溶解度小，生出后即行沉淀，不至于生化学与生理的有害作用。且棓酸发酵系利用霉菌，生长时需要多量的空气，大面积的固体醅，正合于用。是以固体发酵制造棓酸，比较合理。"通过试验，得到棓酸生产率达 48%的好结果，方心芳由此得出结论："固体发酵法为制造棓酸的优良方法。"①

1942 年的黄海化学工业研究社菌学楼

此后，黄海社又组织开展对倍子进行综合利用的研究，用倍子试制出单宁酸、焦棓酸、单宁蛋白、碱式没食子酸铋及倍子染料等；用棓酸为原料，曾制得许多衍生物；后来，以棓酸为初始原料的工作又发展成为染料研究，创制了黄色染料和棕色染料各一种，前者为媒染染料，后者是酸性染料，对于丝毛皮革的染色都很

① 方心芳：《棓酸（没食子酸）发酵之研究》，《黄海：发酵与菌学特辑》1941 年第 2 卷第 4 期。

适用。[①] 为了发展这方面的工作，黄海社在1942年决定成立染料研究室，使用棓酸及其衍生物制成草绿色、褐色及棕色染料，用在抗战部队的军服上，为抗战作出了贡献。

2. 新发酵工业研究

我国有四千多年的酿酒史，对于酒精的认识和生产则是18世纪以后的事了。当时，中国酒精厂的技术、设备大多是从国外引进的，在生产过程中也都遇到了一些棘手的问题。无论是1906年俄国人建成的哈尔滨酒精厂，还是1922年从日本引进技术建设的济南博益实业酒精厂，以及1933年建设的上海华侨建源酒精厂，在试生产过程中都因发酵问题遭遇相当大的困难。全民族抗战爆发后，由于日军封锁，汽油来源断绝，国内油料奇缺，军用和民用燃料只得求助于酒精（乙醇）。因为当时战事需要，燃料酒精工业在后方发展很快，仅四川就陆续建设了20余家用糖蜜发酵制取酒精的工厂。四川盛产甘蔗，蔗汁结晶出白糖后的废液叫作糖蜜，当年几乎没有用处，多且便宜，但糖蜜中还含有60%以上的糖，可以用酵母菌发酵生产酒精，这就是这些酒精工厂用糖蜜发酵制取酒精的缘由。糖蜜发酵是糖蜜酒精生产工艺中的重要环节，发酵有很多需要注意的地方，尤其是对酵母的选择和使用有着严格要求。孙学悟认识到，在中国使用糖蜜发酵制取酒精尚属起步阶段，不仅经验不足，而且缺乏相应的技术支持，这正是研究机构发挥作用的时候。于是，他带领方心芳、金培松等人，开始对酒精生产的技术和工艺进行深入研究。他们先对生产酒精的原料进行广泛试验和调查，又对发酵的关键因素——酵母的选择进行比较和研究，还对发酵的温度、酸碱度及营养源等问题进行探讨。

在用糖蜜发酵产生酒精的试验中，方心芳等人发现原料中的氮素营养相当缺乏，维生素也不足，所以，酵母菌生长得不好，产生酒精的能力受

① 方心芳、魏文德、赵博泉：《黄海化学工业研究社工作概要》，《化学通报》1982年第9期。

到很大影响。在正常情况下，只要给酵母菌补充一些硫酸铵就可以了。可是，当时是战争年代，因为南京的永利硫酸铔厂内迁，我国已经没有自产的硫酸铵了，进口则过于昂贵。方心芳知道，硫酸铵可以用尿素或蛋白质水解成的氨基酸代替，但水解蛋白质并不现实，而尿素是人尿的主要成分，于是选择人尿进行试验。方心芳他们发现，无论是新尿还是存放过的尿，都可以为酵母菌提供足够的氮素营养，因而，在用糖蜜作原料发酵生产酒精时，只要补充适量的人尿，就可以正常生产出酒精，而且尿对于酵母菌的营养价值甚高，优于 5%的硫酸铵液。这就是说，20 斤尿比 1 斤硫酸铵的效力大或至少相等。这项研究结果大大推动了大后方酒精工厂的生产。方心芳曾引用当时四川人不无调侃的话说："大后方的汽车是靠人尿开动的。"1943 年，英国著名生物化学家李约瑟博士考察当时四川的科学研究工作后，在英国《自然》杂志上发文做过介绍，其中特别提到，黄海社用人尿作氮源，成功解决了用糖蜜发酵酒精的技术和原料难题。

3. 酒曲和酒药研究

入川后，黄海社充分利用当地微生物资源开展研究。1938—1940 年，组织人员对四川小曲微生物进行调查研究，并对其酵母菌进行分离实验。1943—1944 年，肖永澜对红曲进行研究。1945—1946 年，赵学慧等人对四川嘉定附近的曲菌属进行研究，此后又从关中各地所得的酒曲中分离出酵母 14 株，经研究后获得发酵力较强的酵母 7 种。1947—1948 年，李祖明、方心芳等人研究了四川泸县大曲，采用"扁平分离"、稀释分离法从中分离出酵母三大类，对此进行了菌体的形态观察和生理实验。1948 年 4 月，李祖明应泸县天成生酒厂老板郭龙邀请，到天成生、温永盛曲酒厂（现国宝窖池所在地）实地调查，对泸县大曲的酒曲生产技艺和装备进行研究，并整理出报告。盛产于福建的红曲不仅可以用于酿酒、制醋，而且还有防腐呈色及医疗等功能，为此，1948—1949 年，方心芳等人对酒药原料中不可缺少的蓼类进行研究，发表了《蓼类所含微菌养料之研究》等相关论文。

4. 对麸醋、腐乳、泡菜等的研究和试验

四川麸醋是我国四大名醋之一，主要产地在四川阆中。它以生料麸皮为主要原料，以药曲为糖化发酵剂，采用糖化、酒化、醋化同池进行的独特工艺，使用多菌种参与发酵制得。西迁入川后，黄海社组织力量对当时四川麸醋的生产工艺进行研究和改进试验，获得明显成效。通过研究和试验，得出以下结论：一是选用优良菌种制醋，可以有效防止有害菌侵入以及醋醪变坏；二是各种草药对于醋酸发酵无助，若不用，可降低10%以上的成本；三是用酱油酿室的余温酿醋，可以缩短醋醪成熟期约一半的时间；四是应用生酸力较强的纯醋酸菌，较旧式酿法可增产15%；五是试用饴糖糟为原料酿醋，成品颇佳，由此开辟了酿醋原料的新来源。这些研究结论的应用，进一步完善了四川麸醋的生产工艺和流程，改进了四川麸醋的独特风味和质量。

五通桥豆腐乳，又称五通桥毛霉豆腐乳，是四川乐山五通桥地区的特产，香味浓郁、回味无穷，现在是中国国家地理标志产品。五通桥豆腐乳主要得益于五通桥特殊地理气候条件孕育产生的一种天然微生物霉菌——"五通桥毛霉"，它状如雏鹅的毛绒，在发酵的腐乳块上直立而生，不分枝，菌丛白，菌丝嫩，有特别的醇香，可以食用。这种霉菌是1938年方心芳在一家名号为"德昌"的腐乳酱园（后来因几家酱园合并改称"德昌源"）发现的。当时，方心芳经常去德昌酱园买腐乳，觉得他家的产品质地细腻、味道鲜美、别具风味，于是就和学生肖永澜一起，花了相当时间分离酿制这种腐乳的微生物。1942年，方心芳发表《几种川产微菌之鉴定》一文，描述了相关情况："自乐山去重庆宜宾泸州的人，以及来五通桥的游客，身旁多带着几罐腐乳，不用问，准是竹根滩德昌号的出品。因为德昌豆腐乳的品质确实不错，我们之所以费了不少时间研究其微菌，也是因为这个。德昌的腐乳坯，相当纯洁，白毛整齐而不杂，可以说只有一种毛微。这种毛微不很平凡，在文献中未查到其类似种，所以我们认定它是新种，命名为 mucor wutungkiao Fang，以作黄海社迁五通桥工作之纪念。"①"五通桥毛霉"的发现，在世界微生物学界引起轰动。五通桥德昌源的豆腐乳因此走出国门，被外国人称为"中国黄油"。1937—1945年全民族抗战时期，徐悲鸿、张大千、丰子恺、冯玉祥等名人在五通桥时，都把这种豆腐乳作为必备的佐餐。新中国成立后，中国科学院将"五通桥毛霉"重新命名为"AS3-25号标准毛霉"，成为豆腐乳行业的通用菌种。1962年，朱德品尝这种豆腐乳时赞不绝口，称它是"不可多得的美食"。

四川泡菜是川系菜谱中的有名品种，不仅四川人爱吃，也深受国内外许多人喜爱。四川泡菜实际上是乳酸发酵的产品。1946—1948年，方心芳对此进行了系统研究，得出以下认识：一是泡菜水含食盐10%以上可不生花。二是五通桥地区9、10月间各家泡菜水的酸度是0.048—0.084N。三是泡菜水内有许多细菌和酵母。在酵母类中有圆形酵母菌、造醭酵母菌、红黄酵母菌、裂殖酵母菌等，但有发酵性的酵母不多，也没有生孢子的真正酵母菌；在细菌类中则有乳酸杆菌、醋酸杆菌、芽孢杆菌、小球菌、大肠杆菌等。四是泡菜因为呈酸性，又含食盐，不适于致病菌存活，虫卵可存活相当时间。五是泡菜因含生长素和维生素很多，是一种卫生而且有营养的食品。这些认识为此后改进四川泡菜的风味和品质，提供了切实有效的帮助。

此外，关于豆豉、柠檬酸、丙酮、丁醇等的发酵问题，黄海社也做了很多试验和研究。

5. 对皮革鞣制、醋酸菌等的研究

黄海社对皮革鞣制工艺进行了创新性研究。看似简单的皮革鞣制过程，并非只是机械加工过程，而是复杂的包括生物化学在内的综合性物理、化学过程，即高分子材料在加工过程中，利用鞣剂、软化剂中的相关成分（特别是霉菌），对生皮上的蛋白质纤维进行化学、物理和生物化学加工的过程。为此，黄海社在鞣剂的选择及曲霉酵素等方面进行了大量研

① 方心芳：《几种川产微菌之鉴定》，《黄海：发酵与菌学特辑》1942年第3卷第6期。

究，取得了很大进展，选择了优良品种，完善了制革工艺，其成果在很多皮革厂得到了应用。

与此同时，黄海社还开展了醋酸菌等相关研究工作，提出了醋酸菌的分类方法，掌握了丙酮乙醇酵母的鉴定和发酵试验方法；对茶砖中的有益菌和有害菌进行了研究，对茶砖制作工艺提出了可供参考的建议；提出了对海宝菌的鉴定办法，并对糖化菌、葡萄酸菌发酵进行了考察；开展了关于土壤中微菌、盐中生长的细菌、分解石油的细菌的探索和研究。这些菌学研究丰富了人们对微生物世界的认识，开拓了微生物在许多领域的应用前景。

6. 对微菌的收集、分离与研究

微菌在四川散布特多，文献中记载的微菌在四川往往都容易找到。从工业需要的角度选择优良微菌品种供给工厂应用，在当时很有必要。黄海社从 100 多种微菌中选出的棓酸菌和从 50 多种黑曲菌里选出的柠檬酸菌，都有相当的实用价值。黄海社在研究中得到的酱油曲菌尤其是酒精酵母菌，如 116 号蔗糖发酵酵母菌和 109 号淀粉胶酵母菌，早经许多酒精厂使用。经过长期研究、比较，公认了它们特具的优点。①

7. 对应用菌学知识与技术的推广

鉴于当时社会上对应用菌学的认识还很不够，黄海社极力设法提倡，一方面做文字介绍，另一方面敞开实验室大门，欢迎社外人员前来实习，以致入川后常常“人满为患”。关于菌学研究的各项成果，经常发表研究调查报告。除了一些零散介绍见于《海王》旬刊外，主要成果都发表在新创刊的《黄海：发酵与菌学特辑》双月刊上。

《黄海：发酵与菌学特辑》是我国第一种交流微生物学科研、应用成果并推介学科动态的专门期刊，由方心芳负责创刊和编辑工作。自 1939

① 方心芳、魏文德、赵博泉：《黄海化学工业研究社工作概要》，《化学通报》1982 年第 9 期。

年夏天创刊，到 1951 年发酵与菌学研究室划归中国科学院，共出版 12 卷计 70 期，发表文献 233 篇。1950 年 8 月，《黄海：发酵与菌学特辑》首次在北京出版时，方心芳写了《本刊之过去与未来》一文（载第 11 卷第 2 及第 3 期合刊中），讲述了这本杂志创刊时的故事："七七事变，抗战开始，黄海化学工业研究社西迁四川五通桥工作。当时国内科学刊物多已停印，国外杂志犹少寄到，西南的科学气氛，非常稀薄，社内同人商量编印刊物，鼓动一下。把这个意思告诉社长孙颖川先生及创办人范旭东先生后，想不到我们自己先得到了意外的鼓励。孙先生说：这意思很好，不过要坚持到底；只要编印不成问题，社内决定永远支持。范先生更是高兴，即为这刊物拟定名称及封面，并且写了一篇卷头语交来。可是五通桥没有印刷所，只好找到一家乐山（嘉定）的书店，签订合同，他拿我们的保证金，去成都买铅字聘工人。搞了半年，到一九三九年夏天，黄海发酵与菌学特辑双月刊才与读者见面，乐山也有了印刷厂。从那时起，经过敌机的轰炸，社内经济的拮据，以及同人们的聚散，可是这个刊物还在不停地印行，直到四川解放的前夕，印出第十一卷一期后，为结束以往，迎接未来的新局面，才把它暂时停印。"

《黄海：发酵与菌学特辑》创刊时，范旭东专门写了发刊词《在卷首说几句话》。其中写道："方心芳先生，心目中的微菌，决不比一条牛小，他是一个最忠实的牧童，他希望引起大家欣赏牧场的兴趣，决定把菌学部门同人的工作，陆续公表出来。我认为的确是很有意义的。但愿中国有一二位巴斯德，由这刊物叫唤出来，象巴氏一样，把国难的全部损失给微菌担负，做黄海这次出版的纪念。"

孙学悟在创刊号上发表了《黄海化学工业研究社发酵部之过去与未来》一文，阐述了创办这个学术性期刊的目的："使命维何？以发酵与微菌学识，谋国内资源之合理的应用，外货之代替，出口之增进，以及发酵菌学在国内基础之建立等是也。至于发酵学理之研究，固有技术之改良，当量力行之，以求有益学术而服务社会。"

在我国菌学发展史上，《黄海：发酵与菌学特辑》是第一份前后坚持发行了10多年之久的学术期刊，为我国应用微生物学特别是工业微生物学、酿造学积累了珍贵的历史资料。由于实验报告未多加修饰与故意删减，因而成为实验的真实记录，有些技术性资料受到工厂企业的重视，甚至还引起国外专家和企业的关注。细想起来，战争时期，在一个偏远的山城小镇，长时间出版印刷学术期刊，谈何容易！虽然屡遭日军飞机轰炸干扰，经费困难，但稿源不断，黄海社靠自己的努力将这个刊物维持了13年。该刊物真真地与黄海社一道，对开拓与促进中国微生物学科和技术发展作出了重要贡献。

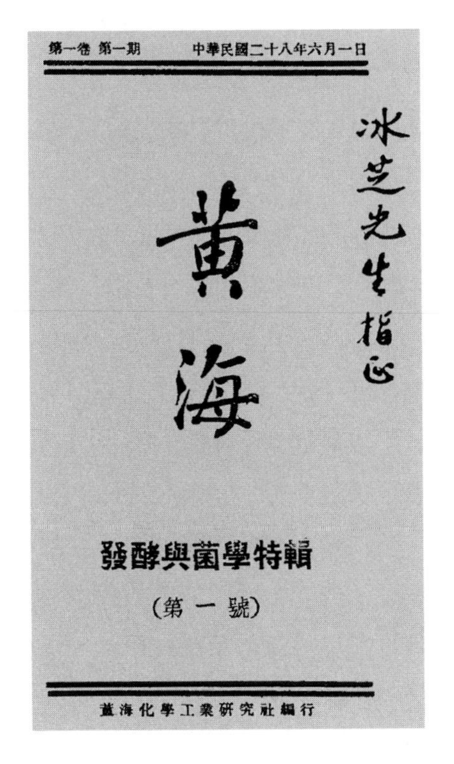

第一卷 第一期　中華民國二十八年六月一日

冰芝先生指正

黃海

發酵與菌學特輯

（第一號）

黃海化學工業研究社編行

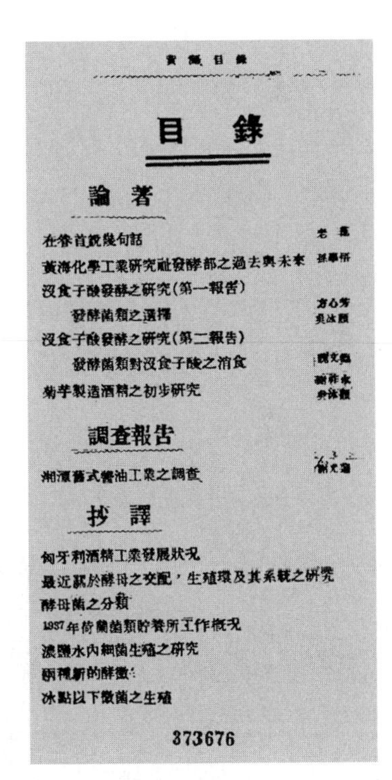

目錄

論著

在卷首說幾句話

黃海化學工業研究社發酵部之過去與未來

沒食子酸發酵之研究（第一報告）發酵菌類之選擇

沒食子酸發酵之研究（第二報告）發酵菌類對沒食子酸之消食

菊芋製造酒精之初步研究

調查報告

湘潭舊式醬油工業之調查

抄譯

匈牙利酒精工業發展狀況

最近關於酵母之交配，生殖環及其系統之研究

酵母菌之分類

1937年荷蘭菌類貯養所工作概況

濃鹽水內細菌生殖之研究

冰點以下黴菌之生殖

373676

《黄海：发酵与菌学特辑》（第一号）封面及目录

（三）水溶性盐类

西迁入川后，久大、永利生产原料的来源与品质发生了很大变化，由

四川井盐替代了塘沽海盐，需要黄海社加紧研究井盐的开发利用。与此同时，黄海社屡屡接到四川、云南等各地盐务局的来信，要求协助解决改进制盐技术、增加产量、降低生产成本等问题。根据这些要求，从1938年到1946年，黄海社开展了盐类的研究工作。

1. 四川井盐的研究开发

四川的盐业资源比起天津的差很多。塘沽的盐仅几分钱一担，而四川五通桥一带的盐取自深井卤水，价格高出海盐上十倍之多。这是因为，采用这种含盐卤水作原料制碱，必须先浓缩使之饱和，这样成本就很高。同时，制碱过程中食盐的转化率很低，仅为70%—75%，难以物尽其用，也推高了成本。如此，久大、永利西迁入川后就失去了原来以海盐为原料的成本优势。为了摆脱这一困境，黄海社在协助侯德榜等永利技术人员研究新的制盐方法的同时，还围绕四川井盐开展多项调查研究，取得诸多创新性成果，并很快在生产中推广应用。

一是对犍乐（犍为、乐山）盐区地质的调查及对五通桥卤水的研究。调查研究发现，四川井盐随着地质情况以及深度的不同，有黄卤、黑卤、盐岩卤的差别。为此，在犍乐盐区按照7个区采卤水样品进行化验，获取了各个区卤水中的氯化钡、氯化钙、氯化镁含量数据，从而描绘出卤水的浓度与位置分布图。

枝条架

二是为了降低制盐成本、降低能源消耗，设计出枝条架法对盐卤进行浓缩。枝条架法利用自然蒸发浓缩盐卤，最早于1579年出现在德国，1909年已有俄罗斯、法国、意大利、西班牙、瑞士等多个国家采用，我国于1921年前后首先在湖北应城试用。枝条架是用竹木搭成枝条架（高约5米至20米，长约数十米至上千米，宽约2米至4米，分段设置，约5米到6米为一段），以木为架，两边用树枝斜铺。进行浓缩时，先把盐卤抽送到架顶入管，再从管上的小孔流出，顺枝而下。由于经过了许多较小的枝条，盐卤散布的面积增大，依靠风力和日光加快水的蒸发，由此达到浓缩盐卤的目的。试验结果表明，如此循环几次，就能把波美度为12度的原卤浓缩到20度，然后再入锅熬煎，可以节省燃料三分之二以上。1938年春，黄海社对枝条架法的机理进行了研究和阐释，并在湖北应城工头范国材的帮助下，设计出枝条架，利用它对盐卤进行浓缩。1939年编印的《我们初到华西》对此进行了描述："四川所产盐卤，除盐岩及黑卤水外，率皆极淡，而燃料特贵，平均制盐1斤，需蒸发水分20斤左右。黄海化学工业研究社，特仿德法两国之条枝晒卤架，在犍为牛华溪盐场试验，成绩极佳，盐场已视为秘宝，每架所费，不过三四千元，收入将不能成比例，而且丝毫外来材料不用。如全川仿行，有将近一万万担水，不用燃料蒸发，按目前燃料价，每年可省一千万元。云南天气干燥，更加适宜。"该方法设计出来后很快就在当地盐区推行，仅犍乐盐区就搭起100多个枝条架，川东和云南盐区也纷纷效仿。

三是研究出用盐砖代替巴盐的方法。传统上，为便于运输，当地的人们习惯将粉状、粒状花盐制成巴盐（块盐），但这需要耗费大量煤炭，通常成盐1公斤需消耗煤炭2公斤上下，其间又常因煤屑等杂质混入使得巴盐不合食用。为此，黄海社在1939年先发明木榨制盐砖，后进一步改用螺丝铁榨制作盐砖，不仅大大提高了效率、降低了成本，而且更加卫生，受到四川盐业普遍欢迎，并推广至云贵各区。

四是设计了塔式炉灶和电动吸卤机。煮卤浓缩工艺中的炉灶非常关键，传统工艺大都使用土法将烟筒烧热后拨入盐卤，以利蒸发，不仅费燃料，而且卤水损耗也较大。为此，黄海社的研究人员研制出一种塔式炉灶，用它来熬卤，比旧式花盐灶节省30%的燃料，比巴盐灶节省50%的燃料，尤其适宜于燃草，同时，卤水损耗明显减少，产量提高了25%，被川北各地迅速采用。长期以来，四川井盐生产都是用水牛做劳力，从2000多尺深的地下吸取卤水，所以，各盐灶都养了大批水牛供生产使用，而水牛一旦染上瘟疫就会大量死亡，严重影响井盐生产。为此，黄海社设计了新的适合当地盐井的电动吸卤机，很快得到普遍推广。

2. 改良盐质

井盐是运用凿井法汲取地表浅层或地下天然卤水进行加工制得的盐。当时，四川和云南一些地方的井盐盐质不佳，含有一些有毒有害物质。比如，犍为、乐山、贡井一带的黄卤多含氯化钡，川东和云南的食盐多含芒硝，川北产盐卤质较重等，给人们的身体健康造成不良影响。对于这些不同情况，黄海社都曾分别加以研究，其中尤以解决了乐山一带井盐中含有氯化钡的问题形成的社会影响最大。当年的重庆《大公报》称："黄海改良食盐，其功绩与李冰父子开凿离堆相等。"①

当时，乐山一带有一种怪异的地方病——痹病（疤病、趴病），患病者四肢麻木软化，神志虽是清醒的，但全身无力，不能行动，待麻痹延伸累及心脏，人就死亡了。当年，数千名内迁四川乐山的武汉大学师生见证了这一可怕的地方病。据武汉大学校史记载："营养不良，医疗设备奇缺，加上乐山特有的地方病——疤病的袭击，致使乐山时期武汉大学的死亡率愈来愈高。据统计，武大自1938年4月迁校乐山到1940年年底为止，不到三年时间，仅学生因病死亡者就达五六十人之多。其中1940年9月19日至10月底的50天内，就有五位学生相继死亡。到了1943年暑期，在短短一个月内又有七位女学生相继死亡。据不完全统计，自1938年4月至1943年8月的五年内，一个仅有1700多人的学校竟相继死亡了100多个学生。这个骇人听闻的死亡率，使学校公墓不得不一再扩大。因此，学生们便把武大公墓称作学生的'第八宿舍'（学生宿舍实际只有七舍）。在惊人的死亡率面前，教授们也未能幸免。乐山时期的八年中，许

① 天津碱厂：《钩沉："永久黄"团体历史珍贵资料选编》，2009年出版，第304页。

多才华横溢、学有专长的教授如黄方刚、吴其昌、萧君绛等十余人被贫病夺去了生命。叶峤教授回忆当时的情景说：'初到乐山，疤病确实吓人。教授们有的因疤病轻，医好后不能再在乐山居住下去，只好携眷东归，另谋出路。'"① 关于痹病的这种可怕景象，当时在黄海社工作的漫画家方成也曾谈及："这病来得很怪，我有一个同学打球后忽然感到麻痹，从脚下开始，慢慢往上身扩延，人的神志清醒，但全身软绵绵不能动，四川话叫'趴了'。待麻痹转到心脏部分，就停止了呼吸。病怎么来的呢？没有其他异象，只因吃了一碗蛋炒饭，过后不久就'趴了'。这种病死亡率极高，医生查不出病因。"②

黄海社刚迁到五通桥的时候，孙学悟他们就听说并注意到这种可怕的地方病。尽管地方病看似与黄海社的研究领域"不搭界"，但孙学悟他们依然本着探索、创新的精神，利用掌握的科学知识和对当地盐质的研究，成功攻克了这一怪病。当时，曾流传这样一个关于孙学悟了解痹病的故事：有一次，从乐山一带传来消息，说又有人患痹病了，孙学悟决定去看看。当他奔到乐山的时候，已是星月满天的时分了。他向路人打听患有痹病的人家，路人犹如谈虎变色，望一眼孙学悟这个不速之客，见他长得十分斯文，不像是坏人，就给他指了病人家的方向。当孙学悟赶到病人家时，患者刚刚去世，家人正哭成一片。孙学悟和乡邻们一道，向死者表示了哀悼。死者家属看到孙学悟是个陌生人，不禁愣住了。孙学悟赶紧解释说："我是附近新盐厂的技术人员，正好路过这里，看到您家遭遇不幸，进来向您表示慰问，也想跟您打听一下，这个病是怎么回事？患者什么时候开始得病的呢？"那家人告诉孙学悟，死者是吃了蛋炒饭以后就开始得病的。孙学悟把做蛋炒饭的各种食材和调料带回黄海社，经过化验，找到

① 吴贻谷：《武汉大学校史（1893—1993）》，武汉大学出版社 1993 年版，第 146—147 页。

② 方成：《我和"黄海"》，中国人民政治协商会议天津市委员会文史资料研究委员会编：《天津文史资料选辑》第 23 辑，天津人民出版社 1983 年版，第 126—127 页。

了病源。原来，蛋炒饭里放了川盐，而川盐中含有大量的钡元素，这钡可是有剧毒的呀！找到了病源，黄海社主动帮助当地所有盐厂安装了用硫酸钠除钡的装置，从而消除了病源。从此，乐山一带再也没有痹病的危害了。老百姓千恩万谢，当地政府也大加赞誉，就连曾反对新建久大川厂的盐商们也不禁由衷地感叹："让他们来这里，有好处哩！"

虽说上述故事的细节难以核实，但当时确实是黄海社科研人员用科学的方法找到了痹病的病因。他们与当地医院协作，从痹病患者的食品中收集种种样品，进行分析。鉴定结果和动物试验证实，犍为、乐山一带的井盐中含有一定量的氯化钡，氯化钡中的离子态钡有剧毒，而且属于肌肉"毒"，一旦被吸收进入血液，就会跑到全身上下的肌肉组织里，如骨骼肌、平滑肌、心肌等，并引发麻痹等病症。为了除去食盐中的氯化钡，他们经试验得出两种简单易行的分离方法，即沉淀法和分离法，效果都很好。新中国成立以后，当地政府非常重视地方病这个问题，采取措施，严加控制，真正做到了食盐中不再含钡，痹病这一严重的地方病最终得以根除。

3. 川盐副产品开发

卤水经熬煎分离出食盐后所得母液称为苦卤（或称盐卤、"胆水"），向来被看作是废料，但其中含有镁、钾、钠等盐类，可以进一步加工制得一些重要产品。将卤水继续加热蒸发，冷却后得到的块状物称为卤巴（或称"胆巴"）。犍乐盐区所产黄苦卤除了含有大量钙、镁盐类外，还含有大量溴化物，有的苦卤所含溴素甚至高达 21.8 克 / 升。为此，黄海社研究了从中提取这些成分的方法及其他有用盐类的试制工作。

自 1938 年开始，历经多年，黄海社组织人员对犍乐盐区的黑卤水和黑苦卤进行分析，研究它们的组成和应用。从 1943 年刊印的研究报告看，黑卤水除含食盐外，还含有钾、锂、锶、铵、硼、钙、镁等盐类。黑苦卤的经济价值更大，每升含氯化钾 65.6 克、氯化锂 15.8 克、氯化铵 9.7 克、氯化镁 96.1 克、溴化镁 20.1 克、硼酸 30.0 克和硼砂 4.5 克。根据各项试验结果，黄海社先后设立试验工厂从事半工业生产，包括设在贡井的三一化学制品厂（1943 年 5 月）[①]、设在五通桥的四海化工厂和明星制药厂，利用苦卤制得溴、钾、碘、石膏、氯化钠和硫酸镁，用于医药、轻工、军工等工业领域，实现了变废为宝。通过这些厂几年的经营，黄海社在盐卤的综合利用方面积累了不少经验。为了促进地方化学工业的发展，黄海社公开了全部技术，并指定专人协助地方建立了食盐副产品制造厂。此外，黄海社还从盐中提取硼酸硼砂，制造泻盐和芒硝，供医药和工业应用。新中国成立后，黄海社在北京继续用四川卤水做试验，得到了全部数据，完成了生产设计，并交由四川贡井三一化学制品厂投入生产。

4. 新疆、青海盐业调查

黄海社十分重视资源的调查与研究，正如孙学悟经常强调的那样，做什么事，首先从源头抓起。1943 年，黄海社与国民政府盐务局共同组织了一个西北盐业考察团，以新疆为重点，进行为期一年的实地调查。黄海社派出的是由孙继商率领的工作组。孙继商是孙学悟之子，从辅仁大学毕业后，为追随范旭东和父亲孙学悟振兴民族化学工业，进入黄海社工作，是社里的青年骨干。孙继商率领工作组到达西北后，对各盐区的地质、食盐储量、生产情况、产品质量以及工业条件等进行了深入调查，并采集有代表性的样品做详细的化学分析，积累了宝贵的基础资料。从化验的结果看，西北各地生产的盐都是很好的工业原料，但从食用

孙继商（1911—1987）

① 1943 年 6 月，范旭东在三一化学制品厂开幕典礼上致开幕词，详细讲述了设立三一化学制品厂的缘由。开幕词全文见本书附录《由试验室到半工业实验之重要》。

的标准和要求进行衡量，西北地区的盐则普遍缺乏碘素。

（四）肥料

兴建永利硫酸铔厂的目的就是为了生产化肥，因此，自从建设铔厂后，黄海社一直没有中断对化肥的研究及相关资源的开发。入川之后，根据当时条件，他们先后完成了发酵尿水提铔试验、五通桥区植物含钾量测定、由钾碱制造氯化钾的试验等项目。此外，还对采自云南的磷灰石矿进行化学分析，考虑如何开发为磷肥。这种矿产组成与江苏海州的矿产没有多少差别，都属含氟磷灰石矿，是可靠的磷肥原料。

（五）金属

在轻金属方面，入川后，由于各方面的条件如物资、资金、设备仪器、原料来源等均大不如前，黄海社只能就地取材，先用叙永黏土为原料，研究氧化铝的提制。1941 年后，又着手对云南、贵州的铝矿石进行研究，对国民政府资源委员会送来的云贵两省 60 多个铝土页岩样品一一做了分析，并得出结论：各区样品的组成略有不同，硅氧和铁氧平均含量都比山东博山的要低，最好的矿样所含铝氧达到 60%，从而为采用不同原料制得金属铝积累了经验。

在有色金属方面，黄海社分析了江西出产的铋砂。抗日期间，大后方医疗药品奇缺，急需铋黄。[①] 为此，黄海社收购了一批江西出产的铋砂。经分析，这些铋砂大部分为铋土矿和碳酸铋矿，含铋量最高达 68%，最低也有 58%。1941 年，赵博泉采用熔炼法，成功地从铋砂中提取出金属铋，并于次年发表调查研究报告《国产铋砂熔炼试验》，建立了我国金属铋自给自足的基础。金属铋经精制后，配合由五倍子制成的没食子酸，经反应制成了可代替黄碘（外伤消炎药）的铋黄（次没食子酸铋）、次硝酸

① 郭浩清于 1947 年在《黄海：发酵与菌学特辑》第 8 卷第 6 期刊发《铋黄之制造》一文，对铋黄做了简要介绍：铋黄，无气味，色金黄，粉状，约含 55%的三氧化二铋，不溶解于水，外用无刺激性且无毒，为黄碘的替代品，是创伤、火伤、疮类、湿疹等的消毒药，并可内用于胃肠疾病。

铋及次碳酸铋等，受到医药界的广泛欢迎。

（六）二十周年社庆

二十周年社庆是黄海社在抗战入川阶段开展的一项重要活动。黄海社成立后，虽然在一些周年纪念日也进行过相关活动，但规模都很小，某种程度上只是内部庆祝一下，二十周年大庆时却组织开展了一场大规模的庆祝活动，包括刊印《黄海化学工业研究社二十周年纪念册》、召开社庆二十周年庆祝大会、举办通俗科学展览和游艺会等。其中，《黄海化学工业研究社二十周年纪念册》收录了范旭东撰写的《黄海二十周年纪念词》、李烛尘撰写的《我之黄海观》、孙学悟撰写的《二十年试验室》以及黄海社《沿革》《工作述要》《工作报告》《附录（章程、董事名单、职员名单等）》等。1942 年 8 月 20 日出版的《海王》旬刊第 14 卷第 33、34 期以《略述黄海二十周年纪念大会》为题，报道了当时的盛况，全文转引于下。

中华民国三十一年八月十五日，黄海化学工业研究社举行二十周年纪念会于五通桥本社，这是学术界的盛举，政府和学者名流，都很重视，认为这个有二十年历史的私人研究机关，难能可贵，在中国化工史上自然有它的地位与荣誉，记者参与这个大会，很觉荣幸，兹略述其当时盛况如下：

远道来宾，前几天就到得不少，重庆方面，有李直卿、赵恩源、萧豹文、刘镇东、陈方之、曾定夫诸位先生及曾夫人，自流井久大工厂开到一辆卡车，唐汉三先生及同人和北斗歌咏团计二十余位，十四日自流井又到卡车一辆，满载同人和眷属，杨子南、彭九生两先生都到了。乐山方面，除联处同人外，武大教授徐贤恭、钟心煊、石声汉、黄叔寅、葛筱山五位先生，及公大矿化社何熙曾先生，嘉裕厂范维先生，全华公司陆心九先生，交通金城上海三行浦莘民、殷季癥、彭正松三先生，均先后赶到，钟履坚先生则由成都赶来。附近的来宾极多，牛华溪、五通桥、竹根滩、西坝一带的党政军界及名流学者都到堂参加，新塘沽永利工厂同人到的更多，太太、小姐、少爷们都来观光。到十五(日)那天，各路来宾共计五百余人，在炎天酷暑之下，招待真是不易，吃饭睡觉分做五个地方，五通桥盐务局及盐区医院，公园招待所及许多朋友家里，都做了临时招待处，而且大家竭诚帮忙。这不但黄海感谢，来宾都觉这种亲爱合作的精神，实在宝贵。

各方赠送的礼品题词祝画极多，函电祝贺的不下二百件，陈列在一间屋子里，国府林（森）主席题“开物成务”四字，蒋（介石）委员长题“日进无疆”，中央研究院朱（家骅）院长题“物尽其用”，都是亲笔。其余军政长官及学者，都有题赠，数不胜收。犍为场商合赠地基一块，作为扩大黄海建筑，并与乐山场商合赠送建筑费十万元。记者认为，黄海入川不过四年，精神、物质两方得到这么盛大的同情与援助，不是偶然，同时各方对于学术研究的殷切期望，可以看到，这现象是再好不过。

十五日上午十时纪念会开始，中山堂挤满一屋子的人，由阎幼甫先生主席，在当地税警总团贾团长派送到场之军乐队奏乐声中宣布开会，仪式极其隆肃。主席致开会词，说明纪念会的重大意义，并报告黄海董事长范旭东先生因有急要公务飞昆明，不能到会。随后，由黄海社长孙颖川先生报告二十年来经过状况。全场来宾看到这位白发满鬓的学者，不待耳聆其词，就知道他二十年来艰苦沉潜、锲而不舍之卓绝精神，使人肃然起敬。来宾演说的，有二十一兵工厂厂长李直卿先生，武大教授徐贤恭先生，五通桥盐务局局长丛保滋先生，及中国化工社第一厂厂长韩举贤先生等，他们都是学术方面的导师，演词重要，自不待说，经记者面请，承允将演词寄交本刊发表，这里不别叙述。开会的时间很长，虽然天热人多，大家并不感觉疲倦。在主席致答谢词的时候，突接到范旭东先生由昆明拍来一电，颂祝黄海前途无量，并提及与孙老博士二十年来褓褓提携这宁馨儿的往事，大有年光倒流，大方丈话游脚僧故事的回味，意义深长，全场来宾闻之极为兴奋，就在这兴奋中摄影留念，纪念会圆满结束。

下午二时，通俗科学展览和游艺会同时举行。展览分五个部分，第一为菌学部，陈列黄海入川以来所发现之酵母微菌数十种，和棓酸的制造及其利用，图表极多，说明十分详细。第二为卫生部，陈列各种病菌及致病之详细画图，附有浅显动人的说明，告诉怎样预防，对于地方病如痹病、疟疾，唤起大家的注意。又如，公共场所应有的设备和疗养院的布置，都制有模型。还有显微镜数架，使观众认识病菌的形态。在这里，确实得到不少常识。第三是肥料部，陈设肥料标本多种，并有各种肥料的分类及其工业上制造之程序表解很多，最有价值的，为西南各省农作物所需之肥料成分及施肥之数量。第四是盐业部，在这间屋子里，真使你目不暇接，有黄海历年来在各盐区之调查报告，及改进产量之结果。由其设计的枝条架、塔炉、推卤机等，都在这里看到，这是木质模型，均按原来尺寸缩小十倍或三十倍，不仅做得精细，而且还可以自由拆卸转动，使观者一目了然。这里有永利公司正在开凿的深井地质切面图，川南数千尺下之地层，大家得到新的认识。另有测深机一架，能测地面七千尺，是永利深井部新近运到的东西。此外，有黄海对于自流井的黑卤和犍为盐场的黄卤，怎样提制副产，及创造副产步骤，不仅有表解说明，并陈列已经提炼出来的成品，计有硼酸、硼砂、氯化钾碘素、溴素、泻盐、钡盐、碳酸镁、石膏等二十余种。第五是矿产部，内陈有铁矿硫黄矿及耐火材料多种。黄海对于铝的提炼，在河北塘沽时候，就特别注意，这是重要的国防工业之一，这里可以看到黄海提制的纯铝和铝化物，并且把提制方法表解说明。铋矿在医药上有重要的价值，黄海提制的铋和方法，都摆在这间屋子里。

久大的盐砖，排成“久大”二字，久大副产精盐牙粉，排成“黄海二十周年纪念”，这是很引人注目的。记者看完这五个展览室，非常高兴，带着极愉快的笑容出来，可惜时间上不允许我详细地参观，同时观众拥挤，许许多多极重要的材料无法把他抄下来。

游艺会在另一个场所举行，节目也很不少，军乐演奏，北斗歌咏团和新塘沽歌咏团的歌唱，及国术表演等，都很精彩。郭炳瑜先生来了几个化学游戏，很合于通俗科学的宣传，也正是一个化工社纪念会的余兴。虽然天热，一个很大的游艺会场，男男女女大大小小，挤得水泄不通，大家都觉得满意。

五通桥是一个乡镇，风景美丽，抗战以来，一步一步地变成了工业区，将来的发展，不可限量，黄海在这地方总算生了根。抗战胜利之后，黄海还是要在这地方担起他应担的责任，他本来是久永团体的神经中枢，更希望他能做到中国化工的神经中枢！

（七）设立哲学研究部

1946年6月，黄海社成立哲学研究部，聘请北京大学教授熊十力主持研究工作，拟从哲学和历史的角度，探究振兴中国科学技术、促进自然科学与社会科学有机结合的良方。

黄海社对哲学的关注和研究是一个“特殊”的存在。之所以说“特殊”，是因为黄海社以独特视角提出了寻找中国自然科学与社会科学契合点的设想，以求用哲学的思维和方法探寻自然科学的规律。这不仅在当时有些不可思议，即便在今天，可能也会有人提出质疑。从这一“前无古人”的创举，足见黄海人敢于创新的睿智、胆识和气魄。

1945年，抗日战争刚刚胜利，“永久黄”团体创始人范旭东却于10月4日突然因病离世。黄海社在陷入巨大悲痛的同时，也面临向何处发展的抉择。在这种情况下，黄海社于次年作出一个令人意想不到的决定——成立哲学研究部。对此，孙学悟曾详细说明设立哲学研究部的个中缘由：

“民（国）三十一年，学悟为本社二十周年纪念曾写一文，申明此意。哲学为科学之源，犹水之于鱼，空气之于飞鸟云云，深得（范）旭东先生赞同。自此之后，于互相讯问时，鲜有不涉及此问题。去岁，旭公逝世前数日与余一信，犹不舍斯志。今旭东先生长去矣，余念此事不可复缓。”① 由此可知，黄海社创办哲学研究部，是范旭东和孙学悟的共同心愿，为的是“培植科学研究，以其科学精神指导、提高国人的日常生活，进而使国家民族走向富强之道”。而要想让科学在中国的大地上生根，必须先研究中国哲学思想，看看其中“是否储有发生科学之潜力”。显然，他们想在黄海社下一盘“大棋”，梦想着在研究中国哲学的基础上，寻找、培育出科学的“基因代码”，以此让带有科学“基因代码”的中国哲学激发出更多的科技创新激情和活力，复兴我中华。

黄海社创建哲学研究部，首先要解决的问题是寻找一位合适的学术带头人。孙学悟在留美期间接触的哲学家基本属于“洋派”，回国后，他把目光投向与其哲学理念较为相似的新儒家，并与当年称为“新儒学三圣”的熊十力、梁漱溟、马一浮都有过不同程度的接触。似乎是天意，孙学悟的同乡、熊十力的学生王星贤，与“三圣”均较熟悉，在1945年来到黄海社，协助孙学悟筹建哲学研究部，这为孙学悟进一步了解3位新儒学大家不同的哲学思想提供了便利。虽然“三圣”均属新儒学流派，但对儒家思想的哲学理解仍有一定差异。孙学悟作为一位少见的有哲学思考的科学家，经过充分了解、比较和交流，最终与熊十力寻得了更多共鸣。

熊十力是中国著名哲学家、思想家，新儒家“开山祖师”。有人评价，在20世纪的中国哲学家中，熊十力是最具原创性的思想家，是在中国近现代具有重要地位的国学大师。孙学悟于1919年刚回国在南开大学创办理学系时，就与同在南开大学教书的熊十力相识，交流和讨论过科学与哲

① 孙学悟：《黄海化学工业研究社附设哲学研究部缘起》，《黄海化学社附设哲学研究部特辑》，1946年出版。

学的问题，并知道熊十力一生有个夙愿，就是创办一个民间性质的哲学研究所。1946 年春的一天，蒋介石听说熊十力有办哲学研究所的愿望，便令国民党著名理论家陶希圣打电话给湖北省主席万耀煌，要他送 100 万元给熊十力以示关怀，但被熊十力拒绝。[①] 熊十力拒绝蒋介石的“关怀”，却欣然接受孙学悟向他发出的“清溪前横，峨眉在望，是绝好的学园”的邀请，同意到当时地处四川五通桥的黄海社主持哲学研究部的研究工作。

1946 年初夏，年过六旬的熊十力来到四川五通桥，开始创办和主持这个具有“民间意味”的哲学研究机构。熊十力来到五通桥后，他的一些学生、朋友也追随而至。有些是他请来的，有些是从其他地方转过来的，也有慕名而来的。这期间，又发生了一件熊十力拒绝蒋介石的事：6 月，蒋介石的随从秘书徐复观将熊十力的学术著作《读经示要》呈送蒋介石，蒋介石感叹熊十力才学，又令何应钦拨款法币 200 万元资助他。熊十力再次拒绝，并将钱转送给流徙于四川江津地区的学校。[②] 说起来，这已经是短短半年时间内，熊十力第二次拒绝蒋介石了。在黄海社的那段时间里，熊十力作了两万余言的讲词，发表了《中国哲学与西洋哲学》等文章。原本，在那段宁静的时光，熊十力曾想用他的余生完成宏大的哲学梦想，但岁月倥偬，他待在五通桥的时间并不长，仅半年有余，次年阴历二月便离开重庆返回北京大学，以致这个梦想最终散落在时间的尘埃之中。

熊十力（1885—1968）

黄海社设立哲学研究部时，制定了《黄海化学社附设哲学研究部简

① 叶贤恩：《熊十力传》，湖北人民出版社 2010 年版，第 141 页。

② 叶贤恩：《熊十力传》，湖北人民出版社 2010 年版，第 140—141 页。

章》，内容分为“学则”和“组织”两部分。“学则”分教学宗旨和课程设置两个方面。对教学宗旨作了如下规定：“上追孔子内圣外王之规”，“遵守王阳明知行合一之教”，“遵守顾亭林行已有耻之训”，并“以兹三义恭敬奉持，无敢失坠。原多士共勉之”。在课程设置方面，明确主课为中国哲学、西洋哲学、印度哲学，兼治社会科学、史学、文学，要求学者须精研中外哲学大典，历史以中国历史为主，文学则不限于中国，也要求广泛阅读外国文学。哲学研究部的组织比较完整，设有主任、副主任，并设主讲一人、研究员和兼任研究员若干，兼任研究员不驻部、不支薪。同时，还设有总务长一人、事务员三人，分办会计、庶务、文书等事项。哲学研究部招收学员和“特别生”。在学员方面，不限额招收研究生，“资格以大学文、理、法等科卒业者为限。研究生之征集，得用考试与介绍二法。研究生修业期以三年为限”。对研究生给一定津贴，待遇跟一般大学的研究生相当，但鼓励自给自足。哲学研究部还招收“特别生”，可以不受学业

黄海化学工业研究社哲学研究部成员集体合影（后排右二为孙学悟、右三为熊十力，前排左二为王星贤）

限制，高中生也可，只要实系可造之才，就可以招收。不仅如此，还设有学问部，“凡好学之士，不拘年龄，不限资格”，都可以入学问部。

（八）复员和新的社务规划

1945 年 8 月，抗日战争胜利结束，国民党当局在四川的机关纷纷忙于复员。黄海社也着手复员和新的社务规划，拟从四川迁回北方。然而，就在这个节骨眼儿上，创始人范旭东于 10 月 4 日在重庆沙坪坝南园寓所溘然病逝。范旭东平日生活很有规律，体力甚健，极少生病，这次病前也无任何征兆，可是，一病就是高烧。家人请来一位年轻的德国医生为他诊治，医生认为病情不严重，开了点儿退烧药就走了。此时，范旭东还坚持着给孙学悟写回信，深情地写道：“秋天的塘沽，令人怀想，吾等可结伴而行了”，言语中充满对“中国化工圣地”——塘沽的深情和热爱。出乎意料的是，原本普通的发烧却迅速恶化，越来越严重。范旭东不断地呓语，呼吸短促……“永久黄”团体同人获悉，都惊恐万分，纷纷从四面八方赶来探望。在重庆沙坪坝南园寓所内，范旭东从昏迷中慢慢睁开眼睛，看到守候在身旁的李烛尘、侯德榜、孙学悟、傅冰芝、余啸秋、阎幼甫等共同奋斗了几十年的老战友，不禁老泪纵横。他启齿艰难，声音微弱，断断续续地嘱咐大家，要齐心合德，努力前进。10 月 4 日下午 3 时，带着一生辛劳，怀揣着战后大干一场的宏图遗愿，范旭东依依不舍地离开了人世，享年 62 岁。他从患病到离世，仅仅两天，事发如此突然，给“永久黄”团体造成沉重打击，团体上下都沉浸在巨大的悲痛之中。

范旭东逝世引起了重庆各界爱国人士深深的哀痛。1945 年 10 月 21 日，范旭东追悼大会在重庆沙坪坝南开中学“午晴堂”举行，著名爱国人士江庸主祭，侯德榜、李烛尘、孙学悟等“永久黄”团体领导人陪祭，张群、王世杰、朱家骅、张伯苓、王若飞、任鸿隽等人参加，各界人士 500 余人到灵前吊唁。周恩来代表中国共产党赴南园吊唁。各有关方面纷纷题词悼念。中共中央主席毛泽东题写的挽词是“工业先导，功在中华”。周恩来和王若飞的挽联是“奋斗垂卅年，独创永利久大，遗恨渤海留残业；和平正开始，方期协力建设，深痛中国失先生”。朱德、彭德怀的挽联是“民族工业悲痛丧失老斗士，经济战线仿佛犹闻海洋歌”。《新华日报》的挽联是“绩业早惊寰宇内，壮怀时在化工中”。经济学家许涤新在《新华日报》发文悼念说：“范先生的一生是为中国的化学工业而尽瘁的”，“范先生这卅年的奋斗，是中国民族工业的缩影”，他的离世“不仅是工业界的损失，也是国家民族的损失”。①

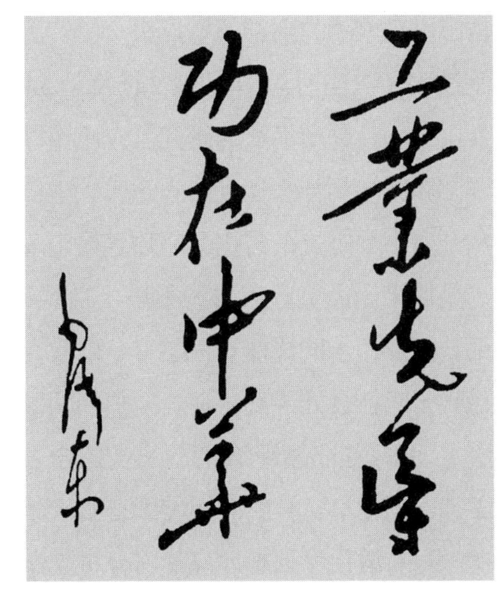

毛泽东为范旭东题写的挽词

范旭东去世后，“永久黄”团体很快形成了以侯德榜、李烛尘、孙学悟等人为主要成员的领导核心；其中，侯德榜继任永利总经理，李烛尘为副总经理。永利、久大在侯德榜和李烛尘的领导下，开始忙于塘沽碱厂、久大盐厂和南京铔厂的收复工作。黄海社则在孙学悟带领下，也开始了复员和北迁工作。

根据当时的安排，黄海社拟从四川迁回北方，这时首先要解决的是复员经费问题。没有经费支撑，复员就是一句空话。凭着黄海社在大后方8年所作贡献和产生的影响，孙学悟绞尽脑汁，多方奔走，几经周折，总算从国民政府行政院争取到法币5400万元，其中400万元按官价买美金，共得美金20万元。在这次争取经费的努力中，孙学悟一方面利用黄海社在抗战期间与国民政府资源委员会、地质调查所的良好合作，赢得翁文灏的支持；另一方面，再次到重庆找到宋子文，利用他们深厚的私交，让这

① 许涤新：《悼范旭东先生》，《新华日报》（重庆）1945年10月21日。

位国民政府的“财神爷”点头给予黄海社资助。如此，经费上的难关总算渡过去了。当时，国民党政府给予5400万元补助时，附带了几个条件，其中之一就是黄海社的研究工作应由“政府督导”。“督导”的范围可小可大，不知要干涉到什么程度。为此，孙学悟费尽心思，反复斟酌。后来，在重庆开董事会时提请讨论，胡政之提出改“督导”为“倡导”，获得一致赞成。只是后来国民党政府自顾不暇，“倡导”也成了一句空话。这笔经费拿到后，主要用于购买仪器、图书，以及复员时黄海社的重新安置。此外，考虑到当时社会处于动荡期，复员期间难以正常开展科研工作，孙学悟果断决定，分两批选派青年骨干去美国学习硕士课程。第一批选派吴冰颜、魏文德、赵博泉、孙继商到美国普渡大学学习，吴冰颜学习物理化学，魏文德学习有机化学，赵博泉学习分析化学，孙继商学习化学工程。此后，第二批又选派郭浩清、肖积健去美国深造；其中，郭浩清在威斯康星大学化学工程研究院学习。1946年10月，这两批青年骨干启程赴美学习，他们的费用皆从这笔经费中开支。除上述各项开支外，剩余经费的大部分到新中国成立后都随接管和移交上缴了，还有一小部分因存在美国而被冻结。

1947年春天，孙学悟出川到上海，组织召开黄海社董事会会议，讨论黄海社的复员事宜，同时提出黄海社恢复重建，并在会上通过了增设基本工业化学研究所和人类生理研究所的计划。

增设基本工业化学研究所，是根据黄海社20多年建设的任务和需求提出的。20多年间，对水溶性盐类和开发海洋的研究始终是黄海社的主要工作之一。由于黄海社在塘沽的旧址被占用，因而希望能在沿海一带选择一个地点，设立基本工业化学研究所开展研究。此时，恰逢国民党政府标卖日伪产业，青岛有些工厂出售。其中，设在沧口的青岛化成厂临近海岸，原是日寇提制海盐副产品的工厂，占地100多亩，有一些残旧器材和厂房，标价法币5亿元。黄海社曾备文行政院要求把这个厂免费拨用，据此在青岛设址，得到的答复却是“准按市价、现价承购”。当时，法币急剧贬值，国内物价飞涨。等接到行政院复文准许承购时，化成厂的标价已经提高到 60 亿元，远远超过黄海社的购买能力。到了 1948 年 2 月，行政院秘书处又有公函通知加价到 73.977384 亿元，而且限定在 2 月底交款，过期就要撤销原案。黄海社因为远没有这样的购买能力，不得不向永利公司商请出款买下，连同因迟缴而认付的利息一并在内，总额约 77.686514 亿元。永利把这个工厂买下后，经公司董事会会议讨论通过，赠予黄海社。然而，黄海社接收化成厂后，发现工厂年久失修，建筑倒坍，机器锈损，修复起来还需拨入大量资金。并且，该厂主要设备是用来电解食盐的，当时电价猛升，根本无法经营。考虑再三，孙学悟决定将化成厂移交给范旭东创办的当地企业——青岛永裕公司，另作别用。1948 年底刚成立的基本工业化学研究所筹备处，则旋即改为青岛研究室并开始工作。

创建人类生理研究所，原本是范旭东和侯德榜的建议。1944 年底，范旭东在华盛顿遇见著名生物化学家吴宪，热情邀请他加入黄海社。侯德榜与吴宪为清华留美预备班的同学，后又同在美国麻省理工学院学习。在范旭东发出邀请后，侯德榜与吴宪就后者加入黄海社一事进行协商，并达成以下共识：在黄海社内成立一个人类生理研究所，请吴宪主持。达成共识后，吴宪提出把自己在位于北平东城南小街芳嘉园一号的房产（有房 140 多间、地皮 9.69 亩）让与黄海社，作为人类生理研究所的所址，他自己就在社里做毕生研究。当时，黄海社正打算在北平选择社址，复员后将社址迁往北平，以加强与北大、清华等高校及有关研究机构的联系。吴宪的这一提议恰合彼此的心意。

这两项计划获得通过，表明战后不仅要尽快恢复黄海社的工作，而且要进一步扩大黄海社的事业。会议还商定，黄海社暂借南京永利铔厂的几间房舍作社长室，以便在这里领导黄海社的恢复和扩建。1948 年冬天，基于当时的复杂形势，又将社长室迁到上海。孙学悟在上海期间，国内战局变化很快，社会动荡不定，他的人身安全无法得以保障，因而得到宋庆龄的特别关照。宋庆龄是孙学悟同窗好友宋子文的二姐，加之早期在中国同盟会的关系，所以，与孙学悟比较熟悉。宋庆龄为了保证孙学悟的安全，特别在上海解放前几天与中共地下党组织联系，把他接到安全的地方，直到解放军进入上海后才送他回去。

黄海社迁入北平，落脚点最终确定在吴宪的东城南小街芳嘉园一号。当时，考虑到吴宪别无积蓄，子女教育等费用又都没有安排，孙学悟遂请侯德榜代为商洽，依然付与价款。1947 年 5 月，议定总数为美金 20 万元，分 10 年付清，每年付给十分之一。这件事曾在黄海社董事会上提出并通过，后因资金无着，而把成议停顿下来。1948 年春天再议后，改为美金 8 万元，一年付清。款项由侯德榜筹划。侯德榜效仿当年范旭东捐酬支持黄海社的模式，将自己担任印度达达公司高级技术顾问的报酬捐赠给黄海社，不足之数又把永利公司为达达公司改良碱厂所得设计费一并捐赠给黄海社，如此总算筹足了 8 万美元，于 1948 年 10 月如数付清全部房价款，芳嘉园一号全部房地产归黄海社所有。

吴宪答应在黄海社创设人类生理研究所后，曾在美国四处奔走，并筹款购置精密仪器、收集图书资料运回中国，供日后建所之用，同时还与麻省理工学院商议为中国培养一批学生。然而不料，吴宪在 1952 年因突发心梗一直滞留美国未归，在黄海社内创建人类生理研究所的计划因之最终未能实现。

三、迁京重整及政府接管阶段

从 1949 年 10 月迁往北京朝阳门内芳嘉园新社址，到 1952 年 10 月政府接管止，前后约 3 年时间，是黄海社发展的第三个阶段。

（一）迁京后的重整及科研工作

新中国成立后，暂设上海的社长室于 1949 年 10 月迁到北京，一部分职员也先后赶到。至于正在美国进修学习的几个“黄海人”，孙学悟则立即写信，告诉他们国内形势的变化，要求他们尽快归国，及早投入到新中国的化工建设之中。在孙学悟的督促下，这几位“黄海人”很快相继回国。1951 年 5 月，黄海社在北京朝内芳嘉园一号召开董事会会议。大家一致认为，全国解放后，盼来了大好的服务机会，为了适应新的形势，必须调整机构、集中精力，以便发挥更大的作用。会议决定：撤销青岛、北京两研究室，结束在五通桥的机构设置，把人员、设备全部集中到北京朝内芳嘉园一号，成立总社，下设 5 个研究室，即发酵与菌学研究室（主任方心芳）、有机化学研究室（主任魏文德）、无机化学研究室（主任吴冰颜）、化工研究室（主任孙继商；附设修配车间，主管王德政）、分析化学研究室（主任赵博泉），开始新的建设和奋斗。

黄海社迁到北京以后，很快得到社会认可和推崇，北京大学化学系首先提议合作。北大经教育部批准，黄海社经董事会批准，双方订立合作办法 10 条。从此，黄海社的服务范围不断扩大，公私兼顾，尤其是国家有关单位的委托项目逐渐增加，全社员工都以高度兴奋的心情迎接新任务。

1. 发酵与菌学研究室

迁址北京后，发酵与菌学研究室主要做了以下工作：进行醋酸菌分类，做了丙酮乙醇酵母的鉴定和发酵试验，开展对茶砖里益菌和害菌的研究、海宝菌的鉴定以及糖化菌、葡萄糖酸菌的发酵等。

新中国成立后，随着人民生活的改善，节约酿酒用粮成为突出问题。1951 年，方心芳在轻工业部召开的酒精生产会议上，根据自己过去的成功试验，重新提出改造大曲的主张，得到政府主管部门的支持。1952 年，方心芳带领一批科技人员在北京酿酒厂开展工作，将用大曲酿制二锅头酒的传统生产方法改为用麸皮曲生产。这项工作对后来在全国普遍推广的烟台酿酒操作法的形成有重要影响。

发酵与菌学研究室从 1931 年设立起就注意收藏微生物菌种，新中国成立后更加积极，同时又选择了工业上应用的品种。到 1952 年被中国科学院接管的时候，该室所存菌种名目繁多，成为我国科技界一份宝贵财富，其中不少优良品种不但为国家创造了大量财富，在国外也得到了好评。例如，鞣皮用的软化剂曲霉酵素在国防部皮革厂推广，改良白酒大曲、使用糖化力强大的曲霉等，都得到了良好效果。此外，还向中国科学院提议设立全国性菌种保藏机构。1950 年冬，当美国侵略军把战火燃烧到鸭绿江边时，中国科学院副院长竺可桢到黄海社征询如何转移保藏在大连科学研究所内的微生物菌种，方心芳提出设立全国性菌种保藏机构的建议。这个建议得到采纳，中国科学院在 1951 年成立全国性的菌种保藏委员会。

《黄海：发酵与菌学特辑》在 1949 年 8 月后停刊，1950 年经呈北京市政府核示，在北京大学出版部帮助下，恢复正常刊印。时年 8 月、10 月、12 月，先后刊印第 11 卷的第 2 及第 3 期合刊、第 4 及第 5 期合刊、第 6 期，1951 年刊印了第 12 卷各期。方心芳在第 11 卷第 2 及第 3 期合刊《本刊之过去与未来》一文中，讲述了复刊时的情况："五通桥解放后，研究室迁来北京，所接触的同好，都催促早日复刊。并有将大作预备寄来的！但是这样一个刊物，在人民政府之下，是否还有继续出版的必要，我们不能决定，就呈请北京市政府核示，结果他叫我们继续印行！并且北京大学出版部……答应帮忙印刷。在这样的情况下，我们又被鼓动了，并且更加强了我们的信心……于是黄海发酵与菌学特辑又与读者见面了。"

2. 有机化学研究室

有机化学研究室成立于 1950 年 3 月，成立后做了如下工作。

一是研究氯化苯和二硝基氯化苯的制造方法。这两种产品均是化工生产的重要原料。其中，氯化苯是合成苯酚、苯胺和滴滴涕（DDT）的原料，二硝基氯化苯是合成染料（硫化黑）、炸药（苦味酸）、农药（二硝散）等的中间体。

二是在 1951 年着手试验制造正像紫色晒图药，这是安安蓝的一种色盐，并形成了日产 1000 克的规模。

三是与天津永明油漆厂合作，研制出乙基纤维。

四是受重工业部钢铁工业管理局委托，剖析并仿制了抗蚀剂若丁(Rodine，一种美国生产的抗蚀剂)。该产品是一种酸洗抗蚀剂，用作金属构件的防腐蚀氧化。这项研究成果交由天津染料厂生产，列入重工业部化工局的商品目录。

五是与林业部合作，以大兴安岭盛产的落叶松枝皮和桦树皮为原料成功制成丹宁，这一成果后来由林业部在黑龙江省牙克石设厂生产。

3. 无机化学研究室

无机化学研究室是迁入北京后成立的。在不到两年的时间里，承接了多个外单位委托的研究项目，主要研究成果有 6 项。

一是研究了多孔无水氯化钙的制造，该产品可作为工业生产和实验室中常用的干燥剂，社会需求量很大。

二是建造了碳酸镁干燥室，提高了干燥效率。

三是研究了应用于合成氨工艺的钒催化剂的鉴定方法，为旭东奖评议会鉴定了钒催化剂应征的样品。钒催化剂主要有五氧化二钒、钒酸盐，它们是化工生产中氧化反应的催化剂。当时，他们主要研究合成氨工艺中所用钒催化剂的鉴定方法。

四是接受太原化工厂委托，与重工业部化工局合作研究了煤气脱硫项目，以解决煤气或天然气中所含硫化氢腐蚀金属、污染环境等问题。

五是用空气吹出法系统研究了从四川贡井苦卤（胆水）中提取碘素的工艺。抗战时期，黄海社在五通桥时就研究了综合开发井盐生产中副产品苦卤的问题，并取得不小进展。新中国成立后，他们继续进行研究、实验，取得全部数据，并完成从苦卤中提取碘素的工艺设计，交给四川贡井三一化学制品厂，供它在生产中使用，由此建立了我国的制碘工业。

六是协助四川五通桥盐商开设食盐副产品加工厂，制造氯化钡、碳酸钡、硫酸镁、溴素、溴盐、轻质碳酸镁等产品，并派黄海社的刘养轩出任该厂厂长，为地方化学工业和经济发展服务。

4. 化工研究室（附设修配车间）

化工研究室也是在迁入北京后的 1950 年建立的，开展的工作主要有：

一是继续研究用五倍子制取棓酸的技术。这项研究在五通桥时就已取得初步成效，后期工作主要是完善生产工艺和技术、提高产品质量。

二是研究青岛化成厂氯化钾的提炼精制方法。青岛化成厂在 1948 年由永利公司买下赠予黄海社，后由黄海社转交给同属“永久黄”团体的青岛永裕公司。针对该厂余留的一批氯化钾，黄海社研究出提炼精制方法，为永裕公司提供了技术支持。

三是协助太原化工厂进行用石膏制造硫酸的试验。南京永利硫酸铔厂之前生产所需硫酸都依靠进口，1949 年后，硫酸进口非常困难。为了解决生产所需硫酸的供应问题，黄海社与太原化工厂合作，研究采用硫铁矿、石膏等为原料制作硫酸，开拓了利用石膏制硫酸的工业化途径。

化工研究室主任孙继商在 1946 年作为当年黄海社第一批青年骨干之一，被派往美国普渡大学进修学习，获硕士学位。因国内战乱、局势不稳，他毕业后暂于当地一家水泥厂工作。新中国成立之后，在孙学悟兴致勃勃的“督促”下，孙继商冲破重重阻碍，于 1950 年取道香港，携妻儿回到祖国。在归国途中，同船的中国留学生中有著名数学家华罗庚等进步人士。他们一路上兴奋地座谈讨论，畅谈重建家园的美好心愿。客船抵达中国后，孙继商看到码头上井然有序，免税窗口前，外国人也排成整齐的队伍，昔日那种洋人趾高气扬、华人低头弯腰的情景荡然无存，顿时一种扬眉吐气的自豪感油然而生。他由此下定决心，一定要为新中国的科技事业奋发工作。

5. 分析化学研究室

1950 年秋季，分析化学研究室开始重新布置分析工作，明确分析化学作为一个专门学科，需要开展更深入的专业性研究。当时的中心工作是配合经济建设，化验山东胶东一带的矿产资源；同时，进行了一些分析方法的研究，比如用电位滴定法测定卤水中的微量碘等。后来，接受北京市工商局的委托，分析化学研究室对北京小型化工企业的生产技术和产品质量进行化验分析，提出了改进建议及仲裁意见。

除上述各研究室的工作外，黄海社还曾受托代海关检查进出口食品。根据相关规定，经检验的食品和商品只要盖有黄海社的印章，全世界均予认可，黄海社因此在国际上享有很高的信誉。

（二）政府接管和移交

迁到北京后，黄海社的各项工作逐渐步入正轨。1950 年，孙学悟受中央人民政府重工业部委派，率领调查团赴大连，开展对日本侵占东北时所办大连化学工业研究所的调查和接管准备工作。同年 6 月 12 日，中国科学院聘任孙学悟为中国科学院专门委员。1951 年 10 月，孙学悟列席了第一届中国人民政治协商会议第三次会议。通过参加这些活动，孙学悟很快认识到，新中国成立后，中国的社会性质已经发生根本变化。他深感今后在大规模的经济建设中，私立研究机构不可能单独发挥什么作用。黄海社的科研工作只有在中国共产党领导下，与国家研究部门紧密结合，才能发挥更大作用。随之，他将这些想法告诉黄海社的董事会成员以及全体员工，获得大家一致认同。他们纷纷表示，愿意早日加入国家研究部门，成为国家科研机构的一分子。

在与有关部门多次商谈并达成共识后，1952 年 2 月 25 日，黄海社董

中國科學院聘任通知書

院人字第 1923 號

茲敦聘

孫學悟先生爲本院專門委員

院長

一九五〇年　六月　十二日

中国科学院聘任孙学悟为中国科学院专门委员的通知书

事会根据大家的意愿，发出“董京字第64号”公函致中国科学院，申请接管。3月1日，黄海社接到中国科学院的复函（院调字第680号），同意接管，改黄海社为中国科学院工业化学研究所，并任命孙学悟为所长。然而，正当要振奋精神为新中国大干一番之际，孙学悟因长年艰苦工作，劳心过度，营养不良，患上了胃癌。卧床治疗一段时间后，孙学悟于6月15日在北京同仁医院病逝，离开了他无比热爱的化工科研事业，以及无比尊敬他并与他共同奋斗多年的亲人、同人和挚友，享年64岁。

此后，中央人民政府按照工作性质，对接管办法进行了调整，把黄海社分为两部分：其中的发酵与菌学研究室留在中国科学院，拨归中国科学院的菌种保藏委员会（该委员会后改称北京微生物研究室，最后与别的单位合并成今日的中国科学院微生物研究所），继续做微生物学的研究；其他4个研究室则并入重工业部综合工业试验所。1952年10月23日，重工业部综合工业试验所筹备处人事室主任叶淼等人来到黄海社，宣布政府

新中国成立初期，“永久黄”团体领导及骨干合影（前排左五为孙学悟、左四为侯德榜、右三为李烛尘，最后一排右二为黄汉瑞）

这一新的调配。全体职工热烈拥护，当即实行接管，黄海社改称为中央人民政府重工业部综合工业试验所筹备处第三部。至此，黄海社结束了自己的历史使命，并将30年间积累的宝贵财富，像种子一样撒向更广阔的大地。在国家接管黄海社的同时，经过侯德榜、李烛尘等人的共同奔走，永利于1952年6月实现公私合营，在全国工商业社会主义改造运动中走到了前面。继永利之后，久大等“永久黄”所属公司也陆续实现公私合营。从此，“永久黄”团体全部融入新中国建设的大潮。

4个月后，黄海社开始移交。移交工作由副社长张承隆领导，秘书王星贤、发酵与菌学研究室主任方心芳、有机化学研究室主任魏文德、无机化学研究室主任吴冰颜、化工研究室主任孙继商、分析化学研究室主任赵博泉、修配车间主管王德政参与移交的领导工作。移交时，全社共有科研人员25人、技术员8人、管理人员7人、工人69人，此外，还有3万余册专业书籍、杂志以及大量设备、仪器等财产。

黄海社的4个研究室移交重工业部后时间不长，相关机构又经历了一些变化。1953年4月，东北化工局设计公司研究室与浙江省化工试验所同时并入重工业部化学工业局北京化工试验所，统称化学工业试验所，改称沈阳分所。1954年2月，北京分所、杭州分所、沈阳分所合并，成立重工业部化工局化工试验所，简称沈阳化工试验所。1956年5月，在重工业部化工局基础上，国家新成立化学工业部。化学工业部成立后，启动了“一分为四”方案，将沈阳化工试验所分拆为北京、上海、天津、沈阳4家化工研究院。

从此，黄海社的老员工逐渐分散到中国科学院及化学工业部所属各家化工研究院。留在中科院的是以方心芳为首的原发酵与菌学研究室科研人员，包括肖永澜、陆东莱、淡家麟、齐祖同、韩善永等人，继续在中国科学院进行微生物研究，1958年12月加入新组建的中科院微生物研究所。1954年，原化工研究室的科研人员大多去了重工业部沈阳化工试验所。1956年新成立的化学工业部进行机构分拆后，原有机化学研究室主任魏文德、原无机化学研究室主任吴冰颜、原分析化学研究室主任赵博泉等人参与了北京化工研究院的组建，原化工研究室主任孙继商等人参与了上海化工研究院的组建，李文明、周瑞、谷祖名等人加入由天津永明油漆厂总经理陈调甫任所长的天津化工研究所。至此，黄海社为中科院微生物所以及京、津、沪、沈四大化工研究机构，都输送了科研领军人物和骨干科研人才。

1991年，黄海社在天津塘沽的旧址被天津市政府列为天津市文物保护单位；1994年，被天津市委、市政府命名为天津市爱国主义教育基地；1996年，被化学工业部命名为全国化工系统爱国主义教育基地；2013年，被列为全国重点文物保护单位。

黄海化学工业研究社在天津塘沽的旧址

第三节　对科学与哲学的思考

一、孙学悟早期的疑问

孙学悟是黄海社的领头人，他的一生就像他的名字一样，“学知”“悟道”伴其终生。从少儿时代在家乡目睹甲午战争中国的惨败及英国租借时期带来的民族之耻，到留学期间看到落后中国与发达国家的巨大反差，他开启了一生“学知”“悟道”的探索之旅。1905年，孙学悟在日本参加中国同盟会，开始“悟革命之道”；1911年，到美国哈佛大学学习化学，开始“学科学之知”。1914年，孙学悟参与发起成立中国科学社，有了与更多仁人志士相互交流、互帮互助的平台。1916年，他在《科学》杂志发表《人类学之概略》一文。人类学是一门涉及自然科学、社会科学、人文科学的交叉学科，孙学悟当时并没有打算把它作为一门学问去研究，而是把它当成中国当时还没有的新型学科介绍给求知的社友和国人，他因此被称为将“人类学”一词引入中国第一人。对他而言，正是通过这种广泛的学习和知识的积累，才引发了对科学与哲学的系统思考。

孙学悟是一个喜欢追根求源的人。在美留学期间，他一方面努力学习化学专业知识；另一方面，如饥似渴阅读当时在国内很难看到的一些书籍，如道尔顿的《化学哲学新体系》、牛顿的《自然哲学之数学原理》。这些书籍虽然主要是讲述科学的，但无一不提到哲学。通过阅读这些书籍，孙学悟了解到，从西方科学技术最初萌芽开始，一直到牛顿甚至康德所处时代，人们一直把自然哲学与自然科学相提并论。因为在古希腊时代，哲学与科学处于原始的一体化状态，随着后来的发展，科学逐渐从哲学中独立分化出来，因此可以说，自然哲学就是现代科学的源头。了解到现代科学在西方产生的“要素”并弄清产生现代科学的必然性后，身在美国的孙学悟便同中国科学社的朋友们开始思考和讨论：科学在中国有没有这样的哲学源头？历史上强大的中国为什么没有能够孕育出现代科学？是因为自古以来中国文化、哲学中就没有产生科学的“要素”，还是因为某些“历史原因”掩盖、削弱了这些“要素”以致最终没能孕育出现代科学？如果是后者，我们能不能剖析这些“历史原因”，真正挖掘出发展科学的中国哲学“要素”，创建出属于中国的科学哲学体系？这一系列疑问激励着孙学悟以及与他志同道合的伙伴们，用终生的学习、研究去破解。

二、爱因斯坦哲学思想的影响

爱因斯坦（1879—1955）是杰出的物理学家，因提出光子假设、成功解释了光电效应而在 1921 年获得诺贝尔物理学奖，此后又创立狭义相对论和广义相对论，开创现代科学技术新纪元，被公认为继伽利略、牛顿之后最伟大的物理学家。爱因斯坦是孙学悟经常提起的科学家之一。孙学悟不仅崇拜爱因斯坦的科学贡献，更对他为什么能有这么伟大的科学成就感到好奇。孙学悟经过学习得知，正是“哲学思考的习惯”，对爱因斯坦研究物理的方式产生了深刻影响，并在很大程度上帮助他取得了人类历史上最伟大的科学成就，诚如爱因斯坦自己所说：“物理学的当前困难，迫使物理学家比前辈更深入地去掌握哲学问题。”①

爱因斯坦作为一个自然科学家，虽然没有用一个职业哲学家的方式建立起自己完整的哲学理论体系，但提出了包括温和经验论、科学理性论、基础约定论、意义整体论、纲领实在论等多元哲学在内的一系列科学哲学思想，被公认为既是一位伟大的科学家，又是一位卓越的哲学家。爱因斯坦曾用最为简单明了的语言阐述自己的基本观点：“哲学思考的习惯可以激励人们对待普遍承认的观点具有批判的态度”，而这种“对待普遍承认的观点具有批判的态度”正是激励创新所必需的最根本的思维起点。他一针见血地指出：“使事物条理化的概念一旦被证明有用，就很容易在我们心中取得权威地位，我们忘记了它们世俗的来源，而将之作为不变的、先验的信条而接受。于是它们被打上一些类似‘思想的必需’或者‘先验的信条’等等的烙印。科学前进的道路经常被这样一些错误在很长的时间内堵死。”② 爱因斯坦深刻而犀利的语言，直指当时科学界普遍存在的问题，振聋发聩。

孙学悟和黄海社的同人深深受到爱因斯坦科学哲学思想的影响，他们理解了爱因斯坦的逻辑思路：在历史上“一旦被证明有用”的理论、概念，往往就会成为人们认为理所当然必须遵守的信条，而就是这些习以为常的

---

① 爱因斯坦：《论伯特兰·罗素的认识论》，《爱因斯坦文集》第 1 卷，商务印书馆 1976 年版，第 405 页。

② 霍华德：《作为科学哲学家的爱因斯坦》，《科学文化评论》2006 年第 6 期。

信条禁锢着人们的思想，使其很难逾越。为此，作为真正的探究真理的科学家，要想跨越这条鸿沟，就必须以“哲学思考”使其“对待普遍承认的观点具有批判的态度”。实际上，即便是爱因斯坦自己，他的一些观点和理论也会出现错误，也必须进行不断的反思与批判。这是爱因斯坦最终能实现在基础理论方面创新的“法宝”，也应该成为后人在开展科技创新时的一种基本遵循。

对于哲学，不同人群有着不同的解释与看法。一般来说，哲学是以理性方式探究人们面对的各种问题直至终极问题的学说。作为科学家的爱因斯坦对哲学的看法和理解，自然与职业哲学家有所不同。在1936年一篇题为《物理学和实在》的文章中，他解释了为什么物理学家不能简单地服从哲学家，而必须自己成为一个哲学家。爱因斯坦写道：“为什么物理学家将哲学探讨留给哲学家是不对的呢？这样做（指留给哲学家）在某个时期也许确实是对的，这个时候物理学家相信他可以支配的是一个由完好建立的、不被质疑的基本概念和基本定律所组成的严格体系。但如果像现在这样，物理学的基础仍然存在疑问，这样做就不合适了。处在目前这样的时期，经验迫使我们去寻找一个更新更坚固的基石，物理学家不能简单地将对理论基础的严谨构思托付给哲学家，因为只有他们自己才最清楚并且更确切地感受到鞋子哪里磨脚。在寻找新基础的过程中，他必须尽量在脑子里弄清楚他所运用的概念在怎样的程度上是合理的，必要的。”①

孙学悟正是从爱因斯坦的论述中领悟到科学家应该有自己的哲学观念，尤其是在创新过程中，当科研人员开始质疑原有的“基本概念和基本定律”以及它的“理论基础”的时候，更要有自己特有的哲学思想。这是因为，对于那些既没有一定科学根基，又没有参与科学研究实践的哲学家们而言，是很难对科学创新产生出有益的哲学灵感的，而只能依靠科学家

① 爱因斯坦：《物理学和实在》，《爱因斯坦文集》第1卷，商务印书馆1976年版，第341页。

自己的哲学思考了。所以，科学家自身需要哲学的滋养，才能从哲学思考中得到力量与灵感；哲学家则要有更多的专业知识和精力，从历史及科学进化过程中寻找、总结出科学发展的哲学理论基础。科学家与哲学家应该是一对“本是同根生”、互相依存的“特殊群体”，有着破解宇宙之谜的共同目标，但他们由于思维方式不同，往往又有着不尽相同的看法。哲学家们考虑的是，如何通过科学技术的发展历史及实践，用哲学观点寻找出科学发展的规律及必然性，总结、创建出新的哲学理论；科学家们考虑的则是如何从哲学中寻找科学与技术发展的根源和动力，通过哲学思考得到创新的依据，从中获得灵感，把科学理论及科技水平不断推向新的高峰。这可能也是孙学悟为什么执意要在黄海社成立哲学研究部的原因之一。

黄海社从创建时开始进行的每一项科研，都是在这些思想影响下进行的。孙学悟他们总是试图尽可能不把前人留下来的“不变的、先验的信条”，当作“思想的必需”“先验的信条”去供奉，而是对“普遍承认的观点”秉持科学的“批判的态度”，用当时中国从未有过的科学理论、思想、方法，对自古以来建立起来的手工业的经验、信条加以科学的创新、研究，才取得一项项科研成绩；甚至对于一些从未涉足的领域，也是学习借鉴他人经验，但绝不迷信权威，大胆蹚出自己的路，研究出符合实际的创新成果。正是这种哲学思考，激活了黄海人的创新思维，有力促进了黄海社科学研究与创新的发展。

孙学悟曾说：“科学的观念，出自哲学，无哲学观念的科学，犹如无源之水，干涸可期，其结果仅为一技巧而已。”① 爱因斯坦在当年也曾发现科学界出现的一种新现象：“目前很多人，甚至职业科学家，在我看来也是只见树木不见森林。大多数科学家都带有其自身所处时代固有的偏见，而对历史和哲学背景的了解能使他们得以从这些偏见中独立出来。我认

① 孙学悟：《二十年试验室》，《黄海化学工业研究社二十周年纪念册》，1942 年出版，第 6 页。

为，由哲学见识产生的这种独立性，是区别一个纯粹的工匠或者专家与一个真正的真理追求者的标志。”① 基于这一思想，爱因斯坦把科学家分为两类：一类是“工匠”型的科学工作者，另一类是“真正的真理追求者”。这两类科学家的差别就在于是否能用“历史和哲学”眼光，摒弃“自身所处时代固有的偏见”，真正“独立出来”（其中包括对此有意识和无意识的科学家），创造出更新的科学理论。对此，孙学悟深有体会，他说：“发展科学的要素至多，可归纳为二：一为哲学思想，一为历史背景。哲学思想为创造科学精神的泉源，历史乃自信力所依据，此二者吾人认为是培植中国科学的命根。”② 由此可见，爱因斯坦的哲学思考及其习惯给孙学悟和黄海社带来了很大影响，并引起了不小共鸣。

说起来，现代科学的产生只是近五百年才出现的新事物。它既不是自古有之，也不是凭空而出，而是自远古以来，从哲学思想的演进中慢慢成长、孕育出来的。也就是说，现代科学并非无根之木、无源之水，这“根”便是扎在哲学和文化“土壤”之里的。孙学悟有很深的哲学情结，他认为：“哲学思想，支配每个民族一切行动，历史往迹，在在可寻。某种行动在某一民族所以能够有力量，能够发挥无尽，全凭其哲学思想。”③ 孙学悟之所以把哲学看得如此之重，就是因为他深刻地认识到，作为一个科技工作者，如果认识不到哲学是科学发芽、生根的“土壤”，是科学创新发展的原动力，就不可能养成像爱因斯坦那样“哲学思考”的习惯，让所学科学由“必然”走向“自由”。

---

① 转引自霍华德：《作为科学哲学家的爱因斯坦》，《科学文化评论》2006 年第 6 期。

② 孙学悟：《二十年试验室》，《黄海化学工业研究社二十周年纪念册》，1942 年出版，第 6 页。

③ 孙学悟：《二十年试验室》，《黄海化学工业研究社二十周年纪念册》，1942 年出版，第 6 页。

三、对中国哲学与科学的思考

中国哲学在不同的历史时期，不断完善、充实着自己的内涵。随着时代及人群的不同，对中国哲学的理解也有所不同。

对于近百年来才出现的中国科技知识分子群体而言，他们一方面潜移默化地接受着中国哲学、文化的影响，另一方面也接受了西方科学的教育，普遍理性地认识到，中国如果没有科学理论的指导，没有科学知识的传播和应用，就很难走出苦难的深渊。于是，在他们面前有两条路可以选择：一条路是完全的“拿来主义”，全面西化，连同西方哲学及其科学全部搬来，在科学领域彻底忽略中国哲学、文化的存在；另一条路是探寻西方现代科学产生的哲学根源，再从中国古代哲学、文化中寻找这些能产生科学的哲学要素，系统总结出中国古代哲学中有关科学萌芽的思想内涵，从而在中国古老的土地上寻找并改良出适合科学生长的“土壤”。其中，第二条路不仅能让现代科学真正把“根”扎在中国的土地上，还能让这棵“科学之树”生长出更适合中国本土的“科学之果”，从根本上解决科学的“中国化”问题，进而实现中国真正的“科学化”。孙学悟与黄海社最终选择了第二条路，并一直苦苦追寻着、探索着。

黄海社成立哲学研究部时，孙学悟代表黄海社发言，他说：“西洋之有今日科学并非偶然。而吾国数千年来未能产生此物，亦必有其故在。故欲移植自然科学于中土，须先究中国哲学思想界是否储有发生科学之潜力？”[①] 孙学悟之所以请熊十力来主持哲学研究部并系统讲学，是由于熊十力对科学的哲学思考不同于一般的哲学家。他并不只是把哲学作为一门专门的学问去研究，而更多的是为科学在中国寻得“哲学之根”。熊十力曾说：“哲学有国民性。中国哲学更不可忽视。今吾国人唯以向外移植科

① 孙学悟：《黄海化学工业研究社附设哲学研究部缘起》，熊十力：《中国历史讲话·中国哲学与西洋科学》，上海书店出版社2008年版，第121页。

学为急务，而不思科学若无根于中国，如何移植得来?”① 这就是说，如果要从外面移植一棵植物，必先了解其习性，以及对土壤及环境的要求，在搞清原生条件基础上加以改良，最终才能以科学的方法解决植物成活问题。熊十力还曾谈到他与孙学悟就相关问题的对话，他说:“颖川尝谓余曰:‘昔留学远西，常自思维，中国古代已有罗盘针与木鸢之发明，天算音律等学及药物学、炼丹炼金术、工程技术及机械之巧，皆创发甚早。地震仪器，作于汉世，先西洋甚远。地圆之论，发于曾子。小一即元子之说，倡自惠施。略征古代佚文，已多可惊之创见。中华民族科学思想，非后于西洋也。然自秦之一统以迄于今二千余年，而中国竟不能成功科学者，此其故安在’。余曰:此一大问题，盖思之累年而不敢遽作解答，其后怵然有悟，古代学术思想所由废绝，非偶然也。”② 这一谈话，实际上提出了孙学悟和熊十力在黄海社成立哲学研究部后要探究的哲学问题。

熊十力对于“科学为什么没有产生在中国”这一问题有着自己独到的见解。在他看来，“中国二三千年间，科学无从发达，其与秦以后儒学亡失相关，显然可见。惩前毖后，今欲移植西洋科学于中国，必于中国固有哲学，若儒家正统思想及晚周诸子、宋明诸子乃至西洋哲学、印度哲学，参稽互究，舍短融长。将使儒家正统思想有吸纳众流与温故知新之盛美，乃可为中国科学思想植其根荄。天下之物，未有根荄不具而枝叶能茂者也。有中国古代之儒家哲学，而后科学思想与之并兴。秦以后，儒家之易学失其真，汉易皆术数之流耳。而科学之萌芽遂绝”。③ 由此可见，熊十力的观点很明确:一是中国古代哲学中存在“科学之萌芽”;二是这种“科

① 熊十力:《中国历史讲话·中国哲学与西洋科学》，上海书店出版社2008年版，第123页。

② 熊十力:《中国历史讲话·中国哲学与西洋科学》，上海书店出版社2008年版，第124页。

③ 熊十力:《中国历史讲话·中国哲学与西洋科学》，上海书店出版社2008年版，第125页。

学之萌芽”存在于“儒家之易学”之中；三是秦汉“大一统之环境”使得“儒家哲学思想实失其传”，故而“科学之萌芽”难以为继；四是儒家正统思想只要能“吸纳众流与温故知新”，就会让“中国科学思想植其根荄”，“枝叶能茂者也”。熊十力作为“新儒家”的大家，自然从儒家的角度去研究问题。在当时中国新文化运动兴起的背景下，儒家成为新文化的批判对象。熊十力仍能从中国远古哲学，尤其是从儒学角度挖掘“科学之萌芽”，不得不佩服他对儒学的执着和创立“新儒学”的勇气。

作为科学家的孙学悟与作为哲学家的熊十力有很多相通之处，正如熊十力所说：“余潜玩旧学，归本于《易》，乃知中国科学思想自有根荄在。奈何欲向外求科学，而竟自伐其根荄耶？科学不可无根生长，当于中国哲学觅其根荄。此固颖川平生信念所在，而亦余之素怀。故凡扬科学而遂弃哲学者，不独昧于哲学，实亦未了科学也。”① 可见，他们为科学在中国哲学中寻根的“初心”是完全一致的。与熊十力不同的是，孙学悟的目光不单单放在儒学上，而是同时放在所有与科学相关的中国哲学上。孙学悟注意到，中国秦汉之前的先秦哲学，把“天”加以人格化，并将其奉为世界的最高主宰，把水、火、木、金、土五行看成世界的 5 种基本物质，把“天地之气”的秩序看作“阴”和“阳”的相互关系。而老子第一个明确否认“天”是最高主宰，提出天地起源的学说，认为世界的本原是“道”，而不是天，宣称“道”与“先天地生”为“万物之宗”，又讲“天下万物生于有，有生于无”。墨子则反对老子“有生于无”的观点，认为“万物生于有”，并提出他的宇宙观、物质观，其中涉及有关数学、物理、光学、机械制造等诸方面。这些无疑让人们感受到古代诸家“探索的自由”，以及他们开始对“物”“宇宙”“规律”好奇，也让人们体会到一丝“科学的信息”。但到了秦汉大一统后，由于社会、政治、经济、文化等诸方面的

---

① 熊十力：《中国历史讲话·中国哲学与西洋科学》，上海书店出版社 2008 年版，第 128 页。

需要，开始“侧重人与人的关系的哲学”，而忽视“人与物的关系”，使先秦哲学中有关宇宙、物质等科学萌芽被大大削弱甚至被掩盖、曲解了，就连先秦哲学里明显涉及宇宙、物质的概念，也被后人人为地加入大量“人文”的元素加以解释。老子的《道德经》就是很好的例证。本应作为科研人员创新、批判之本的《道德经》，却往往成为一些文人的文字游戏，而大大忽略了它“科学哲学”的一面。对于墨子的宣传更是“人文”部分远远盖过他对“科技”的贡献，这难道就是历史真正的原本吗？

孙学悟在1942年3月23日的日记中写道：“因为人与物的关系离不开而又不能与之相通，不能相通即难以致知，遂以为科学之应用可以不求其理论便听我们使用，以致趣于舍本逐末之状态，此亦为中国科学数十年来不易生长原因之一，就是因为求‘知己’而不求‘知彼’的缘故。无机物的性质既不与人同，只求知己，必不能知彼，结果为物所役。”[①] 对“物”的认识与研究是自然科学的基础。近百年来，随着中国的社会变革、革命及科学教育的不断深入，中国的文化及大环境越来越容易接受科学思想，也逐渐增加了解和研究“物”的科学意识，这正是科学能在中国生根、发芽、成长的重要基础。为此，孙学悟曾在一篇文章中感慨地写道：“我国过去哲学思想偏重人与人的关系，只须略为一转，即可进入人与物的关系上去。再加吾人历史背景的灌溉，则自信力有所依据，‘人能弘道’，乃中国治学的铁律，何患近代科学不在中国生根而构成我国将来历史之一因素？固有哲学思想既不患其脱节，更大的创造，自必应运而生，毫无疑义。”[②] 这里，孙学悟所说“人能弘道”中的“道”，既包括“人道”，也包括“物道”。

① 政协威海市环翠区文史资料研究委员会：《孙学悟》，1988年出版，第213页。

② 孙学悟：《二十年试验室》，《黄海化学工业研究社二十周年纪念册》，1942年出版，第6页。

四、对哲学、科学与工具的思考

纵观人类发展史可以看出，人类之所以有今天的辉煌成就，一是离不开具有的主观意识，二是离不开使用、开发工具的能力。这是人类为了生存，在与大自然打交道过程中形成、掌握的两大“法宝”。也正是这两大“法宝”，成就了哲学与科学的产生和发展。

人类是在与大自然的共生和斗争中逐步进化的。在这一过程中，人们不断地追问、思考、探索，逐渐形成发达的大脑，具有了观察、分辨和分析事物的能力，进而学会使用工具，并不断创造新的工具。由于人类具备这些特有能力，他们在与大自然的共生和斗争中，不断尝试解释见到的万事万物，思考解答遭遇到的一个个疑惑，于是产生了科学和哲学。科学和哲学以不同方式探索宇宙的奥秘，相互依存、相互促进，而工具则是连接两者的纽带和桥梁，三者是不可分割的“整体”。打一个形象的比喻，如果把科学比作人的“身体”，哲学就相当于人的“大脑”，而工具则相当于人的“四肢”和各种“感知器官”。人在“大脑”的指挥下，通过“四肢”和“感知器官”去认识宇宙万物。当“四肢”和“感知器官”不能满足需求时，人类就会创造出更加复杂、精巧、适用的工具，以推动科学乃至哲学的发展。由此可见，人类的进化以及科学、哲学的发展，都是与人类不断改进工具息息相关的。特别是对于创新而言，科学、哲学以及工具这3个要素缺一不可。

孙学悟经常举例说明哲学、科学、工具之间的关系。他在1942年3月24日的日记中写道：“一个民族的哲学思想为其一切行动的根据，因为有了思想，才能行动，才能有力量，才可以发挥无尽。犹如水力之利用，其机轮所以昼夜转动而不停，非轮之本能，盖全由有水之源泉长流不息继续推动也。见者只知爱慕机轮之能，却不分析本来机轮是死的，乃由水之来源不断而使其活动也。国人以为现代科学应用之种种千变万化的表现即科学之体，孰不知那都犹如机轮之于水力也。现今我们只知追究方法而不探究其力量的源泉”。[①] 在孙学悟看来，科学相对哲学而言，犹如一台“水轮机”；而哲学是推动水轮运转的“水”，是推动水轮运转的动力。作为科技工作者，既不能只见机器运转而不见推动其运转的“源头”，也不能只看见“源头”而忽视机器这个“工具”和发明这个“工具”的科学原理。没有“工具”“科学”及“哲学思维”，就无法体现出创新动力的作用，也不可能形成具体的科学成果。因此，科技工作者在开展创新活动时，既要重视科学与哲学的思考，也要认识到工具在科学技术发展过程中发挥的重要作用，重视工具的使用、开发、创新，这样才能形成一个有利于创新的完整体系。

孙学悟强调：“中国学者向来轻视治学工具，所以一切学问，多趣于人与人的关系。因研究人与人的关系，只有在‘明德’上用功夫，因为人人既有个明德，已的明德愈明，而人的明德始能明。可是关于自然现象与物的性质，即非生动，我们的明德与之无关，所以不另具工具难以期望发见其中隐微。如何弥补这不足的文化?”[②] 这是孙学悟对广义“工具”的思索。从中不难看出，他认为，中国文化及哲学在探究“自然现象与物的性质”时，缺乏对“工具”的重视，更侧重、更强调的是不需要“工具”的“人与人的关系”。虽然中国自古以来发明创造了大量用于各行各业的工具，有的甚至还非常精致、适用，但由于“工具”在中国文化、哲学以及国人头脑中的地位相对较低，人们创新“工具”的主动性和积极性受到影响，并在一定程度上导致下列现象：墨子的光学发现没能孕育出光学仪器，古代火药的发明没能发展出枪炮，手工业者创造出的大量精巧用具没能演变成大生产的专用机械。这种历史现象，可能正是孙学悟提出“如何弥补这不足的文化”的原因之所在。回顾近代以来人类的科技进步史可以发现，每一场推动社会进步的科技革命，必然是伴随着一个个“工具”的

---

① 政协威海市环翠区文史资料研究委员会：《孙学悟》，1988 年出版，第 213—214 页。

② 孙学悟 1942 年 3 月 22 日的日记，见政协威海市环翠区文史资料研究委员会：《孙学悟》，1988 年出版，第 212 页。

发明或创新而爆发的。很难想象，如果没有蒸汽机、发电机、电动机、计算机、互联网等众多“工具”的发明，人类近代以来的科学技术会是什么样子。可以说，没有“工具”的不断创新，就没有科学技术的持续发展。

在孙学悟对“工具”进行思考的影响和带动下，黄海社从建社开始，就非常重视科研仪器与设备的购置、使用和创新。正是由于他们拥有并掌握了这些必备的“工具”，才具有了配合化学工业生产进行研究并在相关领域开展科研的能力。尤其是化学工业属于大工业生产，研究成果需要通过小试、中试、扩试及工业化试验的一步步验证、完善，才能运用到实际生产中去。这个过程必须依靠“工具”不断创新才能完成，没有规模逐步升级的试验装置，就无法将试验室的研究成果转化为现实的生产力。在抗战期间，黄海社内迁至四川，科研条件极其艰苦，饱受缺少科研仪器与设备的困扰。当时，《海王》旬刊还曾登载一篇题为《苦闷的黄海》的报道，其中就有关于“缺少科研仪器、药品、设备”窘境的描述。但是，孙学悟他们不畏艰难，没有放弃对“工具”的开发、创新，结合当地需要，因地制宜研制出多项实用“工具”。比如，在对五通桥卤水的研究中，为了降低制盐成本、减少能源消耗，他们用竹木制成枝条架，建造了大型卤水浓缩装置，并发明了铁制螺旋式盐砖榨制机，创造了塔式炉灶，制作了适合当地盐井的电动吸卤机等，都受到当地企业的欢迎。这些“工具”简单、质朴、实用，用现在的眼光看，谈不上是高端的创新，但在近百年前的中国，能把“工具”上升到哲学、文化层面认识并加以实践，是具有一定开创意义的。

今天，我们走进现代科学实验室、医院智能精密诊疗室、高精尖设备加工车间，看到一台台从国外进口的精密仪器与设备的时候，除了感叹，是不是应该静下心来好好思考一下，我们为什么没能首先研制出这些仪器和设备？在我国制造业突飞猛进的情况下，为什么许多专用工具尤其是精密仪器的制造与国外相比仍有较大差距？这是“必然”还是“偶然”？百年前的孙学悟和黄海社已经为我们做了求源的探究。这种深层次的思考与实践，对我们现在或许仍具有一定的启发和借鉴意义。

第四节　历史贡献

一、开创了近代中国化工科研的先河

我国的化学研究最初是从化工研究开始的。“近代化学工业的成功在很大程度上得益于化工科学研究的成果，没有科学研究就没有创新。我国的化工科学研究最早可追溯到20世纪初。1914年，范旭东在塘沽盐滩用铁锅熬盐，用重结晶法炼制精盐。1917年，陈调甫、吴次伯、王小徐利用苏州瑞记荷兰水厂的二氧化碳，试图采取氨法试制纯碱。1918年初，陈调甫、王小徐又和范旭东在天津日租界太和里的范旭东家中做了一套模拟的机器，利用北方海盐采用氨法试制纯碱。此外，1920年初，吴蕴初夫妇在上海狭窄的亭子间住宅中利用瓶瓶罐罐试制‘味之素’。这3项研究虽极简陋，但均获成功，居然成为后来著名的久大精盐公司、永利制碱公司和天厨味精厂的胚胎，也是我国化工科学研究的萌芽。”①

我国近代化工研究单位大致可分为四种类型，即政府设立的公立研究机构、工业界创办的研究单位、高等院校设置的和工厂附设的研究部门。其中，政府专设的研究机构有中央研究院化学研究所、各省设立的工业试验所、北平研究院、资源委员会冶金研究室、地质调查所沁园燃料研究室、军政部应用化学研究所等；工业界创办的研究单位有黄海化学工业研究社、中华工业化学研究所、中国西部科学院理化研究所及化学药物研究所（1935年由新亚化学制药厂创办）等；高等院校由于人才聚集、设备集中，往往研究与教学并重，凡设有化工系（或应用化学系、工业化学系）、化学系和农产制造系的院校大多开展化工科学研究，如南开大学、浙江大

① 赵匡华主编：《中国化学史》（近现代卷），广西教育出版社2003年版，第696—697页。

学、北京大学、清华大学、中央大学、交通大学、山东大学、燕京大学、金陵大学、东吴大学、沪江大学等对化工研究都有贡献；工厂附属的研究机构的研究内容一般与生产密切关联，成果往往直接用于自身技术改良和生产。

在上述四类化工研究单位中，最早设立的就是工业界创办的研究单位——黄海化学工业研究社。1922 年，为适应久大精盐公司、永利制碱公司生产发展的需要，爱国实业家范旭东在塘沽创建黄海社，这是我国历史上第一家化工研究机构。直到 6 年之后，全国公立、私办的化工研究机构才在黄海社影响下相继设立。1928 年，中央研究院化学研究所在上海成立。1929 年，吴蕴初在上海成立中华工业化学研究社。1930 年，卢作孚在重庆北碚成立中国西部科学院理化研究所。1930 年，地质调查所中关于燃料研究的部分独立为沁园燃料研究室。至于中央工业试验所、南开大学应用化学研究所、浙江大学化工研究所等单位，则都成立于 20 世纪 30 年代初期。[①] 由此可见，黄海社的成立，在近代开创了我国化工研究、化学研究的先河，引领了我国近代化工、化学的科研和创新。

我国的化工科学研究在草创时期，由于既缺少研究人员和经验，也缺乏政府的支持和指导，经费、图书、仪器、药品等均极匮乏，所以，研究工作只能说是处于摸索阶段，研究也无一定目标。黄海社同样如此，经历了一个短暂的摸索阶段。到了 20 世纪 30 年代中期，由于各研究单位在人员、设备及经验等方面都初具规模，理论研究与应用研究之间的界限也逐渐明确，选题的针对性才有所加强。各研究单位之间因发展历史、人才、设备等条件不同，逐渐形成各具特色的专业方向。例如，黄海社主要研究盐卤、发酵和炼铝，中央研究院化学研究所着重研究矾矿石的利用，地质调查所的沁园燃料研究室注重对燃料问题的研究，中央工业试验所着重研究发酵、液体燃料及油脂问题，南开大学应用化学研究所偏重与农产品加

① 赵匡华主编：《中国化学史》（近现代卷），广西教育出版社 2003 年版，第 697 页。

工有关的研究……总之，各有所长。各研究机构找到了自己的研究方向，有了重点研究课题，科研工作也就有了长足的进步。其中，黄海社依然扮演“领头羊”的角色。比如，中央研究院化学研究所在1928年成立后逐年发展，渐臻完备，按工作性质分为无机和理论化学、分析化学、有机和生物化学、应用化学等研究单元，开展化学玻璃制造、平阳矾矿、人造水晶石、川滇盐矿、蓖麻油、云南磷灰矿、从滇产铝页岩中提炼氧化铝等多方面研究，在20年间发表了大约100篇化学、化工方面的论文。① 吴蕴初在1929年设立的中华工业化学研究社主要围绕防腐蚀、芳香油、饮料食品和维生素开展研究，范围相对较窄，研究成果主要刊载在《化学工业》杂志上。黄海社在成立后近30年时间里，研究范围可以说更加广泛，涉及制盐制碱、发酵与菌学、肥料、有色金属、水溶性盐类等诸多领域，而且创办了自己的专门期刊，发表的调查研究报告和科研论文仅目前可查的就达300余篇，大大超过中央研究院化学研究所等机构发表的数量。

在1922年撰写的《创办黄海化学工业研究社缘起》一文中，范旭东强调了学术研究对工业发展的重要性：“第近世工业非学术无以立其基，而学术非研究无以探其蕴，是研学一事尤当为最先之要务也”，并明确阐述了创办黄海社的目的：“于国内化学工业中心地之塘沽创设黄海化学工业研究社，仿欧美先进诸国之成规，作有统系之研究，于本地则为工业学术之枢纽，并为国内树工业学术世界。有欲阐明学理、开发利源，以贡献于祖国，而致民生之福祉者”。这一论述清楚地表明，黄海社的办社宗旨有二：一是深入开展化工学术研究，二是促进我国化学工业事业发展。在当年中国传统的半殖民地半封建农业社会里，能够有这样的思想和眼界、有这样的开展科学研究的大动作，可以说是非常了不起的。

从无到有，从手工业到大工业，进而到现代化工产业，每一步都需要开拓和创新。对于国内最早成立的化工研究机构——黄海社来说，开拓和

① 赵匡华主编：《中国化学史》(近现代卷)，广西教育出版社2003年版，第703页。

创新的难度更大。尽管没有现成的“蓝图”可循，没有“前车”可鉴，但黄海社的同人们依然用科学的方法和理念，用掌握的理论和知识，边实践、边总结、边完善，摸着石头过河，一步步地蹚了一条路。事实证明，黄海社在科研领域的开拓和创新，不仅保证了“永久黄”团体三十年的正常运行，而且为行业、为后人提供了很好的可资借鉴的经验。

二、推动了中国近代化学工业的发展

中国近代化学工业是从19世纪后半叶开始产生和逐渐发展起来的，主要包括金属冶炼、酸碱、火药等重化学工业以及制药、造纸、火柴、玻璃等轻化学工业。清末，由于帝国主义入侵、不平等条约的订立，中国成了帝国主义疯狂掠夺的对象。资本主义国家在中国建立了多种近代工业，企图扼住中国的经济命脉。在化学工业方面，制酸、制药、玻璃、火柴等绝大部分由英国资本经营，民族资产阶级经营的化工企业主要集中在轻化学工业领域。进入民国时期后，民族资产阶级在化学工业领域不断“开疆拓土”，各类化工企业纷纷建立。

酸碱工业包括制酸、制碱，被称为“基础化学工业”，应用范围极广，生产水平如何是衡量一个国家化学工业发展水平的重要指标。制酸方面，范旭东于1935年在南京投资建设永利硫酸铔厂，设计规模为日产合成氨39吨、硫酸120吨、硫铵150吨、硝酸10吨，利用高压合成的生产原理进行生产，工艺复杂，设备精良，投资庞大，远超当时我国的工业水平，号称“远东第一”。制碱方面，除了华北、西北、东北等地有一些天然碱的加工利用外，主要是人造纯碱即现代纯碱工业的建立和发展。人造纯碱以范旭东于1918年在塘沽创办的永利制碱公司最为著名，它是中国最早创建的现代制碱企业。永利碱厂生产的“红三角”牌纯碱使中国生产的化工产品首次出口海外，并在1926年的美国费城万国博览会上获得金奖，不仅填补了中国化工产品获得国际金奖的空白，更让世界刮目相看，被费城万国博览会评委誉为“中国近代工业进步的象征”。永利碱厂也因此被称作中国化学工业的发祥地，铸就了饮誉中外的惊世伟绩。

从中国酸碱工业的发展史可以看出，范旭东创办的硫酸铔厂、永利碱厂是中国酸碱工业的主力军，奠定了近代中国化学工业发展的根基，范旭东因之被誉为“中国近代化学工业之父”。黄海社因永利、久大发展的需要而设立，在成立后30年的历程中，协助永利、久大两厂解决了大大小小许多技术问题。在永利初创时期，不论是红黑碱问题、返碱问题、结疤问题，还是碳化塔稳定和提高产量问题……几乎所有技术问题的解决，都渗透着黄海社同人的辛勤付出和汗水。此后，在侯德榜带领永利技术人员探究索尔维制碱法的奥秘以及发明“侯氏碱法”过程中，黄海社更是发挥了极大的协助和支持作用。1935年，永利在筹办硫酸铔厂的同时，还开设中国工业服务社，为国内工业建设提供技术服务。永利的技术力量竟能如此发展，正如永利碱厂元老陈调甫所说，“是与黄海的支柱作用分不开的”。

除了为永利、久大解决各种技术问题，推动“永久黄”团体所属工厂的生产发展外，黄海社在三十年间还在诸多领域为我国化学工业及相关事业发展作出了贡献。方心芳、魏文德等人曾在回忆文章中写道：“孙学悟是我国老一辈有名的化学家，是化工研究的开路先锋，是解放前我国最有成就的学者之一。他领导的黄海化学工业研究社在我国传统的化学工业及新兴的制造业上都开创出光明的途径。”[①]“黄海社的科研工作没有脱离实际，每到一地，首先以当地存在的问题或当地的天然资源为研究对象，加以解决。继则针对国家的需要，根据当时的人力物力另选专题进行研究，做到了技术公开，促进了工业的发展。”[②] 这些评价应当说是客观和切合实际的，这可以从黄海社一系列科研成果中得到印证。

在成立后的近30年时间里，黄海社共编印《黄海化学工业研究社调

---

① 方心芳、魏文德：《我们的好导师孙学悟》，政协威海市环翠区文史资料研究委员会：《孙学悟》，1988年出版，第1页。

② 方心芳、魏文德、赵博泉：《黄海化学工业研究社工作概要》，《化学通报》1982年第9期。

查研究报告》53篇，现留存41篇（见表2—3）；《黄海：发酵与菌学特辑》（双月刊）共12卷72期，刊文233篇；《黄海化工汇报》第1卷盐专号（第1期、第2期）、第2卷铝专号等刊物。此外，还在《工业中心》《化学世界》《化学工程》《酿造研究》等专业期刊，“永久黄”团体自办刊物《海王》，以及海外期刊发表了不少研究性论文，为中国近代化学工业发展提供了有力的科技支撑。

表2—3 《黄海化学工业研究社调查研究报告》各期论文

期号	题目	作者	年月
第1号	考察四川化学工业报告	孙学悟	1931年11月
第2号	河南火硝土盐调查	张子丰、张英甫	1932年5月
第3号	高粱酒之研究	方心芳、孙颖川	1932年6月
第3号	华北酒曲中微生物之初步分离与观察	金培松	1932年6月
第3号	改良高粱酒酿造之初步试验	孙学悟、方心芳	1932年6月
第4号	博山铝石页岩提制铝氧初步试验	张承隆、谢光蘧	1932年12月
第5号	调查河东盐产及天然芒硝报告	张子丰	1934年2月
第6号	“酒花”测验烧酒浓度法	孙颖川、方心芳	1933年12月
第7号	汾酒酿造情形报告	方心芳	1934年2月
第8号	汾酒用水及其发酵秕之分析	方心芳、孙颖川	1934年2月
第9号	制饴法之实验	李守清	1934年3月
第10号	平阳矾石之初步试验	张承隆、谢光蘧	1934年6月
第11号	山西醋	孙颖川、方心芳	1934年6月
第12号	日本制铝工业之现状	谢光蘧	1934年12月
第13号	矾石煅烧分解速率试验	章涛	1934年12月
第14号	博山铝石页岩用碱灰法提制铝氧进一步试验	张承隆、周瑞	1934年11月
第15号	绿豆粉条制造之研究	区嘉炜、吴冰颜	1935年3月
第16号	电解法制纯铝初步试验	周瑞	1935年3月
第17号	明矾石用硫酸法提制铝钾氧盐试验	章涛	1935年6月
第18号	江西苎麻及其利用法之调查	谢光蘧	1935年11月
第19号	铵及硫酸处理明矾石试验	孙继商	1935年12月
第20号	硫酸钾及硫酸铵混合盐之分离试验	刘福远	1937年3月
第21号	铵及亚硫酸处理明矾石试验	周瑞	1937年3月
第22号	石灰处理明矾石试验	刘福远	1937年3月

续表

期号	题目	作者	年月
第 23 号	石灰及亚硫酸处理明矾石试验	周瑞	1937 年 3 月
第 24 号	明矾石以碳酸钾提制钾硫试验	周瑞、刘福远、孙继商	1937 年 6 月
第 25 号	明矾石以高温法提制硫钾铝试验	周瑞、刘福远、孙继商	1937 年 6 月
第 26 号	国产海藻之成分	魏文德	1942 年 8 月
第 27 号	国产铋砂熔炼试验	赵博泉	1942 年 8 月
第 28 号	五通桥区植物含钾量之分析	阎振华	1942 年 8 月
第 29 号	棓酸衍生物之研究	魏文德	1942 年 8 月
第 30 号	枝条架之性能及盐卤浓缩试验	鲁波、刘嘉树	1943 年 3 月
第 31 号	四川黑卤研究初步报告	郭浩清	1943 年 3 月
第 32 号	氯化钡与食盐之分离	赵博泉	1943 年 3 月
第 33 号	钡盐之容量分析	郭浩清	1943 年 3 月
第 34 号	犍乐盐场食盐除钡工作概述	赵博泉	1943 年 3 月
第 35 号	卤水加石膏除钡初步试验	谷惠轩	1943 年 3 月
第 36 号	由卤水与钾碱制造氯化钾试验	郭浩清	1943 年 3 月
第 37 号	犍乐盐场卤水内溴素之提制	孙继商	1943 年 3 月
第 38 号	由卤水及钾碱制取溴化钾初步试验	蔡子定	1943 年 3 月
第 39 号	电力提卤之设计与应用	刘学义	1943 年 3 月

在发酵与菌学方面，黄海社系统开展了新发酵工业、五倍子发酵制棓酸及综合利用等方面的研究。新发酵工业的研究成果为许多酒厂、酒精厂所采用，促进了我国近代酿造工业和酒精燃料工业的发展，制成的没食子酸及其衍生物为我国近代染料工业发展奠定了基础。研究成果除刊发在《黄海化学工业研究社调查研究报告》上之外，大量刊发于《黄海：发酵与菌学特辑》以及《工业中心》等期刊。其中，刊发在《黄海：发酵与菌学特辑》上的论文数量非常多（各期论文见表 2—4）。刊发在 1935 年出版的《工业中心》上的文章有：孙颖川、方心芳的《高粱酒曲之改良》（第 4 卷第 4 期），方心芳的《酵母发酵力之比较试验》（第 4 卷第 5 期），区嘉炜、方心芳的《草药对于酿造之影响》（第 4 卷第 7 期）。此外，方心芳还于 1937 年在外文期刊发表《中国产几种酵母之研究》《微生物生长素之研究》《酵母及霉菌之生长素》《酒曲内 Rhizopus 的两新种：R.biourgei Fang,R.septatus Fang》等多篇研究论文。

表 2—4 《黄海：发酵与菌学特辑》各期论文

序号	题目	作者	卷、期	年份
1	没食子酸发酵之研究（第一报告）：发酵菌之选择	方心芳、吴冰颜	第 1 卷第 1 期	1939 年
2	没食子酸发酵之研究（第二报告）：发酵菌类对没食子酸之消食	魏文德	第 1 卷第 1 期	1939 年
3	菊芋制造酒精之初步研究	谢祚永、吴冰颜	第 1 卷第 1 期	1939 年
4	湘潭旧式酱油工业之调查	谢光蘧	第 1 卷第 1 期	1939 年
5	关于微生物生长素的几种试验	方心芳	第 1 卷第 2 期	1939 年
6	没食子酸发酵之研究（第三报告）：添加酵母之影响	郭质良	第 1 卷第 2 期	1939 年
7	没食子酸之研究（第四报告）：五倍子浸出液之适宜浓度与发酵速度之测定	谢光蘧	第 1 卷第 3 期	1939 年
8	没食子酸之研究（第五报告）：发酵液内丹宁没食子酸及全酸变化之测定	魏文德	第 1 卷第 3 期	1939 年
9	酵母制法之演变	孙颖川、方心芳	第 1 卷第 4 期	1939 年
10	四十七种黑曲菌生柠檬酸之比较	方心芳	第 1 卷第 4 期	1939 年
11	甘蔗糖蜜与军粮	赵习恒	第 1 卷第 5 期	1940 年
12	没食子酸发酵之研究（第六报告）：黑曲菌之选择与培植	方心芳	第 1 卷第 5 期	1940 年
13	微菌之功用	孙颖川	第 1 卷第 6 期	1940 年
14	棓酸之用途	吴冰颜	第 1 卷第 6 期	1940 年
15	在五通桥发现的一种 Phycomyces	方心芳	第 1 卷第 6 期	1940 年
16	棓酸（没食子酸）发酵之研究（第七报告）：丹宁液浓度与发酵面积	方心芳、李大德	第 2 卷第 1 期	1940 年
17	甘蔗蜜糖制甘油法	赵习恒	第 2 卷第 1 期	1940 年
18	纤维质废物之发酵利用法	郭质良	第 2 卷第 1 期	1940 年
19	陕西某酒精厂调查报告	魏文德	第 2 卷第 1 期	1940 年
20	酱曲中之一种杂菌	谢光蘧	第 2 卷第 1 期	1940 年
21	酵母菌孢子之形成发芽及其重要性	方心芳	第 2 卷第 2 期	1940 年
22	焦棓酸之制造	郭浩清	第 2 卷第 3 期	1940 年
23	棓酸发酵之研究（第八报告）：发酵醪中产醭酵母之防止	方心芳、李大德	第 2 卷第 3 期	1940 年
24	五通桥酒厂之调查	李大德、温天时	第 2 卷第 3 期	1940 年
25	棓酸（没食之酸）发酵之研究（第九报告）：固体发酵之初步试验	方心芳	第 2 卷第 4 期	1941 年

续表

序号	题目	作者	卷、期	年份
26	棓酸之制造：液体发酵法	吴冰颜	第2卷第4期	1941年
27	乳酸发酵试验	方心芳、淡家麟	第2卷第4期	1941年
28	棓酸发酵之研究（第十报告）：五倍子中丹宁之浸出	魏文德	第2卷第5期	1941年
29	糖蜜酿酒试验	方心芳、张学旦	第2卷第5期	1941年
30	红糖酿酒试验：氮化物的影响	方心芳、萧永澜	第2卷第6期	1941年
31	酒精蒸馏之理论与计算	谢光蘧	第2卷第6期	1941年
32	五通桥猪粪上的两种霉菌,Mucor mucedo及Pelobosphaerosporus	方心芳	第2卷第6期	1941年
33	甘蔗各部分内之bios与酒精发酵之影响	方心芳	第3卷第1期	1941年
34	尿与硫酸钾对于酵母菌之营养价值	方心芳、温天时	第3卷第1期	1941年
35	乐山烧酒酿法之调查	谢光蘧、韩士沂、温天时	第3卷第2期	1941年
36	发酵尿水提钾试验	刘福远	第3卷第2期	1941年
37	甘蔗梢皮内之bios	方心芳	第3卷第2期	1941年
38	制革业与发酵之攸关工程	刘和清	第3卷第2期	1941年
39	内江糖蜜中所缺之酵母养料	方心芳	第3卷第3期	1941年
40	青神酒药之分离	萧永澜	第3卷第3期	1941年
41	棓酸发酵	刘福远	第3卷第3期	1941年
42	糖蜜及红糖醪中加麸曲试验	方心芳、淡家麟	第3卷第4期	1942年
43	青神酒药制造试验报告	萧永澜	第3卷第4期	1942年
44	小麦及小麦芽内之酵母生长素试验	方心芳	第3卷第5期	1942年
45	四川酒药中酵母之分离与试验	高盘铭	第3卷第5期	1942年
46	几种川产微菌之鉴定	方心芳	第3卷第6期	1942年
47	琼脂之性质制造收回与应用	方心芳	第3卷第6期	1942年
48	土壤中酵母菌之研究	阎振华	第4卷第1期	1942年
49	酵母菌之含氮养料试验	方心芳、淡家麟	第4卷第1期	1942年
50	酵母细胞之组成	方心芳	第4卷第1期	1942年
51	微菌生长素试验（五）：草药含生长素之调查	方心芳	第4卷第2期	1942年
52	乙醇发酵之化学变化	方心芳	第4卷第2期	1942年
53	酵母之碳质养料	方心芳	第4卷第3期	1942年
54	植硝之初步研究	高盘铭	第4卷第4期	1943年
55	酵母合成培养基中磷镁之适量	方心芳、王宜庆	第4卷第4期	1943年
56	土壤中之硝化细菌	高盘铭	第4卷第4期	1943年

续表

序号	题目	作者	卷、期	年份
57	丙酮丁醇发酵试验（一）：微菌的寻找与选择	方心芳	第 4 卷第 5 期	1943 年
58	酵母之无机物养料	方心芳	第 4 卷第 5 期	1943 年
59	棓酸厂制造实录	吴冰颜、高盘铭	第 4 卷第 6 期	1943 年
60	消化酵素制造试验	谢光蘧	第 5 卷第 1 期	1943 年
61	微菌生长素试验（六）：测量 bios 之一新法	方心芳	第 5 卷第 1 期	1943 年
62	三种微菌的鉴定	方心芳	第 5 卷第 2 期	1943 年
63	日本酱油研究史略	方心芳、淡家麟	第 5 卷第 2 期	1943 年
64	红曲菌之初步比较试验	萧永澜	第 5 卷第 3 期	1943 年
65	曲菌（Aspergillus）糖化力之比较	方心芳、淡家麟	第 5 卷第 3 期	1943 年
66	丝瓜发酵试验	方心芳	第 5 卷第 4 期	1944 年
67	峨眉山产五倍子之调查报告	萧永澜	第 5 卷第 4 期	1944 年
68	微菌生长素试验（七）：几种酿造原料内之 bios	方心芳	第 5 卷第 5 期	1944 年
69	各属酵母所需生长素试验	方心芳	第 5 卷第 6 期	1944 年
70	几种水果皮上之酵母	方心芳、淡家麟	第 6 卷第 1 期	1944 年
71	废物中多戊糖之利用	高盘铭	第 6 卷第 1 期	1944 年
72	用稻壳制造五碳糖试验	高盘铭	第 6 卷第 2 期	1944 年
73	酵母之鉴定	方心芳	第 6 卷第 2 期	1944 年
74	中国酱醅中的酵母	方心芳、龚学文	第 6 卷第 3 期	1944 年
75	酵母生长素	方心芳	第 6 卷第 5 期	1945 年
76	辣椒储藏试验	方心芳	第 7 卷第 1 期	1945 年
77	棓酸发酵之研究	萧永澜	第 7 卷第 5 期	1946 年
78	美国之啤酒工业	谢光蘧	第 8 卷第 1 期	1946 年
79	论杂粮造酒业对于国计民生之重要	谢光蘧	第 8 卷第 2 期	1946 年
80	泡菜之研究	方心芳	第 8 卷第 4 期	1947 年
81	醋酸菌之鉴定	方心芳	第 8 卷第 5 期	1947 年
82	铋黄之制造	郭浩清	第 8 卷第 6 期	1947 年
83	微菌生长素	方心芳	第 8 卷第 6 期	1947 年
84	棓酸发酵之研究	吴冰颜	第 9 卷第 1 期	1947 年
85	DDT 应用于保存微菌之试验	萧永澜	第 9 卷第 2 期	1947 年
86	微生物与葡萄酒	方心芳	第 9 卷第 2 期	1947 年
87	麸皮发酵	方心芳、陈明毅、郭城、刘士英	第 9 卷第 4 期	1948 年
88	麸皮发酵液中一种细菌之鉴定	方心芳	第 9 卷第 5 期	1948 年
89	豆腐乳	方心芳	第 9 卷第 6 期	1948 年

续表

序号	题目	作者	卷、期	年份
90	几种酵微之液胶酶与淀粉酶试验	方心芳	第10卷第1期	1948年
91	蓼类所含微菌养料之研究	方心芳	第10卷第2期	1948年
92	生孢子酵母菌	方心芳	第10卷第4期	1949年
93	无孢子酵母志	方心芳	第10卷第6期	1949年
94	无氮有机物之发酵及其生成物	方心芳	第11卷第1期	1949年
95	本刊之过去与未来	方心芳	第11卷第2、第3期	1950年
96	青岛啤酒厂之调查	吴冰颜	第11卷第2、第3期	1950年
97	丙酮乙醇发酵试验（一）：菌种分离与选择	淡家麟、方心芳	第11卷第4、第5期	1950年
98	丁二醇［2，5］发酵	淡家麟	第11卷第4、第5期	1950年
99	五加皮酒制配试验	李道维、方心芳	第11卷第6期	1950年
100	一种醋菌的鉴定	方心芳、齐祖同	第12卷第1期	1951年
101	丙酮乙醇发酵试验（二）：发酵菌种的鉴定	淡家麟、方心芳	第12卷第2期	1951年
102	发酵真菌	方心芳	第12卷第2期	1951年
103	丙酮乙醇发酵试验（三）：玉米原料的发酵	淡家麟、方心芳	第12卷第3期	1951年
104	蚕蛹酱油的尝试	淡家麟	第12卷第4期	1951年
105	高粱酒曲改造论	方心芳	第12卷第4期	1951年
106	葡萄糖酸发酵初步试验	方心芳、齐祖同	第12卷第5期	1951年
107	酵母与维生素 B_1	齐祖同	第12卷第5期	1951年
108	海宝是什么	方心芳	第12卷第5期	1951年

在肥料方面，黄海社协助建设南京永利硫酸铔厂，并研究了海藻、矾石、磷灰石矿等化肥原料以及钾肥、磷肥的制取，为我国近代化肥工业发展作出了贡献。研究成果主要刊发在《黄海化学工业研究社调查研究报告》上。此外，徐应达在外文期刊 *J.Am.Phar.Association*（Vol.XIX,No.8）上发表了研究论文“Comparative Method of Assay of Chinese Ephedrao”。

在水溶性盐类方面，黄海社研究了长芦苦卤的综合利用和浓盐水的精制方法，对内蒙古碱湖、河南硝盐、河东池盐进行了调查分析，对自贡、犍为、乐山的黄卤和黑卤作了深入研究，提出了枝条架法、塔炉、机械提卤等新技术，为我国近代制盐工业发展和改进川盐生产技术作出了贡献。研究成果除少数刊发在《黄海化学工业研究社调查研究报告》上之外，其余的大多刊发在《黄海化工汇报》（第1卷盐专号）上。此外，赵博泉于1940年在《海王》旬刊发表了《犍乐盐产之特点》（第12卷第2期）和《解除食盐内毒质之意见》(第12卷第15期）等论文；蔡子定于1941年在《海王》旬刊发表了《痹病和氯化钡》(第13卷第12期）一文；鲁波于1941年在《海王》旬刊发表了《痹病和氯化钡之我见》（第13卷第29期）一文；1943年12月，在四川五通桥举办的中国化学会第11届年会上，方成、赵博泉宣读了题为《犍乐及井仁盐区黄卤中锶盐含量及提取试验》的会议论文。

表2—5 《黄海化工汇报》（第1卷盐专号）发表的重要论文

序号	题目	作者	卷、期	年份
1	改进犍乐花盐灶志	刘嘉树、鲁波	第1卷第1期	1940年
2	木榨制盐砖之经过	钟子璜、刘嘉树、鲁波	第1卷第1期	1940年
3	枝条架之性能及盐卤浓缩试验	鲁波、刘嘉树	第1卷第1期	1940年
4	犍乐区卤水之分析	赵博泉、蔡子定	第1卷第1期	1940年
5	犍乐盐场卤汁分析	孙继商	第1卷第1期	1940年
6	卤水制硫酸镁试验报告	刘养轩	第1卷第1期	1940年
7	食盐芒硝分离问题	赵文珉	第1卷第1期	1940年
8	精制盐卤试验报告	刘养轩、郭保国	第1卷第1期	1940年
9	川北制盐方法调查及改进报告	刘嘉树、郭保国	第1卷第1期	1940年
10	氯化钡与食盐之分离	赵博泉	第1卷第2期	1943年
11	黄卤副产	刘养轩	第1卷第2期	1943年
12	卤水内溴素之提制	孙继商	第1卷第2期	1943年
13	自卤水及钾碱提制溴化钾初步试验	蔡子定	第1卷第2期	1943年
14	自贡黑卤之研究	郭浩清	第1卷第2期	1943年
15	由甲碱制氯化钾试验	郭浩清	第1卷第2期	1943年
16	钡盐之容量分析	郭浩清	第1卷第2期	1943年
17	钡之生理毒害、工业用途及提制法	鲁波、刘嘉树、马东民、蔡子定	第1卷第2期	1943年
18	枝条架之性能（二）	鲁波、刘嘉树	第1卷第2期	1943年
19	西南盐区制盐方法之检讨及改进	鲁波、刘嘉树	第1卷第2期	1943年

在有色金属方面，黄海社先后研究过山东博山铝土页岩、庐江与平阳矾石、四川叙永黏土、云贵铝土矿、江西铋砂等原料，并成功制取了我国第一块金属铝样品，提炼出金属铋，为我国近代有色金属工业发展奠定了基础。研究成果主要刊发在《黄海化学工业研究社调查研究报告》和《黄海化工汇报》（第 2 卷铝专号）上。

表 2—6 《黄海化工汇报》（第 2 卷铝专号）目录

（一）矾石之研究	
第一章	引言
第二章	矾石之煅烧
第三章	矾石煅烧温度与其成分在水中溶解率之关系
第四章	用硫酸处理煅烧后之矾石 A. 硫酸处理时之种种变化 B. 硫酸处理后之种种变化
第五章	用苛性碱处理矾石 A. 用氢氧化钾处理未经煅烧之矾石 B. 用氢氧化钾或氢氧化钠处理煅烧之矾石
第六章	用氨溶液处理煅烧后之矾石 A. 氨溶液处理时溶解成分之种种变化 B. 氨溶液处理煅烧后之矾石时，不溶解残渣之种种变化 C. 由氨溶液处理后之残渣中，提取氧化铝之种种方法 D. 硫酸钾、硫酸铵混合盐之分离
第七章	用石灰处理煅烧后之矾石 A. 加石灰处理时之种种变化 B. 自加石灰处理后所得之残渣收回氧化铝试验
第八章	用碳酸钾处理煅烧后之矾石试验
第九章	以高温法自矾石提取硫、钾、铝 A. 矾石在高温煅烧 B. 以碱及石灰提取矿渣中之氧化铝
第十章	用磨细法分离矾石中之杂质试验
第十一章	中国矾石之成分
（二）博山石页岩之研究（附云、贵两省铝矿之分析表）	
（三）电解制铝试验	
（四）参考文献	

上述各个方面列举的研究报告名录，只是黄海社研究成果的一部分，实际上还有大量成果虽然完成，但并未形成文字报告。对此，李烛尘在黄

海社 20 周年社庆时曾写道："一切研究成果，均从刻苦中得来，虽其发表于刊物者不过十之二三"。[①] 陈调甫也曾在一篇纪念文章中谈道："旧时代科学研究者对于写出工作报告，往往不够重视，黄海三十余年……实在工作数量远远超过这几篇所报道的。报告少的原因很多……工作告一段落之后，大都不写报告，亦有事未做完，人已离社，工作就此停顿，遗留的历史记录不够详细，或残缺不全。"[②] 这意味着，倘若加上大量未形成文字和未被留存下来的研究成果，黄海社完成的科研任务更多，对中国近代化学工业的促进作用更大。

三、成就了一批国家级骨干科研人才

久大、永利、黄海社三位一体，是一个相互配合、紧密合作的有机整体。黄海社的研究人员与久大、永利的技术人员彼此相通，很难有个区分。例如，在 1938 年内迁重庆后，内迁总负责人李烛尘就将久大、永利三百余名技术人员中的一部分安排在黄海社进行研究工作，因而很难清楚地分辨谁是永利的或黄海社的。"永久黄"团体被称为"中国化工人才的摇篮"。1949 年夏，周恩来到东四七条永利驻北平办事处走访时曾说："永利是一个技术篓子，培养了很多人才，这些人才在新中国的建设中是极为可贵的。"的确，新中国成立后，"永久黄"团体向国家输送了大批技术干部，分布在化工、轻工、核能、机械等相关部门。据不完全统计，担任院、所、厂、司、局长有八九个，担任总工程师的有十几个，担任工程师的有几十个。"永久黄"团体的一些领导还走上了国家重要领导岗位。例如，李烛尘曾任食品工业部部长、轻工业部部长、全国政协副主席，侯德榜曾任化学工业部副部长、中国科学技术协会副主席，姜圣阶曾任第二机械工业部副部长、中国科学院学部委员。

---

① 李烛尘：《我之黄海观》，《黄海化学工业研究社二十周年纪念册》，1942 年出版。

② 陈调甫：《黄海化学工业研究社概略》，全国政协文史资料研究委员会、天津市政协文史资料研究委员会：《化工先导范旭东》，中国文史出版社 1987 年版，第 158 页。

李烛尘，爱国实业家，1912 年赴日本留学，回国后曾任久大技师、董事长、总经理，永利塘沽碱厂厂长、副总经理，在永利、久大两公司服务近 40 年；全民族抗战爆发后，任久大驻渝办事处主任、久大华西分厂厂长、迁川工厂联合会理事长、中国工业协进会常务理事，并被聘为国民参政会参政员；1945 年 12 月，与黄炎培、胡厥文等人发起组织中国民主建国会，并任常务理事；新中国成立后，任永利久大合营委员会委员，中央人民政府委员，食品工业部部长，轻工业部部长，第一、二、三、四届全国人民代表大会常务委员会委员，中国人民政治协商会议全国委员会委员、副主席，华北行政委员会副主席，中华全国工商业联合会第一、二、三届执委会副主任委员，天津市工商业联合会主任委员，中国民主建国会主任委员，中国国际贸易促进委员会委员等职。

李烛尘肖像（方成绘制于 1942 年）

侯德榜，著名化学家、世界制碱工业权威、中国近现代化学工业奠基人之一，1921 年获哥伦比亚大学博士学位；1922 年 1 月就职于永利制碱公司，历任永利总工程师、碱锰川各厂厂长、设计部化工研究部部长、永利化学工业公司总经理，并任永利董事 20 余年；带领永利技

侯德榜肖像（方成绘制于 1942 年）

术人员揭开了索尔维制碱法的秘密，曾出版 *Manufacture of Soda*（1933 年英文版，1948 年俄文版）、《制碱工学》(1959 年出版上册，1960 年出版下册）等书籍；抗战期间，发明“侯氏碱法”；抗战胜利后，赴印度协助达达公司，为其米达浦碱厂改进技术、设计，并被该厂聘为不驻厂顾问、总工程师，还任南开大学兼职教授；新中国成立后，任公私合营永利化学工业公司总经理，中国人民政治协商会议全国委员会委员，全国工商联执行委员，中国民主建国会常务委员，中央财经委员会委员，重工业部技术顾问，中国科学院学部委员，中国科协联副主席，中国化学会理事长，化学工业部副部长，第一、二、三届全国人民代表大会代表等职。

姜圣阶（1915—1992），黑龙江林甸人，中国化工、核能专家，1936 年毕业于河北工业学院机电系，1950 年获美国哥伦比亚大学化工硕士学位；曾任永利硫酸铔厂副厂长兼总工程师，1961 年 7 月任南京化学工业公司副经理兼总工程师；20 世纪 50 年代，在主持永利硫酸铔厂改扩建过程中完成了百余项技术革新，主要有流态化技术在硫酸生产中应用、用无烟煤代替焦炭制取合成氨原料气、层板包扎式高压容器等；1962 年调二机部后，组织领导建成中国第一座大型军用生产反应堆、核燃料后处理厂，对后处理工艺流程进行了两项革新，使中国钚生产技术达到世界先进水平；1977 年，任二机部副部长；20 世纪 80 年代，领导组建国家核安全局，为建立中国核安全监督体系作出重要贡献。他是中国核学会名誉理事长，1991 年当选为中国科学院学部委员。

“永久黄”团体之所以如此人才辈出，与创始人范旭东从一开始就重视人才、视技术为生命分不开。古人云：“人才不振，无以成天下之务。”范旭东深谙“得人者昌”这句古训的意蕴，在筹建久大、永利时就对人才问题着意三分。久大公司成立不久，他就力邀留日归来的李烛尘加盟，担任技师，并在后来出任厂长。在永利发起人中，熟悉碱业的工程技术人员占到约三分之一。当时，范旭东发现留英技术人员王小徐熟悉碱业，就千方百计争取他加入永利，破格免除他作为发起人应缴的股金，并委以技术主管重任；与此同时，还罗致到东吴大学毕业的有为青年陈调甫。永利碱厂成立后，在生产的技术路线上，范旭东选准技术先进的索尔维法，但因索尔维公会实施技术封锁，只有靠自己的力量重闯新路。为此，范旭东派陈调甫赴美进修并物色优秀人才。陈调甫临行前，范旭东对他说："我们的事业若要成功，全在技术。你此次赴美，要在美国多方物色人才。古往今来事业的兴衰都证明，人才是事业的基础。"① 到美国后，陈调甫经李国钦介绍认识了侯德榜，并成功力邀侯德榜加盟。此外，陈调甫还在美国物色到刘树杞、吴承洛、徐允钟、李德庸等高级技术人员。范旭东一方面到处物色人才，另一方面成立艺徒班，由李烛尘、陈调甫负责招收各职业学校和高级中学的毕业生组织培训，侯德榜等一批高级技术人员亲授课程，并由车间的老工人带领实习。范旭东在罗致和培养人才上花了很大工夫，为以后永利事业的发展奠定了基础。

在民国时期和新中国成立后，有两项调查很能说明"永久黄"团体人才队伍的强大。一项是，民国时期重工业的主管部门——国民政府资源委员会组织力量编纂了一本《中国工程人名录》，并在1941年出版，对社会上具有大学或高等专科学历以上工程技术人才，进行了长达数年比较全面、详尽的调查。结果显示，在职的工程技术人才共7712人，分布于民营企业的有852人，其中正在或曾在"永久黄"团体工作的达52人（部分人员名单见表2—7）。在所有工程技术人才中，有留学背景的达2212人，占比为28.7%；而"永久黄"团体中被收录的有留学背景的达18人，在"永久黄"团体工程技术人才中的占比为32.7%，高于平均水平。② 另一项是，新中国成立后，中国科学院进行了一次自然科学领域的人才资源调查，对各个领域部分前中央研究院院士和他们推荐的专家进行了两次调查。在化学领域，分别推荐出物理化学家58人、有机化学家31人，共

① 《永利档案·中国永利厂史资料》第1卷，《天津：天津碱厂》。

② 资源委员会：《中国工程人名录》，商务印书馆1941年版。

89人，其中在“永久黄”团体任职或曾经任职的就有16人（部分人员名单见表2—8）。①

表2—7 1941年《中国工程人名录》中的“永久黄”团体部分人员名单

序号	姓名（字号）	出生年	籍贯	毕业年	教育背景
1	高盘铭（铭彝）	1916	江苏武进	1936	南开大学化工
2	章维中	1917	湖南长沙	1939	武汉大学机械
3	谢龙文（天逸）	1916	江苏六合	1937	浙江大学化工
4	谢为杰（冰叔）	1899	福建长乐	1934	美国俄亥俄大学化工
5	郭保国	1913	湖南湘潭	1935	南开大学化工
6	郭浩清	1911	江苏江阴	1935	美国威斯康星大学化工
7	郭锡彤（贻宾）	1889	江苏江阴	1932	美国普渡大学化工
8	王文澜	—	河北滦县	1934	河北工业学院电机
9	王正儒（义符）	1911	河北天津	1931	河北工业学院机械
10	王元衡（剑平）	1908	江苏泰县	1929	交通大学机械
11	崔炳春（惠生）	1904	河北行唐	1931	北洋大学机械
12	傅尔分（冰芝）	1887	江西南昌	1915	日本东京帝国大学造船
13	解寿缙	1900	浙江丽水	1925	美国伊利诺伊大学矿冶
14	鲁波（泽普）	1904	河北献县	1932	美国密歇根大学化工
15	潇躔之（志明）	1908	江西萍乡	1930	北平大学机械
16	王致中	1912	河北藁城	1935	北洋工学院机械
17	郭炳瑜（仲瑾）	1910	河北无极	1931	北平大学化工
18	谭顺（伯威）	—	湖南安化	1935	湖南大学电机
19	章涛（寿川）	1909	浙江平阳	1934	浙江大学化工
20	唐吉杰（汉三）	1889	湖南新化	1915	日本东京帝国大学矿冶
21	张德恩（泽敷）	—	辽宁沈阳	1935	河北工学院电机
22	张克忠	1903	河北天津	1928	美国麻省理工学院化学
23	张志忠	—	河北宁河	1935	河北工业学院电机
24	张振典（辑五）	1911	河北南宫	1935	河北工业学院电机
25	尹国均（伯平）	1900	湖南邵阳	1925	北洋大学矿冶
26	侯德榜（致本）	1890	福建闽侯	1921	美国哥伦比亚大学化工博士

① 《中国科学院自然科学知名科学家调查综合报告》，中国科学院办公厅档案，1950年3月5日。

续表

序号	姓名（字号）	出生年	籍贯	毕业年	教育背景
27	宜桂芬（馥庭）	—	河北丰润	1935	河北工业学院电机
28	李倜夫	1886	湖南长沙	1917	美国伊利诺伊大学土木
29	李大盛（鸣远）	—	河北天津	1934	河北工业学院化工
30	李烛尘	1882	湖南永顺	1918	日本东京高等工业学校化工
31	李景汾（君阳）	—	湖南长沙	1910	留学比利时化工
32	李金沂（祉川）	1907	广东中山	1933	美国普渡大学冷藏工程
33	姚国瑜（瑾庵）	—	安徽合肥	1925	北洋工学院矿冶
34	范锐（旭东）	1883	湖南长沙	1910	日本京都帝国大学化工
35	杨梓林（子南）	1893	贵州毕节	1917	日本东京帝国大学化工
36	赵文珉	1901	河北盐山	1935	谢菲尔德大学化工
37	区嘉炜	1903	广东顺德	1931	美国麻省理工学院化工
38	刘嘉树	1910	河北蠡县	1934	河北工业学院化工
39	刘兴宗（震宇）	1913	河北滦县	1933	山东大学机械
40	陆琛（献侯）	1899	江苏吴县		河北工业学院化工
41	陈维（同之）	1896	江西赣县	1918	北京大学矿冶
42	陈器（仲韩）	1895	福建闽侯	1921	美国斯坦福大学电机
43	陈鑫（炎甫）	1901	湖南长沙	1923	留法机械
44	陈继善	1899	福建闽侯	1923	美国麻省理工学院机械
45	陈鹤桐	—	河北丰润	1935	河北工业学院电机
46	陶寿康（祝龄）	1899	江苏南通	1923	河北工业学院化工
47	闫克礼（士元）	—	河北滦县	1935	河北工业学院电机
48	余祖燕	1912	福建莆田	1934	吴淞商船学校轮机

表 2—8 1950 年中国科学院自然科学知名科学家调查综合报告中的“永久黄”团体人员名单

序号	姓名	生卒年	教育背景
1	孙学悟	1888—1952	哈佛大学博士
2	侯德榜	1890—1974	哥伦比亚大学博士
3	张克忠	1903—1954	麻省理工学院博士
4	张承隆	？—1968	清华大学
5	吴冰颜	1909—1980	普渡大学硕士
6	赵博泉	1910—？	普渡大学硕士
7	刘嘉树	1910—1975	河北工业学院

续表

序号	姓名	生卒年	教育背景
8	郭浩清	1911—1960	威斯康星大学硕士
9	卞柏年	—	布朗大学博士
10	鲁波	1904—?	密歇根大学硕士
11	孙继商	1911—1987	普渡大学硕士
12	张燕刚	—	—
13	赵文珉	1901—?	谢菲尔德大学博士
14	谢为杰	1908—1986	俄亥俄大学博士
15	吴宪	1893—1959	哈佛大学博士

与范旭东一样，孙学悟对人才也极为重视。黄海社成立后，孙学悟借鉴英国皇家科学院和法国法兰西科学院的做法，在社会上广聘名家学者，延揽人才，从事基础应用性研究，先后吸引了一批著名学者，如留美博士张克忠、卞柏年、卞松年、区嘉炜、蒋导江，留法博士徐应达，留德博士聂汤谷、萧乃震，国内大学毕业的方心芳、金培松等人，并缔造了一种潜心做学术、认真搞科研的良好工作氛围。众多人才集结于孙学悟周围，实为近代中国科技界一大奇观。对招聘进社的青年才俊，孙学悟不仅在工作中精心培养，而且还适时送到国外进行深造。虽然从某种意义上讲，无论是久大、永利，还是黄海社，培养出来的人才都属于"永久黄"团体，但仍有一部分科研人员长期扎根黄海社，新中国成立后成为相关领域的国家级骨干科研人才，正如方心芳、魏文德所说："解放以后，北京化工研究院、上海化工研究院、中国科学院微生物研究所等院所的部分领导及研究骨干多是来自黄海化学工业研究社。在解放前的战乱岁月里，一个私立科研单位，能出这么多的高级人才，是国内少有的。"① 下面，仅列出其中的几位。

张承隆（子丰），孙学悟的得力助手和黄海社科研中坚，1922 年，接

① 方心芳、魏文德：《我们的好导师孙学悟》，政协威海市环翠区文史资料研究委员会：《孙学悟》，1988 年出版，第 2 页。

受孙学悟邀请到塘沽一起筹建黄海社，并参与社章的起草，是黄海社首批研究员之一；1934 年，在黄海社推荐和支持下赴美学习，获硕士学位后于 1936 年回国继续在黄海社工作。他的研究侧重于轻金属（主要是铝矿的利用）、肥料、水溶性盐类等方面，曾在永利碱厂和南京硫酸铔厂做了许多辅助技术工作，尤其是在以下 3 个方面取得的成果获得较高评价。一是主持研究从山东博山铝土页岩提取氧化铝技术和电解氧化铝制取金属铝技术，成果曾引起国内科技界的普遍重视。新中国成立后，这项成果在博山得到实际应用和推广。二是主持对浙江平阳、安徽庐江所产明矾石的综合利用研究，提出用氨法处理明矾石的工艺流程。该流程于 1954 年在沈阳化工研究院获得扩大试验成功，证明技术上可行、经济上合算，后来由上海化工研究院在永利硫酸铔厂建立车间，投入生产。三是在 1941—1945 年主持分析和评价云南、贵州的灰磷石矿，肯定了它们的开采价值。该矿产至今仍为我国重要矿产资源。新中国成立后，张承隆身体欠佳，1951 年发现患直肠癌，但手术后仍带病工作，并在孙学悟逝世后牵头完成黄海社的移交工作。随后，他来到重工业部综合工业试验所工作，任无机化学研究室主任；该所迁往沈阳后，担任沈阳化工试验所肥料室主任。1955 年，张承隆的健康情况每况愈下，只好由沈阳调回北京，在北京化工研究院工作，不久病休在家，1968 年病逝。

方心芳，我国著名微生物学家、近代工业微生物学开拓者，1931 年毕业于上海劳动大学农学院农艺化学系，毕业后随其师魏嵒寿教授到黄海社任助理研究员，从事发酵技术研究；1935 年考取“庚款”资助

方心芳肖像（方成绘制于 1942 年）

赴欧洲进修，先在比利时鲁汶大学酿造专修科学习，次年获酿造师称号；1937 年 1 月，到荷兰菌种保藏中心进修，后又到法国巴黎大学植物学系研究根霉和酵母菌分类学，到丹麦哥本哈根卡斯堡研究所研究酵母菌的生理学，并到访英国和德国；1938 年回国后，到已入川的黄海社继续从事研究工作，成为研究骨干，担任发酵与菌学研究室主任，负责学术期刊《黄海：发酵与菌学专辑》的创刊和编辑工作；其间，开创了五倍子酸发酵、长链二元酸发酵等新型发酵工业，促进了我国传统发酵工业的现代化；自 20 世纪 30 年代开始收集、保藏菌种，为中国的菌种保藏事业奠定了基础，为创建中国的菌种保藏机构作出了重大贡献；新中国成立后，曾任中国科学院菌种保藏委员会领导人，中国科学院北京微生物研究室研究员、副主任，中国科学院微生物研究所副所长兼工业微生物室主任，中国微生物学会副理事长，中国微生物学会酿造学会名誉理事长，中国微生物菌种保藏管理委员会主任委员等职。他领导了酵母菌分类、遗传育种，以及青霉、曲霉、根霉、白地霉、乳酸菌、醋酸菌等的分类研究，选育出大批优良菌种应用于工业生产，还开展了丙酮丁醇、氨基酸、调味核苷酸的发酵生产研究，创立了烷烃发酵生产长链二元酸的生产工艺。方心芳主持的科学研究成果，先后获得全国科学大会奖、国家发明三等奖、中国科学院重大科技成果奖。在他的倡议和组织下，20 世纪 50 年代，在我国建立了地微生物学（包括石油微生物学和细菌浸矿等）、霉腐微生物学、甾体微生物转化等新的分支学科和领域，对我国微生物学发展具有深远意义。1980 年，方心芳当选中国科学院学部委员。

魏文德，有机化工专家、我国石油化工科研带头人，1935 年从北京大学理学院化学系毕业，因成绩优良，经系主任曾昭抡推荐，就职黄海社。1937 年七七事变后，日军占领塘沽，魏文德于 8 月返回原籍，10 月赴西安，1938 年经人介绍作为受救济的战区技术人员，被派到陕西省工业试验所任化验员。不久，他得知黄海社已随永利公司迁到四川五通桥，遂于 11 月离开西安入川，重回黄海社工作。由于研究、实验工作成绩显著，魏文德在1945年被选派赴美留学，次年进入印地安纳州普渡大学研究生院学习，1948年获有机化学硕士学位；1949年，受黄海社委托，赴青岛筹备中间试验基地；新中国成立后，到北京芳嘉园新址建所，负责组建有机化学研究室；1952年，黄海社移交国家管理后，进入重工业部综合工业试验所工作；1954—1957年，任沈阳化工综合试验所有机一室主任；1958年，化工部组建北京化工研究院后，先后担任副总工程师、副院长兼总工程师、技术委员会主任等职务，取得一大批重要的石油化工技术成果，并领导和参加了部分重要国防化工产品的研制工作。魏文德还任国家科委化工专业组成员、化工部技术委员会委员、中国化工学会常务理事，以及石油化工学会首任理事长、北京市化工学会副理事长、北京市第七届人大代表等职。

魏文德肖像（方成绘制于1942年）

孙继商，1934年由北平辅仁大学化学系毕业，是黄海社助理研究员、研究员；1946年，赴美国普渡大学研究院进修，获硕士学位；1950年回国后，任黄海社化工研究室主任；1952年，任重工业部综合工业试验所化工研究室副主任；1954年，任沈阳化工试验所研究室主任；1956年以后，历任化工部上海化工研究院氮肥室主任、化工装备自动化所总工程师、上海化工研究院副总工程师，曾多次组织重大项目研究；1979年，建议设立专门从事工程开发的研究机构并兼任工程开发组组长，领导筹建了院计算机站，开展技术经济评价等工作。孙继商是上海市第五届人大代表，还曾任国家科委化工专业组委员、中国化工学会常务理事、中国化工学会化肥学会副理事长。1956年，他参加《一九五六——一九六七年科学技术发展远景规划纲要》起草工作。

吴冰颜肖像（方成绘制于1942年）

吴冰颜，高级工程师，1934年毕业于北平辅仁大学化学系，塘沽时期任黄海社助理员，四川五通桥时期任黄海社副研究员、自贡黄海实验工厂制造部主任兼副厂长；1948年，获美国普渡大学理学硕士学位；新中国成立后，历任重工业部沈阳化工综合试验所室主任，化工部沈阳化工研究院室主任，北京化工研究院室主任、副总工程师、高级工程师等职。

赵博泉，高级工程师，1934年毕业于齐鲁大学化学系，曾任黄海社研究员、分析化学研究室主任；1948年，获美国普渡大学理学硕士学位；新中国成立后，历任沈阳化工综合试验所分析化学研究室主任，化工部北京化工研究院工程师、室主任、副总工程师、高级工程师等职。

赵博泉肖像（方成绘制于1942年）

区嘉炜，有机化学家，1931年毕业于美国麻省理工学院，获博士学位；回国后，曾任厦门大学化学系主任、黄海社研究员；新中国成立后，任中国科学院微生物研究所研究员。

方成（1918—2018），原名孙顺潮，著名漫画家、杂文家、幽默理论研究专家；祖籍广东中山，生于北京；1942年毕业于武汉大学化学系，曾任黄海社助理研究员；1946年到上海从事漫画工作，1947年任《观察》

半月刊漫画版主编，1949年任北京《新民报》（《北京日报》的前身）美术编辑，1951年任人民日报社编辑、高级编辑；1979年，代表作《武大郎开店》问世，获《人民日报》新闻优秀作品奖，这是漫画作品首次获得该项荣誉。1980年，方成漫画展在中国美术馆举办，这是新中国第一个漫画个展。1988年，方成荣获我国漫画界最高奖——首届“中国漫画金猴奖荣誉奖”；2009年，荣获“中国美术奖·终身成就奖”。他的美术造诣极深，著书多部，在多所大学担任研究生导师、教授等职，享受

方成自画像（绘制于1942年）

黄海化学工业研究社部分骨干成员合影（左一为方成，左二为魏文德，左三为吴冰颜，右二为王星贤）

国务院政府特殊津贴，曾任中国新闻漫画研究会会长、中国美术家协会常务理事、《讽刺与幽默》编委等职。方成于1986年离休。他创作的漫画水墨作品《武大郎开店》《侯宝林》《钟馗》《神仙也有残缺》等深受大众喜爱，有125幅作品手稿珍藏于国家博物馆。

黄海社在潜心30年进行化学研究的风雨历程中，不仅开创了我国近代化工科研的先河，为“永久”两厂解决了诸多生产技术上的难题，推动了中国近代化学工业的发展，同时也造就和培养了一大批科研技术人才，在我国化工科技发展史上留下了光辉的一页。

第三章　社长孙学悟

自加盟久大、担任黄海社社长起，孙学悟怀揣科学救国、实业救国的梦想，毕生像个园丁一样，辛勤耕耘在我国化工科研的天地里。幼年时期，孙学悟在家乡威海经历了中日甲午战争、北洋舰队毁灭、英国租借等劫难，深深感受到中国人“耻”的滋味；后经留日、加入中国同盟会、留美，在掌握科学知识的同时，逐渐树立起科学救国、复兴中华的决心；回国后，经过在南开大学、开滦煤矿的短暂工作，毅然加盟范旭东的化工事业，用尽一生只干了一件事，就是让“科学在中国生根”。黄海社成立之初，他曾对范旭东说，愿意拿“守寡”的心情替中国抚养黄海社这个“小宝贝”。此后30年间，孙学悟淡泊名利，脚踏实地，默默奉献，无怨无悔，耗尽毕生精力，践行自己的诺言，成为中国近代化工科研事业的开拓者。范旭东称他为学术界“纯洁的导师”，侯德榜赞其为“无名英雄”，“永久黄”团体同人称其为“西圣”。孙家悟在中国化工领域被誉为“近代化工界的圣人”。

第一节　家乡、家庭与求学

一、幼年时家乡的劫难

孙学悟生于1888年。他的父亲孙福山是个商人，经营着一家商行货栈——益成栈，是这家货栈的掌柜。他膝下有四子，孙学悟最小。孙学悟出生后，家乡威海先后遭遇北洋舰队覆灭、日本入侵和英国租借等劫难，使他在幼年时就对帝国主义者的侵略有了切身感受，从小滋养了一颗爱国心。

威海，别名威海卫，地处山东半岛最东端，位于渤海与黄海相连的咽喉之地，东与朝鲜半岛、日本列岛隔海相望，三面与黄海相邻，最早秦始皇东巡过的“东方好望角”天尽头就在此地。1398 年（明洪武三十一年），为防倭寇侵扰，设威海卫，意为威震海疆。这样一个天然军港，从地理位置上说，自然成了保卫京津的东南大门。1875 年（清光绪元年），山东巡抚丁宝桢受命派人到威海考察。1881 年，威海刘公岛成为北洋舰队停泊之地。1885 年 10 月，海军衙门成立，获准在刘公岛设北洋海军提督署。此后，醇亲王爱新觉罗·奕譞任总理海军事务大臣，李鸿章等人为会办，但实际上由李鸿章“专司其事”。在威海及刘公岛，开始建机械厂、铁码头、鱼雷营、炮台、海军公所（即北洋海军提督署）等。同时，又调进绥军、巩军驻守南北两岸，调护军驻守刘公岛，并在刘公岛、日岛及威海湾南北帮建筑炮台。但由于不断出现争执和经费见绌，威海基地建设明显拖拉、滞后。1888 年 10 月，北洋舰队终于正式成军。刘公岛前，战船林立，汽笛声阵阵。这是威海人最为荣耀和骄傲的时刻：“七镇八远一大康，不怕洋鬼子再猖狂！”这个月，正好是孙学悟出生的时间。

1894 年，孙学悟 6 岁，正是他步入认识周围世界的关键启蒙期，侵略成性的日本军国主义挑起中日甲午战争。这个时候，北洋舰队已拥有大小舰艇及运输船 40 余艘、约 5 万吨，以及陆岸炮台 25 座、地阱炮和平射炮 70 余门。然而，在 9 月 17 日的黄海大海战中，北洋舰队遭受重创，退守威海港。急于消灭北洋舰队，进而攻占辽东半岛、山东半岛，并最终进军京津的日本侵略者，又迅速发起新的入侵。1895 年 1 月 20 日，农历腊月二十五，正是威海人准备过年的日子。日本侵略军第二军团 3.46 万人在荣成龙须岛海岸登陆，以包抄北洋海军基地后路的战术，向威海卫进发。威海守军与来犯日军展开白马河阻击战、南帮炮台争夺战、羊亭河守御战，但终未能击败日军的进攻。2 月 3 日，北帮炮台弃守，日军占领威海卫。刘公岛和北洋舰队在日军海上与陆上双重炮火夹击下，坚持到 2 月 12 日。丁汝昌等将领或战死，或自杀殉国。2 月 14 日，刘公岛上营务处提调牛昶昞与日本联合舰队司令伊东祐亨签订《威海降约》。2 月 17 日，日军占领刘公岛，北洋舰队全军覆没。不久后，清政府与日本签订《马关条约》，大清的旗帜在威海卫被太阳旗取代，威海人民和整个华夏民族又一次从希望跌入耻辱的深渊。这份耻辱也深深埋在孙学悟这个威海少年的头脑里。

日本侵略者为了逼迫中国按时赔款，赖在威海不走。而英、德、日、俄各列强在瓜分中华的盛宴中各有各的打算，私下交易中把威海卫作为筹码。经过各方多次讨价还价，最终，威海卫这块小小的“肥肉”落到英国手上。日本在得到中国足够的赔款后，于 1898 年 5 月 23 日撤离威海卫。第二天，英国海军进驻刘公岛，一面米字旗在毗连的黄岛上空徐徐升起。当天正逢英国维多利亚女王 79 岁生日。当英国国旗升至桅顶，英国军乐队高奏英国国歌《天佑吾王》。停泊于港湾中的中外军舰则彩旗飘飘，礼炮齐鸣。最后，仪式在三声“女王万岁”和一声“大清皇帝万岁”的呼声中收场。至此，英军实现了对威海卫和刘公岛的军事占领。1898 年 7 月 1 日，英国政府强逼清政府答应租借威海卫，签订了中英《订租威海卫专条》，英国租占“刘公岛并在威海湾之群岛及威海全湾沿岸以内之十英里地方”，威海卫由此成为英国的租借地。此时的孙学悟刚刚 10 岁。他目睹了家乡的三次易帜：大清北洋舰队的旗子落下，日本的太阳旗升起，紧接着又换成大英帝国的米字旗。

威海人在北洋舰队建立时的自豪和希望，仅仅几年间，就落到被日本羞辱进而又被英国殖民的窘境。这对孙学悟这个刚开始认识世界的幼童而言，在他纯净的心灵中埋下了怎样的种子？他可能渐渐意识到一个只能靠“租儿租女”度日的祖国母亲，此时已经衰弱到何等程度。当时威海卫人心里的呼声，恰如闻一多在《七子之歌·威海卫》的诗句中所写：

再让我看守着中华最古的海，
这边岸上原有圣人的丘陵在。
母亲，莫忘了我是防海的健将，
我有一座刘公岛作我的盾牌。
快救我回来呀，时期已经到了。
我背后葬的尽是圣人的遗骸！
母亲！我要回来，母亲！

甲午战争使威海人民深受其害，随后又经历日本3年军事统治。然而，旧恨未消，又添新怨，威海卫很快又落入英军手中。素有反抗侵略、保家卫国传统的威海人民不甘受英国人奴役，积极组织起来，在爱国乡绅带领下，义无反顾走上了武装抵抗的道路，为反对英国的划界和埋界进行英勇斗争，如张村反英集会、反埋界斗争、垛山顶惨案等，以鲜血和生命揭开了威海卫在20世纪抵御外来侵略的悲壮序幕。当时参战的英军军官“一致惊叹于当地人的勇气”，时任中国军团副总指挥布鲁斯少校写道：“部分人可能是充满了义和团那种一往无前的精神，不断地被击退，又不断地冲上来，有人甚至已经身中数枪也仍在不停地冲锋。”当时，自发组织起来的威海民众，以朴素的民族感情和血肉之躯，与英军新式枪炮作着无畏的抗争，虽屡战屡败，但始终一往无前。这种不惧强权、不屈不挠的民族精神，就像宋朝时期岳飞母亲手中的针，将“爱国”两个大字深深刻在孙学悟这个十来岁孩子的脑海里。

二、商人家庭背景的影响

租占威海卫之后，英国发现它的“战略价值几乎为零”，而且也“绝对无任何经济价值”。于是，威海卫似乎成了“烫手山芋”，先后由英国海军部、陆军部、殖民部管辖。1901年，英国殖民部接管后，制定《1901年枢密院威海卫法令》，成立英国威海卫行政公署，然后由威海卫行政长官全权负责威海卫事务。此后，英国政府似乎又把威海卫遗忘了，它成了大英帝国的“灰姑娘”。在英国“以最小代价治理殖民地”的原则下，在威海卫“所有欧洲文职人员编制不超过十二人，其中只有四位属于行政部门或法院”。于是，英国威海卫行政长官骆克哈特选择了“尽可能维持现状”的方式进行治理。[①] 因此，虽然当时威海卫作为自由港，经济也有所发展，但由于租期未定（日俄战争后，旅大已归日本）、没有通往山东腹地的铁路以及英国采取的政策等原因，其发展与周边的青岛、芝罘相比要落后很多。这种状况使得在威海卫的外商始终感到心有余悸，却激发了当地民族资本主义的发展。甲午战争后，清政府放宽限制，国内出现兴办近代民族工业的热潮，民间“设厂自救，振兴工商”的舆论日益高涨，威海卫由此开始从传统农业社会向近代工商社会转型。

1903 年，清政府成立商部。1904 年初，《商会简明章程》颁布，规定在各省、府、县甚至集镇都要成立商会。随后，在各级行政命令下，全国掀起成立商会的热潮。1906 年，在这一大环境下，威海码头众商公会因一桩诉讼的触动而成立。当时的情况是，1904 年，威海卫商人在海州（今连云港）受欺，诉讼一年，毫无结果。他们认为原因是商户没有结成团体，于是酝酿成立商会。1906 年，孙学悟的父亲、益成栈的掌柜孙福山和当地著名商人谷铭训等人，联络威海码头的 80 多家商号自发成立码头众商公会，城厢戚家疃村的戚振元以及孙福山先后任公会总理。该公会成立后仍保留着明显的传统行会痕迹，会员之间缺乏紧密联系，弊端重重，“每有因事推诿不前，亦有缄默而不语，殊属不成事体”。威海卫商户在与其他拥有近代商会的城市打交道时，仍处于不利地位。这种情况下，1916 年，孙福山、谷铭训等威海卫商人向英国威海卫行政公署官员请教如何建立近代商会。7 月，经各商户提倡，码头众商公会“改组正式商会”，并

① 刘本森：《清末民初英国在中国租借地威海卫的乡村管理》，《江苏社会科学》2013 年第 2 期。

制定《威海卫商埠商会章程》，“向大英国官署存案”，威海卫商埠商会正式成立。该商会是威海卫历史上第一个近代商会，虽然位于英国租借地内，在英国人指导下成立，向英国威海卫行政公署备案，但完全由中国商人管理。同期，威海卫还存在其他商会，但威海卫商埠商会比其他商会的能量和贡献大得多，在很多社会事务中，几乎看不到其他商会的影子。①

商埠商会成立时规定，“以记名投票选举会董二十人”，然后“以中选二十人内再互相投票举总理一员、协理一员，以得票最多数为总理，次多数为协理，其余均为会董”。根据这一规定，被称为“急公好义”的孙福山获得大家一致推举，担任威海卫商埠商会第一任总理。商埠商会的成立，使威海卫的民族工商业者从分散走向联合，组织化程度大为增加。作为联络工商各业的中枢组织，该商会承担着相当广泛的职责，并通过组织开展一系列社会活动，在社会生活各个领域发挥出日益重要的作用，在一定程度上推动了威海卫经济和社会发展。当时，为维护民众及工商业的利益，商埠商会多次带头与英国威海卫行政公署及洋行势力进行抗争。比如，当时的英商泰茂洋行，较早计划投资经营当地电力业，并得到当局批准。商埠商会得知后，竭力反对，最终迫使英国威海卫行政公署撤销泰茂洋行的注册专利权。从档案记载看，商埠商会是英租时期威海教育、市政、福利慈善事业最主要的投资者，也是当时各项重大社会改良事业的发起者和参与者。

然而，不幸的是，就在1916年商埠商会成立的当年，孙福山因病去世，年仅55岁。此后，来自广东香山县、在威海开办商行的李翼之承接了商埠商会总理一职。1921年后，商埠商会总理、协理分别改称正、副会长。1925年，孙学悟的大哥孙学思担任商埠商会会长，积极协调处理威海卫商界与英国威海卫行政公署的事务，支持民族工商业的振兴和民族

① 刘本森：《近代殖民租借地商业组织的典型个案——以威海卫的商埠商会（1916—1930）为例》，《江汉学术》2014年第3期。

教育事业的发展。威海卫商埠商会最先开展市政电力及公益事业。1918年，商埠商会筹集数额巨大的资金，建成胜德码头。1920年，商埠商会设立海湾建设基金。1921年，商埠商会为政府购买一条海岸巡逻船。1930年，商埠商会为码头区安设路灯。1930年，商埠商会用海湾建设基金，在爱德华港建了一个新的最大的码头以及质量最佳的庄士敦路。商埠商会还积极参与慈善救济事业。1919—1920年，威海卫持续干旱，发生特大灾荒。威海卫商埠商会义无反顾地承担起救灾责任，为1万多灾民发放了4个月的无偿救济，为3万多灾民发放了有偿救济，几乎使威海卫所有灾民都得到救济，是当时最有影响的一项慈善之举，这样的成就确属难能可贵。此外，商埠商会积极救助其他地方的灾难，并热心捐助教育事业。1925—1926年，商埠商会捐资筹建了威海卫第一所中学，孙学思担任董事。他还在家乡兴办黄埠小学（今孙家疃区中心小学），资助家乡儿童就读，为教育事业作出了贡献。①

孙学悟出生的商人家庭，在威海卫虽不属富家豪门，住的也不是什么高楼洋房，但知耻、奋斗、进取、为民的精神，国学、知耻、俭朴的教育，深深影响着家里这个最小的孩子。

三、早期教育及赴美留学

孙学悟幼年正处在甲午海战、英租威海卫的时期，也正是中国频年受侮、上下发愤、维新图强的时代，这让他从小就饱尝到“耻”的滋味。在兄弟四人中，孙学悟的三个哥哥成年后皆随父经商。而孙学悟自幼聪颖，父亲孙福山一心想把他培养成一个读书人，故而从7岁开始就将他送到私塾读书，接受国学、礼仪教育。1902年，英国中华圣公会传教士布朗在威海卫创建安立甘堂，又名英中学校。孙学悟进入该校学习，成为威海最

① 曲春梅：《近代胶东商人与地方公共领域——以商会为主体的考察》，《东岳论丛》2009年第4期。

早接受现代科学教育的中学生之一。这一时期，他开始接触到当时中国人非常陌生的诸如英语、打字、应用商学和西方自然科学等现代实用学科，中国传统教育缺乏的这些知识和技能为他后来出国留学打下了基础。

甲午战争后，国人开始思考，为什么看似强大的北洋水师，却在小小日寇面前不堪一击，甚至败到全军覆没？这对于目睹了甲午战争全过程的威海人民来说，更是苦苦思索的疑问。当时，人们开始关注明治维新给日本社会带来的显著进步。为此，张之洞等封疆大吏都积极提倡国内的知识分子留学日本，而日本政府也为缓和中日对立情绪，试图邀请中国派遣学生留日。

1905 年，孙学悟在英国人开办的安立甘堂学校完成中学学业。当年，日本早稻田大学在《中国留学生章程》中提出，专门为中国人设立清国留学部，并推出优惠价格吸引中国留学生。17 岁的孙学悟因之踏上东去日本求学的轮船，赴早稻田大学学习，成为威海卫第一个出洋的留学生。他到日本后不久，便接受了孙中山推翻清廷、复兴中华的思想影响。当年 8 月 20 日，孙学悟参加在东京举办的中国同盟会成立大会，并成为其中的一员。他在日本仅学习了一年，次年便回国参加推翻清王朝的活动，开始了复兴中华的人生探索。当时，他剪去了辫子，回家后又立刻将侄儿辈的辫子剪了，以此表达对清朝腐败制度的反抗。

1907 年，孙学悟考入上海圣约翰大学，以读书为掩护，继续进行革命宣传活动。圣约翰大学是美国基督教在旧中国开办的大学，前身是 1879 年创立的圣约翰书院，1890 年开始设大学课程。在圣约翰大学读书期间，孙学悟逐渐萌发科学救国的思想，立志以科学技术振兴贫穷落后的中国。1910 年，他以优异成绩考入清华学堂留美预备班。辛亥革命后，许多省份建立公费留学制度，出国留学人员增多。1911 年，孙学悟成为清华学堂第三批公费留美学生之一，再度踏上异国求学之路，赴哈佛大学学习化学，后攻读博士学位，毕业后因成绩优异受聘留校任教。

1914 年第一次世界大战爆发后，各国都扩大生产。我国在国外的留学生大多参加了战时的生产与工业研究，工业、科学对一个国家兴亡的重要性给他们留下深刻印象。对照50多年间西方列强对中国的欺凌与侵略，深深的国耻刺痛着这些年轻的留学生。他们深感对振兴祖国的工业、科学、教育责无旁贷，因此都发愤学习、力求深造，渴望回国后走实业救国、科学救国之路，为祖国的发展和富强效力。在这些留学生中，留日的范旭东和留美的侯德榜、孙学悟等人都是杰出代表。

在美国哈佛大学求学时期的孙学悟

在美留学期间，恰逢中国科学社筹备成立，孙学悟积极参与中国科学社成立有关事宜。1914年6月10日，由赵元任、任鸿隽、杨铨、胡达（后改名胡明复）、周仁、秉志、章元善、过探先、金邦正等留美学生发起，中国科学社在纽约州倚色佳小镇成立，主要目的是发行《科学》杂志，向国内宣传推介科学知识。当时，受国内实业救国思潮影响，中国科学社在成立时采取股份公司的形式，以股金作为发行《科学》杂志的资本，把《科学》杂志作为一种实业来经营。中国科学社成立时，孙学悟是发起股东之一。1915年7月前后，中国科学社共有股东76人，认股106份。其中，认股最多的是任鸿隽、杨铨，各3股；其次是孙学悟、计大雄、邹树文、邹秉文、黄伯芹、饶毓泰、廖慰慈、刘鞠可、冯伟、钱天鹤、杨永言、姜立夫、朱少屏、黄振洪、谌湛溪、钱家瀚、陈庆尧、卢景泰等人，共26人，各2股。他们都是中国科学社的发起人或成立初期的热心参与者，是中国科学社初创时期的骨干。1915年10月25日，鉴于仅发行《科学》期刊难以实现振兴科学、提倡实业的更大目标，中国科学社由股份公司改组为纯学术社团，开始着眼科学研究，发展中国科学，寻求科学救国之路。根据记载，中国科学社当时共有股东 77 人，其中交足股金的 57 人、交部分股金的 12 人、未交股金的 8 人，共收股金 847 美元。从股金认购和交纳的实际情况看，杨铨、任鸿隽各交纳股金 30 美元，赵元任、胡明复等 14 人各交纳股金 20 美元，邹秉文交纳股金 15 美元，孙学悟交纳股金 14 美元，胡适、李垕身等 50 多人交纳股金 10 美元或以下。股东交纳的股金分为入社金、常年金、特别捐。在各位股东中，将股金转化为特别捐而不是常年金者，在当时被认为是真正关心中国科学社未来发展的核心骨干。8 位交纳股金的发起人(章元善认购了股份，但未交纳股金)，全部将剩余股金转换为特别捐。孙学悟、廖慰慈、钱天鹤、饶毓泰、邹秉文、李垕身、胡刚复、薛桂轮、陆凤书、罗英、陈藩、吕彦直、孙昌克、何运煌、唐钺、孙洪芬等人，也将剩余股金全部转换为特别捐。姜立夫、程瀛章、戴芳澜等人则将部分股金转换为特别捐。① 由此可以看出，孙学悟在中国科学社成立及转为学术社团时，都发挥了作为重要股东、核心成员的作用。

孙学悟积极入股中国科学社，成为早期捐钱较多的骨干之一，并非经济宽裕使然，而是省吃俭用的结果。在美国留学期间，清华留美学生的奖学金每月为 60 美元。除了维持正常的生活、学习之外，为了与其他留学生一起支持创办中国科学社，他只能想方设法从自己的吃、穿、用中省下钱来。当时，中国科学社曾发起吃经济餐比赛，几天的伙食费加起来才 1 美元。孙学悟后来告诉子孙们说，中国人能吃苦，当时吃的只要能填饱肚子就满足了，穿的只要符合礼节、干净就行，用的则是越少、越简单越好。他刚去美国时一直没有买钢笔（自来水笔），都是用蘸水笔或铅笔；为了防止橡皮丢失，还在橡皮上打孔后穿根绳子，挂在脖子上。他认为，到美国留学是来学习科学的，不是来跟着美国人一起享受的。孙学悟在美期间就是这样一点点把钱省下来，从而更多地给中国科学社赞助或多买书学习科学知识。

---

① 张剑:《中国科学社股东、股金与改组》,《中国科技史料》2003 年第 2 期。

加入中国科学社，使孙学悟获得了一个与其他中国留学生相互交流的平台，因而积极参加中国科学社举办的各种活动。在1916年4月中国科学社首次年会上，孙学悟与赵元任、钟心煊一起当选为年会干事。此后，孙学悟撰写了多篇科学文章，陆续在《科学》杂志上发表，包括：在1916年第2卷第4期发表《人类学之概略》；在1916年第2卷第8期发表《绝对温度》；与李俨一起，在1917年第3卷第2期发表《中国算命学史余录》；在1917年第3卷第4期发表《说盐》。其中，《人类学之概略》一文首次将"人类学"这一新型学科介绍给求知的社友和国人。此外，孙学悟作为中国科学社常年会干事员，与赵元任、钟心煊共同撰写《常年会干事部报告》一文，发表在《科学》杂志1917年第3卷第1期上。孙学悟在中国科学社的这段经历，对他接下来的人生和工作产生了很大影响。

第二节 加盟黄海社

一、回国后的短暂工作

1919年，正值新文化运动轰轰烈烈开展之时，在美国求学并任教8年后，孙学悟应著名爱国教育家、南开大学校长张伯苓之邀，满怀振兴中华之志，离开美国回国，到南开大学执教，为南开大学筹建理学系。南开大学由张伯苓和清末学部侍郎严范孙发起创办，经费来源基本由基金团体和私人捐赠。南开大学的前身为南开学校，该校成立于1904年（清光绪三十年）。先是在天津郊区的南开设立中学，称为南开中学；1915年，增设专门部；1919年，大学部成立，分文、理、商3科，孙学悟就是在这一关键节点来到南开大学，并在南开大学执教一年。

1920年，开滦煤矿的哈佛大学同学邀聘孙学悟到煤矿任总化学师。他获邀后感到，在开滦煤矿工作更加接近生产实际，能够为今后从事实业奠定基础，由此便离开南开大学，应聘去了开滦煤矿。在那里，他成了国内洋商企业中少有的华人技术高管，薪酬待遇丰厚，月薪 300 两纹银，并享受免费高级洋房、上等伙食等丰厚物质待遇。

开滦煤矿的前身是开平矿务局，创办于清朝末期的 1878 年，是清朝第一大官督商办企业。虽然中国的煤炭开采历史悠久，但之前一直是小煤窑土法开采，并没有懂得机采煤炭先进技术的人才。而开平矿务局自筹建之日起，就将发展目标定位于利用技术先进的机器进行开采的大煤矿，故而只能"用西人，仿西技"，高薪聘用采煤业技术发达的欧洲的工程技术人员为我所用。当时的开平矿务局，在勘探和凿井初创时期仅有员工 200 余人，就聘用了 9 名外国工程技术人员，主持凿井、提升、通风、排水、采煤、运输等各方面的技术工作。

开平矿务局拥有我国自己的工程技术人才，要追溯到早期的留学生中。我国最早的留学生是留美学生。1872 年，清廷委派陈兰彬、容闳率 30 名精心挑选的幼童赴美留学，这是中国人留学欧美的开始。1872—1875 年，清政府经过考试筛选，每年一批 30 人，先后 4 批派出 120 名学生赴美留学。[①] 这些学生出国时的平均年龄只有 12 岁，因此，人们称他们为"留美幼童"。留美幼童原计划留学 15 年。他们以惊人的速度越过了语言障碍，成为美国各学校中成绩优异的学生，很多人考入耶鲁、哈佛、哥伦比亚、麻省理工等大学。而当半数孩子开始大学生活时，清政府却突然提前中止留学计划，在 1881 年将全部留美幼童召回国内。就是这批提前回国的学子，后来成了我国矿业、铁路、电信的先驱。他们中间产生了清华大学、天津大学最早的校长，产生了一批中国最早的外交官，产生了中华民国第一任总理。就在这批最早学习西方先进技术的 120 名公派留学生中，有 7 名进入开平矿务局。他们当中年龄最小的不到 20 岁，最大的

① 中国社会科学院历史研究所《简明中国历史读本》编写组编写：《简明中国历史读本》，中国社会科学出版社 2012 年版，第 460 页。

不超过24岁。他们既是开平矿务局，也是我国第一批自己的煤矿工程技术人员。

开滦煤矿的前身开平矿务局之所以能吸引这么多公派留学生，是因为当时它已经成为有巨大影响力的大型煤炭企业，生产的煤炭具有独特的煤种优势和重要战略用途，被认为可以和20世纪初世界上最大的煤炭输出港——英国加的夫（英国西南部重要港口和工业、服务业中心，威尔士首府，临近威尔士南部煤田）的煤相媲美，被广泛用于我国沿海地区。

然而，从1900年7月到1901年6月，通过签订《卖约》《移交约》《副约》3份契约，开平矿务局被“移交”给英国，由英商骗占。英国人取得开平矿权后，经营方式迅速与国际接轨，并在1911年与滦州煤矿合并经营，成立规模更大的开滦煤矿公司，使之跻身于世界煤炭企业行列。当年，除了生产优质煤炭，开滦煤矿还生产4种附加产品：焦炭、煤焦油、机制耐火砖、水泥。其中，煤焦油是现代焦化工业的重要产品之一，是生产塑料、合成纤维、染料、橡胶、医药、耐高温材料等的重要原料，可以用来合成杀虫剂、糖精、染料、药品、炸药等多种工业品。此外，开滦煤矿还有瓷砖、管道、石灰、工程等诸多项目。这标志着，当时开滦煤矿的多元化经营已初显规模。就是这样一家技术领先的多元化大型煤炭企业，通过哈佛校友的约聘，暂时将看重生产实践的孙学悟揽入麾下。

二、应邀加盟黄海社

开滦煤矿被英商骗占后成了一家“地地道道”的英资企业。孙学悟到开滦煤矿之后，“寄人篱下”之感逐渐滋生，从内心深处感到这有悖于自己实业救国的梦想和初衷。他尽管享受着当时外商企业里华人的最高薪酬待遇，但终非所愿，有悖于振兴民族工业的初衷，遂很快萌生去意。

此时的范旭东继创办久大精盐公司之后，又着手在塘沽创办永利制碱公司。当初，世界上最先进的制碱技术是索尔维法，而此法为索尔维公会所垄断；因此，刚开工的永利碱厂在生产技术、产品质量等方面都遭遇严重困难。范旭东深感工业没有科技支撑是不能发展的，为此产生在久大化学研究室基础上，创办一个专门的化工科研机构的想法。为了觅得一个合适的“掌门人”，经兄长范源濂推荐和介绍，范旭东知晓了哈佛大学化学博士孙学悟的专业能力和为人，心中倍感欣喜，迅即派侯德榜去开滦煤矿诚邀孙学悟加盟。侯德榜与孙学悟同为清华留美预备学堂校友，而后又同在美国留学，与孙学悟是老同学、老相识了。他们相见后十分开心，故友倾心相谈，彼此都有志于发展科学、振兴工业、挽救民族危亡，所以，当谈及范旭东的邀约时，双方可谓一拍即合。当时，谈到薪酬待遇，侯德榜曾半开玩笑地对孙学悟说：“咱们的薪金待遇可比不上开滦煤矿啊！”孙学悟听后郑重回答：“如果为了高薪和优厚的待遇，我何必回国？回国后又和英国人共事，这难道是我回国的夙愿？如果能和几个志同道合的朋友，共建咱们国家自己的化工事业，就是穷也干。”①

去久大精盐公司之前的孙学悟（右为孙学悟，中为孙学思）

孙学悟非常钦佩范旭东为创办民族工业艰苦奋斗的精神，同时不愿再为外商所用，而愿服务于祖国的化工事业，于是欣然接受范旭东的邀请。此后，他谢绝开滦煤矿的重金挽留，辞去煤矿总化学师职务，义无反顾跟随范旭东来到满目盐碱地、生活极其

① 孙继仁：《父亲，我们怀念您》，政协威海市环翠区文史资料研究委员会：《孙学悟》，1988年出版，第62页。

艰苦的塘沽，担任久大化学研究室主任，并开始筹备成立黄海社。虽然来到久大、永利后的薪酬与在开滦煤矿时相差较多，黄海社刚成立时条件很艰苦，以致孙学悟后来也曾感叹“经费都不能有个预算”，但他依然觉得，来到久大、永利，就找到了志同道合的知己，找到了可以施展才华、实现理想的地方。

孙学悟自1922年黄海社成立时起，直至1952年因病谢世，30年间一直担任黄海社社长，长期在试验室里埋头苦干，就像一头“老黄牛”，勤勤恳恳耕耘在我国化工科研的田园里。他既是黄海社的领导者和组织者，也是一位身体力行的科学长者，在领导黄海社工作的30年中，凡事都能实事求是，讲究方式方法，故而往往事半功倍，深得全社同人爱戴。

三、与宋子文的同窗情

宋子文，民国时期著名政治家、外交家，曾任国民政府财政部部长、外交部部长、行政院院长等职；祖籍海南文昌，生于上海；民国实业家宋嘉树（宋耀如、宋查理）的长子，在六姐弟（宋霭龄、宋庆龄、宋子文、宋美龄、宋子良、宋子安）中排行老三，是受过宋嘉树特殊熏陶的唯一男孩，也是三兄弟中唯一活跃于民国政坛的人物。宋子文年少时曾在上海圣约翰大学少年班和大学班就学，后赴美国哈佛大学经济系学习，1915年毕业后前往纽约一家国际银行任职，并在哥伦比亚大学修课；1917年回国，担任汉冶萍公司上海办事处秘书；1923年，应孙中山征召，出任筹备中的中央银行副行长；1924年8月，出任中央银行行长；1925年9月，任国民政府财政部部长兼广东财政厅厅

宋子文（1894—1971）

长；1928 年 1 月，接任南京国民政府财政部部长一职；1932 年 1 月，任行政院副院长兼财政部部长；1935 年，出任中国银行董事长；1941 年 12 月，被任命为国民政府外交部部长；1944 年 12 月，出任国民政府行政院代院长；1945 年 5 月，正式就任行政院院长，并兼任外交部部长；1947 年 3 月，辞去行政院院长之职；1949 年 6 月，赴美定居，开始深居简出的生活；1971 年 4 月 24 日，在旧金山去世，终年 77 岁。

早在辛亥革命前夕，孙学悟从日本回国转入圣约翰大学读书时，就与宋子文是同班同学，而且住同一宿舍。此后，孙学悟成为清华第三批公费留美学生之一，于 1911 年赴美国哈佛大学攻读化学，与同在哈佛大学留学的宋子文再度同学，并共同加入小同乡会。他们两人先后同学近 10 年，往来甚密，友情笃深。1919 年，孙学悟回国后，每次南下去上海、南京，宋子文必在家款待。二人对酌，陪席的只有宋子文的妻子张乐怡一人，甚是亲热。然而，两人虽私交很深，却志向各异。宋子文曾几度请孙学悟出

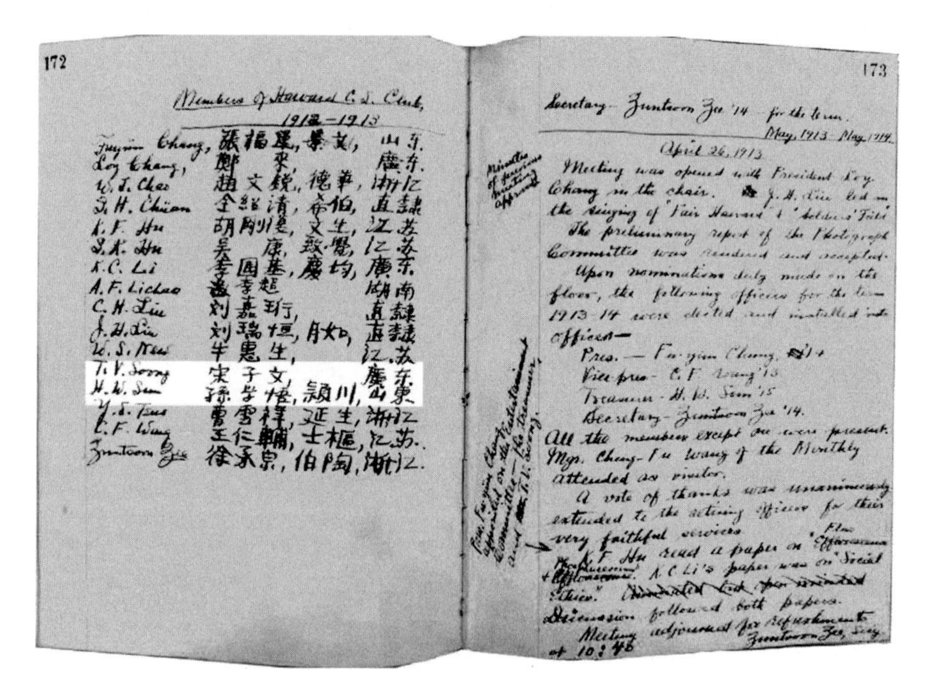
172

Members of Harvard C. S. Club,
1912—1913

Fu-yin Chang,	張福運,	景文,	山东.
Loy Chang,	鄭　来,		廣东.
W. T. Chao	趙文鋭,	德華,	浙江
S. H. Chüan	全紹清,	希伯,	直隸
K. F. Hu	胡剛復,	文生,	江苏
S. K. Hu	吴　康,	致覺,	江苏
K. C. Li	李國基,	慶均,	廣东.
A. F. Lichao	盖李超		湖南
C. H. Liu	刘嘉珩,		直隸
J. H. Liu	刘瑞恒,	月如,	直隸
W. S. New	牛惠生,		江苏
T. V. Soong	宋子文,		廣东.
H. W. Sun	孫学悟,	穎川,	山東
Y. S. Tsao	曹雲祥,	延生,	浙江
C. F. Wang	王仁輔,	士樞,	江苏.
Zuntsoon Zee	徐承宗,	伯陶,	浙江.

173

Secretary—Zuntsoon Zee '14—for the term.
May, 1913—May, 1914.

April 26, 1913

Meeting was opened with President Loy Chang in the chair. J. H. Liu led in the singing of "Fair Harvard" & "Soldiers' Field".
The preliminary report of the Photograph Committee was rendered and accepted.
Upon nominations duly made on the floor, the following officers for the term 1913-14 were elected and installed into office—
Pres.—Fu-yin Chang, '14
Vice-pres.—C. F. Wang '13
Treasurer—H. W. Sun '15
Secretary—Zuntsoon Zee '14.
All the members except one were present. Mgr. Cheng-Fu Wang of the Monthly attended as visitor.
A vote of thanks was unanimously extended to the retiring officers for their very faithful services.
K. F. Hu read a paper on "...". K. C. Li's paper was on "Social Ethics". Discussion followed both papers.
Meeting adjourned for refreshments at 10:45.
Zuntsoon Zee, Secy.

1912—1913 年的美国哈佛大学中国同乡名录里，孙学悟和宋子文的名字紧挨着

山从政，或为当局搞大项科研，都被他婉言谢绝。

20 世纪 20—40 年代，宋子文在国民政府中历任财政部部长、外交部部长、行政院院长，有权有势，显赫一时。宋子文对哈佛校友极为器重，倚为左右手。孙学悟到塘沽后不久，宋子文就再三邀约他进入政界做官。孙学悟因对官场上的腐败深感不满，并立下宏愿，一辈子不做官，所以婉拒了宋子文的邀请，但与宋子文的关系并未因之疏远，反而一直保持着很深的同窗情谊。

黄海社是非营利性质的民间学术机构，经费来源有限，以致在聘请专家、添置设备及科学实验等方面都会受到一定局限。当时，位高权重的宋子文非常关注黄海社，几次三番表示愿意在经费上大力协助，并提出将黄海社改组成美国式商业性质的化学实验室，转向为官办工业集团服务。倘若孙学悟答应，则不仅可以获得强大的政治后台，业务上也可享受一定的独占特权，可谓占尽天时、地利、人和，开展工作的条件“得天独厚”。然而，孙学悟始终坚持学术自由，执拗地排除了这一诱惑，30 年如一日，始终以“孤臣寡子心情”和“卖掉裤子也要把黄海社办下去”的劲头，全心全意“守护着”黄海社，将心思和精力全部投入到自己憧憬的科学研究中。

孙学悟很赞成范旭东提出的一个口号：“要有一班人沉下心，不趁热，不惮烦，不为功名富贵所惑，要为中国创造新的学术技艺。”这使他抵制外部诱惑的意志很坚决。其间，就有这么一个情节：有一次，宋子文专门打电报把孙学悟请到南京，对他说：“何必搞那么一个小范围的东西，弄点大的吧！”提出要为孙家悟在中央研究院设立一个化学研究所，并用“国家大义”打动他，用英语对他说：“来吧！来为国家工作吧！”孙学悟听后，非常感谢老同学的关心，但最终还是婉言谢绝了邀请，依然决定与范旭东合作下去，终身扎根黄海社。

在全民族抗战爆发后入川期间，久大、永利自身难保，无法一如既往地顾及黄海社，使黄海社的研究经费左支右绌，一度陷入极为艰难的境地。这时，宋子文再度派人来约孙学悟到中央研究院去工作。而孙学悟认为，在国难当中离开黄海社谈个人发展，无异于“纸上谈兵”，于国于己都无裨益。相反，当时的五通桥是四川盐业基地之一，是大后方军民的食盐供给点。可那里的制盐方法因循守旧，产量很低，根本满足不了需要。在这样的关键时期，黄海社应当充分发挥科研优势，指导当地盐厂采用新的工艺手段，迅速提高食盐产量，并开展有关副产品的加工利用，从而为四川盐业发展作点实实在在的贡献，为大后方的食盐供给起到保障作用。孙学悟感到，这才是黄海社于国难之秋在大后方站稳脚跟的唯一选择，也是他自己的前途发展所在，因此，再次婉拒了老同学宋子文的关心，也没有答应其手下官僚资本把持的重工业集团提出的合作意向。当年，孙学悟在重庆的一些留美同学，凭着哈佛的金字招牌，身居要职，炙手可热。孙学悟却在偏僻的五通桥山沟里，穿着布衣草鞋，在几间连电灯都没有的民房里搞他的化工研究，并反复向同人强调：“化学研究不要在大城市凑热闹，要和生产结合。”这种强烈的对比和反差，真切体现了孙学悟不为个人利益所惑、赤诚为国为民的纯正品格。

其实，淡泊名利、朴素生活，是孙学悟终其一生的品格。在这方面，还有一件事情值得一叙。当年永利碱厂驻上海总管理处的职员陈景常，在回忆文章中写道：“在我初进永利时，常听到老同事们谈起侯（德榜）博士和孙（学悟）博士是范旭东先生的左膀右臂，但事至今日，对范先生和侯博士，大家都很熟悉，而对这位孙博士知道的恐就不多了。我和孙博士初次见面，也有过一个难忘的回忆。抗战结束后，公司在上海召开董事会，命我和另一位老同事去车站迎接孙博士。列车进站后，我手执欢迎孙学悟先生的牌子，立刻奔软卧车厢门口等待，一心以为这位留美博士一定乘软席卧车，穿西装革履，不料人快下尽了，却不见有人来和我搭话。再回过身去找那位老同事，他却在硬座车门口和一位身材修长而目光炯炯的老人握手寒暄。他向我介绍这位就是孙博士，我暗一打量，只见孙博士头戴黑呢便帽，身穿半旧的深灰中式长袍，足登黑色圆口布鞋，这与我心目中的孙博士大相径庭。我们陪他到华懋饭店(当时上海的高级宾馆) 下榻,从看门的、开电梯的,以至接待员、服务员都面露诧异之色,因为当时在这个高级宾馆里,大概很难找出第二位这样衣着朴素的贵宾吧。”[①] 这件事充分体现了孙学悟一贯低调、朴素的风格。也许,在某种程度上,这也是他多次婉拒同窗好友宋子文邀请的心理原因吧。

不过,在一些方面,孙学悟还是得到了宋子文的鼎力支持。例如,范旭东办永利碱厂初期,不仅遇到技术上的困难,而且经营管理上也困难重重。永利碱厂出碱以后,号称“世界碱王”的英国卜内门公司企图以竞争压垮永利碱厂,通过在盐务所的势力,硬要对永利公司的制碱原盐课以重税。仅此一端,即可置中国新兴的制碱工业于死地。在这种情况下,范旭东委托孙学悟向政府申请永利用盐免税。孙学悟凭借与宋子文的同窗挚友关系,亲自走访立法机关和税务机关,“过五关斩六将”,最终获得原盐免税30年的权利,时任财政部部长宋子文签署了免税训令。再如,抗战胜利后,黄海社再一次面临“可怜得很”“无可

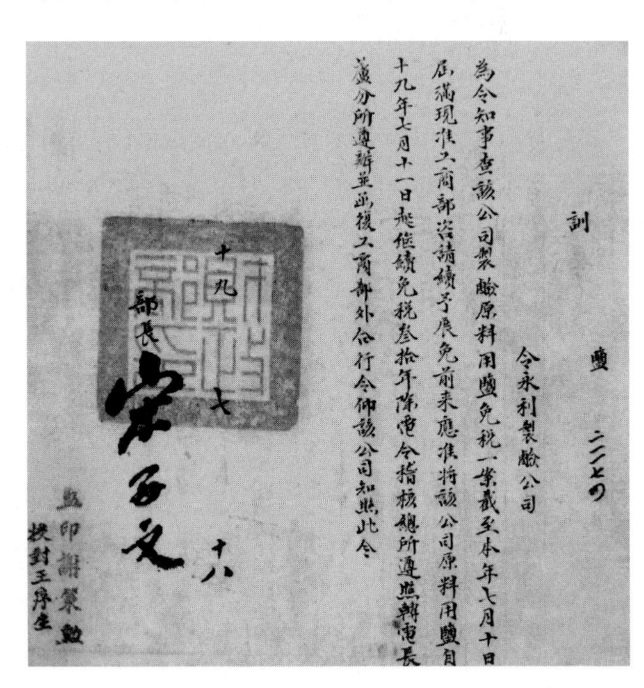
訓 鹽 二一七四
令永利製鹼公司
為令知事查該公司製鹼原料用鹽免稅一案截至本年七月十日
屆滿現准工商部咨請續予展免前來應准將該公司原料用鹽自
十九年七月十一日起繼續免稅叁拾年除電令稽核總所遵照辦理電長
蘆分所遵辦並函復工商部外合行令仰該公司知照此令
部長 宋子文
十九 七 十八
監印謝[illegible]
校對王[illegible]生

宋子文在1930年签署的永利制碱公司原料用盐免税训令

① 陈景常:《黄海社与孙博士》,政协威海市环翠区文史资料研究委员会:《孙学悟》,1988年出版,第46页。

依赖”的境地。为了黄海社的生存并为此后复员考虑，孙学悟“用尽脑筋”，“多方奔走”，最终还是找到老同学宋子文，成功获得一笔可观的款项，用于解决黄海社的困难及此后的复员工作，缓解了当时的燃眉之急。此外，由于同宋子文的深厚友谊，在新中国成立后，孙学悟及其夫人蒋振敏都曾得到宋子文二姐宋庆龄的关心和关照。

第三节　科学救国的追梦人

一、一生“守寡”

（一）率先垂范

在黄海社，作为“大家长”，孙学悟不仅善于当好“舵手”，更经常身先士卒、率先垂范，“每天按时上班，埋首实验，手不释卷；循循诱导，言不失义；淡泊名利，安身立业的精神，成了‘黄海’同仁活的榜样”。①

塘沽时期，协助永利、久大解决技术问题是黄海社的首要任务。在永利碱厂摸索制碱技术过程中，孙学悟深入生产第一线，亲自主持对关键设备碳酸塔的测温和改造工作，紧锣密鼓开展对碱、酸、盐的研究，从而提高了产量，并协助侯德榜实现了对索尔维法制碱技术的破解。1930 年 11 月，孙学悟与翁文灏、任鸿隽等人赴四川进行 40 多天的考察，并撰写出《考察四川化学工业报告》一文，作为《黄海化学工业研究社调查研究报告》第一号予以刊发，在鼓励大家撰写研究报告方面发挥了示范作用。尤其是当时撰写的这篇报告，虽仅是一次例行调研工作的成果，但没想到，在几年后的内迁中居然发挥了重要指导作用。

黄海社西迁入川后，针对当地落后的高成本熬盐技术问题，孙学悟成

① 陈歆文：《我国化工科研工作的奠基人——孙学悟》，《纯碱工业》1999 年第 4 期。

調查研究報告　第一號（轉載科學第十五卷第十一期）　孫學悟

考察四川化學工業報告

中華民國二十年十一月　黃海化學工業研究社印行

考察四川化學工業報告

孫學悟

提要：此次在川留約四十餘日，游覽地方不少；一路所見的，關於人民生計和工作的性質以及各事業組織，概不外乎一農業社會事的背景，在這背景之下，仔細觀察，也很顯明的露出來，一種深入社會骨髓不可制止的新需要——物質文明。這新需要的慾望，並不是把四川一切舊有事業加一改進，便能滿足的；也不是以夔門劍閣可擋住的；更不是以「東方文化」能驅除的。四川確又演進了一個新時代。因爲地理上特殊地位，四川省得要根本上自行創造新事業來供給自己的需要，那才可以使這新需要不成爲四川的肺結核。自供自給的惟一方法，便是從興辦基本工業上着手，在這預備時期，惟有一方面整理改進現在物質的背景，一方面準備將來工業上的事宜。準備的問題，如調查原料，獎勵技術人才等，是希望政府辦理的；那整理改進的問題，如農產製造及已有幾種化學工業，是社會應當自己進行的。惟有兩方面同時工作，四川省那才能走到真正建設的大路上。

這次承四川當局們的約，入川考察，於是隨着任叔永君同幾位專家一齊西上。到重慶已是十一月底了。這次在川留約四十餘日。但未曾在一處流連過四天，差不多每日都忙在趕路上，所以雖然把四川的四大川都經過了，而所見所聞究嫌太簡略，一路見識增廣的實在很多且都有深刻的感觸。我不能不藉此機會首先對於四川各界裏的朋友們，表示誠懇的感謝。

一路的行程是由重慶過江，坐轎到江北縣的龍王洞，視察彼處煤鑛。再經過北川鐵路向西轉到嘉陵江三峽西岸，游覽溫泉公園，並由此前往參觀盧作孚君在北碚場辦的那有名的峽防局，以及他近幾年來所創設那些文化的事業。遂後乘小輪船順着嘉陵江而上，到了合川縣。在彼處住了一天多，參觀些地方上各種模範式的新建設，以後便首途往潼南去，一路坐着轎，（十上下卜村

考察四川化學工業報告　一

孙学悟撰写的《考察四川化学工业报告》，作为《黄海化学工业研究社调查研究报告》第一号刊发

功地带领大家作了一次利用太阳能的尝试，借鉴德、法等国的做法，设计出巧借日光进行浓缩、大大节省燃料的枝条架法。他在1938年12月29日的日记中写道："筱枝法若能将几个单位串联起来，再加上一种改进，在空气干燥，有风的气候，可以利用为精盐方法之一种，经过多次加浓，到末尾，盐结晶出来，一切杂质仍留在卤水里。"① 与此同时，孙学悟还成功地从当地井盐中分离出有毒的氯化钡，解除了当地一种严重的地方病——痹病，又带领科研人员配合侯德榜研制出著名的"侯氏碱法"。

孙学悟在科研工作上常常率先垂范、大胆探索，在思想认识领域也是

① 政协威海市环翠区文史资料研究委员会：《孙学悟》，1988年出版，第207页。

如此。作为一个自然科学领域的科学家，他勇于在中国寻求科学创新的哲学根源。他在日记中写道：“伟大之学者，必有其哲学之根本观念”，“人生哲学之观念为其发动力之泉源”。① 正因为如此，孙学悟才坚信科学没有顶峰，没有不可逾越的边界；才使得他能够带领团队，在困苦的年代不知疲倦地向着更高的“山峰”和未知的“边界”，以“守寡”的精神默默求索着。不仅如此，孙学悟还特别强调在科研创新过程中寻求“新的灵感”。他在一篇文章中写道：“复兴大业的担子眼前即在我们的肩上。要把这任重道远的担子共同负起来，大家需要新的灵感，能以给我们一个自强的人生观，征服自然界的心理以及扩大的心境，弘毅的气魄。”② 由此，我们就不难理解，在那么艰苦的历史条件下，黄海社之所以能够不断瞄准人们不愿想、不敢想的课题加以研究和探索，可能就是因为他们的脑海中有用之不尽的“灵感”和“动力”。

孙学悟率先垂范的事例太多太多，体现在黄海社科研工作的方方面面，可以说不胜枚举，上面列举的只是极个别的小案例。这里，不再也无须罗列更多事例。

（二）把握方向

孙学悟崇尚科学，同时重视实务，在科研工作中坚持贴近生产和生活、抓理论更务实用的方针，始终把握着黄海社的正确航向。方心芳曾写道：“他认为在一个工业不发达的社会里，一方面要研究农副产品加工，解决地方上的一些实际问题；另一方面要调查研究工业原料，为开工厂做好准备工作。黄海社30年的科研工作也基本上是按照这个方针进行的。”③

孙学悟深知，只有符合实际需求的科学研究，才能让科学的种子真正落地生根、结出硕果。所以，他常对大家说：“选择研究课题本身就是研究”，鼓励结合实际寻找研究的方向和重点。在盐类的生产改良上，孙学

① 政协威海市环翠区文史资料研究委员会：《孙学悟》，1988年出版，第215页。

② 孙学悟：《为何我们要提倡海的认识》，《海王》1936年第9卷第7期。

③ 方心芳：《怀念良师孙学悟先生》，《中国科技史料》1983年第2期。

悟指导科研人员对长芦苦卤、内蒙古碱湖、河南硝盐和四川井盐进行调查和研究，完成多篇专题报告，供有关厂家与官方参考采用；同时，针对从盐的副产品中提取钾、溴、碘、钡、镁及硼酸、硼砂等有用元素进行探讨，在工业与医药生产上得到广泛应用。1937 年 2 月，南京永利硫酸铔厂生产出硫酸铔。为了使该厂能迅速做到氮、磷、钾 3 种化肥配套，孙学悟指导张承隆、谢光蘧、周瑞等人潜心钻研，利用安徽庐江的明矾石、江苏海州的磷灰石，取得制成磷肥与钾肥的准确数据，提出相关方法并试制成功。

我国有悠久的酿造史，发酵和菌学在世界上有着得天独厚的地位，对国计民生有重大影响，但历来缺乏现代科学化的发掘、整理和提高。孙学悟当时敏锐地认识到，我们古老的酿造、发酵技艺完全可以和西方世界刚刚兴起不久的微生物学结合起来，让新兴的微生物科学在中国这块古老的土地上发扬光大。因而，他及早在黄海社设立了菌学室（发酵室），在开展重化工研究的同时，将科研范围拓展到轻化工领域，并亲自带领科研人员开展研究和探索。即使抗战期间在五通桥艰苦的条件下，对发酵与菌学的研究依然没有放松，在倍子发酵制棓酸及综合利用等诸多方面都取得了丰硕成果。

1945 年范旭东突然病逝后，“永久黄”团体“群龙无首”，遇到了可能出现较大波动的困难时期。这时，孙学悟告诉他的部下和亲友：一个团体要想搞好，就要团结。自己有什么想法、建议，可以主动、诚恳地提出来，协助团体团结起来、共渡难关。一个团体一定要有统一的思想。范旭东在世时，尽最大能力协助他；他去世后，不管有什么样的想法，都要团结在侯德榜、李烛尘等“永久黄”团体领导人的周围。这样，“永久黄”团体才能走出困境。孙学悟这种坚定的态度，对稳定“永久黄”团体局势起到了非常关键的作用。

（三）培养人才

孙学悟十分重视黄海社的人才培养工作。“出成果、出人才”是他掌舵黄海社始终追求的两大目标。在黄海社的高级研究人员中，不少是有博士、硕士学位的留学生，如区嘉炜、卞松年、张克忠、蒋导江等人。他们分别留学日本和欧美，但到黄海社后，不分门户，群花齐开。在一般研究人员中，更是汇集了国内东西南北中各地大学的精英。他们没有宗派，各展才华，都最大限度发挥了自己的研究潜能。

关于人才问题，孙学悟于1931年在《考察四川化学工业报告》中曾建议："一方面整理农产制造，改进现有的化学工业，一方面同时便得做准备新事业的工夫了。准备上我看最急要的问题是：原料调查和培养中等技术人才。""关于原料问题，那要彻底调查的。有了确实调查，各种制造专家才能着手计划。""我们需要的是手脑可以合作的人才，可以整理改进四川农产制造的人才，可以继续专家例行工作的人才。"他认为，缺少拥有实践经验的人才，即便有钱也是开不了工厂的，所以，调查原料、培养技术人才，是开办新事业、改进旧工业的必由之路。对人才问题高度重视，在黄海社西迁入川后更加凸显。他在1942年3月27日的日记中写道："中国研究事业当此时期，亟应以培养人才为出发点。"①

孙学悟培养人才，强调身教重于言教。他对照科学巨匠，曾感慨地说："无怪乎像牛顿具有那样的资质、那样的成就的人，还叹息学海无涯，我们还有什么话可说！跟踪前辈，愉快而感奋的，一步一步、一代一代予以披荆斩棘之劳而已。"在他带领下，黄海社形成了勤奋刻苦的工作作风，为培养人才创造了肥沃的土壤。对此，方心芳、魏文德曾评价说："孙社长等老一辈的人，每天按时上班，手不释卷，言不失义。这就使我们这些黄海社的年青人，上班动手搞科研，下班早晚研究文献资料，很少聊天闲谈，更不用说搞普遍存在于旧社会里的那些'吃喝嫖赌'的社会陋习了。不知不觉，我们成了一心一意搞科研的研究人员，一天不进试验室，好像缺少了什么似的；不认真教导青年人，就觉得未尽职！孙社长的这种教

① 政协威海市环翠区文史资料研究委员会：《孙学悟》，1988年出版，第215页。

导，使黄海社下一代的几十人成为有用的人，在科研生产工作中做出贡献，并又培养了一批科技人才。饮水思源，孙学悟先生在中国化工学界，永远是可敬的导师。”①

孙学悟还特别注重为科研人员打造一个宽松的学术氛围。黄海社成立之初，孙学悟便参考在国际上享有盛誉的英国皇家学会和法国法兰西科学院的模式，不限门类，不分派别，一切皆按照个人专长，结合永利、久大的生产实际和社会需要，自由选择科研课题开展研究工作；他自己则甘心为牛，努力为大家创造做学问的良好条件。在孙学悟看来，对科研人员最大的信任和爱护，莫过于确定大方向后，大胆放手，让他们根据自己的兴趣、爱好，独立自主地选择科研项目，除了必要的指导、支持外，决不横加干涉。这种氛围的缔造，对黄海社科研人员的成长起到了重要文化保障作用。李烛尘曾评价说：“黄海学风，崇尚自由研究，启个人之睿智，探宇宙之奥藏，鱼跃鸢飞，心地十分活泼。盖海育千奇，取携无碍，集全神以抱卵，自探骊而得珠、若浅赏中辍，西爪东鳞，将莫测渊深矣。历来藏修游泳其中者，类有是感。黄海作风，着重脚踏实地，虽汪洋如千倾之波，而溯源探本，不弃细流。中国旧有工业，必从老师宿匠手中学习而来者，即本此义；故筑基甚坚，堪负重载，以视徒尚宣传作类似海市蜃楼之议论者，不可同日而语也。”②

（四）别无他念

孙学悟自 1922 年应邀加盟并筹建黄海社，一直到新中国成立后离世，始终以“守寡”的心情和意志守护着黄海社，其间无论外部有多少机会和诱惑，从未离开，也不曾想过要离开。在这一过程中，最典型的就是面对好友宋子文、翁文灏的邀约不动心。

① 方心芳、魏文德：《我们的好导师孙学悟》，政协威海市环翠区文史资料研究委员会：《孙学悟》，1988 年出版，第 7—8 页。

② 李烛尘：《我之黄海观》，《黄海化学工业研究社二十周年纪念册》，1942 年出版，第 4—5 页。

孙学悟到塘沽后不久，老同学宋子文就再三邀约，期望他进政界做官，但他都婉拒了。黄海社成立后面临经费不足问题，当时位高权重的宋子文曾提出将黄海社改组成政府机构，后又提出在中央研究院为孙学悟设立一个化学研究所，孙学悟也婉拒了。西迁入川后，黄海社再度面临经费支绌的艰难境地。这时，宋子文再度派人来约孙学悟到中央研究院工作，孙学悟又一次谢绝。

不仅多次谢绝同窗好友宋子文的邀请，1942年抗日战争进入相持阶段后，国民党统治区通货膨胀、物价飞涨，"永久黄"团体面临严重经济困难。这时，孙学悟又接到时任战时生产局局长、行政院副院长翁文灏的来信，征求他去重庆工作的意见。对此，孙学悟依然无动于衷。

孙学悟这种别无他念、一生"守寡"的坚定意志，不仅赢得范旭东及"永久黄"团体全体同人的尊重，也使得他在中国化工界和社会上赢得广泛赞誉。

二、温情的智者

孙学悟态度谦和、性格温良、诚恳豁达，一方面在人际交往中充满温情，另一方面又是一个哲史兼修的智者。

（一）相濡以沫

孙学悟18岁时在家乡与城里人蒋振敏（1886—1986，又名蒋毓敏）成婚。蒋振敏个子不太高，没有显赫的家庭背景，是大字不识一个的小脚妇人、典型的旧式中国的"土老太太"。孙学悟出国留学后，与蒋振敏在性格、文化、思想、爱好等方面都有了很大差距，然而回国后，孙学悟不仅对蒋振敏毫无厌嫌之意，反因他出国后蒋振敏在家辛辛苦苦养育两个孩子、操持家务，并忍受9年孤独，而心存感激和尊敬，称蒋振敏是家里的"大功臣"。

1919年，当孙学悟从美国留学回到家乡时，很多人都到码头去迎接，只有蒋振敏仍在家的院子里推磨干活。大家都问她为什么不去迎接。她回

孙学悟与夫人蒋振敏

答说，谁知道孙学悟留洋那么多年回来后还认不认我，也不知道是不是又在外面找了和他相配的人。然而，孙学悟回到家后，不仅对蒋振敏没有歧视，还心里充满感恩，这让蒋振敏喜出望外。此后，在日常生活中，孙学悟放手让蒋振敏主持一切家务，花钱什么的都由蒋振敏说了算，他自己则安心地做科研工作。孙学悟认为，在那风雨如晦的年代，他之所以能够一心一意投身化工事业，无后顾之忧，都是蒋振敏默默支持的结果，在他的事业中包含着蒋振敏的一份心血。孙学悟一生与蒋振敏总是和颜相对，从未吵过架。这“一洋一土”“一高一低”的夫妻俩，相互体贴，相濡以沫，恩爱一生，在当时不算开放的威海卫民间传为佳话。

孙学悟非常好客，每当友人来家做客，他必请蒋振敏出来，向大家介绍，并留客人品尝蒋振敏做的家乡饭菜。在四川五通桥期间，孙学悟一家就住在黄海社大院的后山上。黄海社里的年轻人不时上山到他家讨点好吃的，蒋振敏总是热情接待。孙学悟也常和大家一起聊天，给他们讲为人治学之道。当年，条件非常艰苦，生活也较为单调。孙学悟白天在民房中筹建黄海社，开展科研工作；晚上则常在微弱的油灯下给不识字的蒋振敏念《水浒》，以求在极其困难的情境中丰富生活乐趣，给蒋振敏温馨的精神安慰。

百岁老人蒋振敏

孙学悟离世很早，蒋振敏却是少见的长寿老人。孙学悟 1952 年去世后，蒋振敏得到宋庆龄的特别关照。宋庆龄经常给蒋振敏送去她爱吃的食品，一直关心她的生活和健康。20 世纪 60 年代，蒋振敏的一个重孙女由于父母远在西藏支边，无法看护，只好被放到蒋振敏家，宋庆龄得知此事后，马上帮助解决了蒋振敏重孙女上托儿所的难题，了却了蒋振敏当时最大的心事。蒋振敏晚年就这样幸福地生活着，成为当时上海不算多见的百岁老人。

（二）父爱如山

孙学悟共有四个儿子：长子孙继功，次子孙继商，三子孙继仁，四子孙继义。两个大的在他留美之前出生，两个小的在他回国之后出生。孙学悟非常关心晚辈后生的生活与成长，平常喜欢引导他们好好学习，而且与他们说话总是和声细语，即便有哪个做错了事，也不会声色俱厉地训斥，而是和颜悦色地开导，使他们知道错在哪里。

据孙继商回忆，孙学悟要求孩子们从小就要刻苦学习，并养成独立生活、不依赖别人的习惯。孙继商 10 多岁上学时，孙学悟就要求他用英文写信，并将写错的地方仔细修改后再寄回去，同时指点读书学习的方法，即使在孙继商成年工作以后也是如此。例如，孙继商在美国学习期间，孙学悟曾给他写过一封信，其中开篇就写道："继商男：英文信改正，附寄来。句子构造已坚固，从此继续前进，则得之矣……外国文同中文一样，最好能背诵几篇短的好文章，所说好的，意思即经历代文学家共同承认的文章。但是，要警告你的是：一切是为穷理集义而不可徒欣赏其文学之美丽已耳。"①

三子孙继仁是孙学悟从美国回国后出生的，是四兄弟中最受宠爱也最顽皮的一个。孙继仁回忆，虽然他小时候既贪玩又不爱念书，但孙学悟极少用严厉的口气斥责，总是用浅显易懂的道理进行教育，并以自己的行动

孙学悟和小孙子

① 孙学悟致旅居美国、香港的二儿子孙继商和二儿媳的信，见政协威海市环翠区文史资料研究委员会：《孙学悟》，1988年出版，第223页。

来潜移默化，逐渐塑造他健全的性格和健康的情感。

孙学悟经常教导孩子们说：读书不要畏难，只要人一我十、人十我百，总是能学会的。抗战困难时期，在黄海社工作的孙继商被借调到久大。孙学悟仍非常关心他的进步，在信中要求孙继商不断学习，其中写道："你侯伯（指侯德榜——引者注）每天六点起床，必先读书一小时，如此几十年，你想可读多少书。"孙学悟这样要求孩子，其实，他自己当时也是这样读书的。

在子女教育上，孙学悟制定了"善孝、诚信、正直、礼貌、担当、感恩"的家训，要求孩子们明白"天之道，利而不害；圣人之道，为而不争""正其义，不谋其利；名其道，不谋其功"等道理，鼓励他们树立"开朗的性格，包容的心态；健康的体魄，良好的习惯；求道的执着，探索的精神；坚韧的意志，求知的欲望"，努力成为国家和社会的栋梁之材。

（三）虔诚和善

孙学悟性情温和、宽厚诚恳、平易近人，在日常工作中，对年轻工作人员总是彬彬有礼，从不以长辈自居，居高临下同他们说话。在"永久黄"团体中，从范旭东、侯德榜、李烛尘以及厂长、工程师们，到一般主要做体力活的工人们，凡是和孙学悟有过交往的人，都由衷地敬重他，亲切地称他"博士"。

在塘沽期间，"永久黄"团体中的3个单位相互毗邻，职工宿舍也集中在同一个地方。大家朝夕往还，亲如一家人。孙学悟公正廉明、淳厚朴实，每逢单位与单位或个人与个人之间发生一些小纠葛，大家都喜欢找他倾诉，请他出面调解。而他总是以一种超然的态度，合情合理地进行协调和处理。在大家眼里，孙学悟的言行举止始终是他们学习的楷模。

在社会上，孙学悟对受苦受难的群众有着深切的同情心。他对用人力车和轿子作交通工具很反感，曾说："人拉人和人抬人是最不平等的。你自己也有腿，为什么要别人拉你走？"还有一次，集体宿舍夜半来了贼。翌日，有人建议把狗放在院子里。孙学悟摇着头说："贼不是自己愿意当的，而是实在太穷了，为生活所迫啊！”此外，每当回到威海老家，孙学悟非常喜欢与农民、渔民拉家常。他平易近人和虚心求教的态度，让老乡们很感动，都说没想到这位洋博士这样谦和、没架子，因此都乐意和他说说心里话。

孙学悟始终保持着对生活的热爱。新中国成立后不久，1950 年 3 月，中央政府重工业部委派孙学悟牵头，率领一个由化工界一批学者和专家组成的调查团，赴大连开展对日本侵占东北时所办大连化学工业研究所的调查和接管准备工作，并到东北各地参观访问。工作结束后，代表团应邀到大连大学参加该校组织的一周年校庆运动会。当时的孙学悟已是两鬓斑白的花甲老人，却在身体并不好的情况下，兴致勃勃地撩起长衫，加入大学生赛跑的行列，与大学生们赛跑，并跑完了 400 米一周。调查团其他成员都惊叹：“孙博士变得年轻了！”一时间在化工界传为佳话。其实，孙学悟是因为面对正在培养的如此之多的工业建设战线上的幼苗而看到了新中国

1950 年 3 月，孙学悟率团到大连调查（右二为孙学悟，右三为方心芳）

的未来，这正是“时人不识余心乐，将谓偷闲学少年”！

（四）哲史兼修

作为一个自然科学家，孙学悟不仅在化学化工方面造诣极深，而且谙熟哲学和历史，并能有效指导自己的科研实践，是一个真正具有人文智慧的科学家。

他在《二十年试验室》一文中写道：“发展科学的要素至多，可归纳为二：一为哲学思想，一为历史背景。哲学思想为创造科学精神的泉源，历史乃自信力所依据，此二者吾人认为是培植中国科学的命根。”

其中，在哲学方面，他认为：“哲学思想，支配每个民族一切行动，历史往迹，在在可寻。某种行动在某一民族所以能够有力量，能够发挥无尽，全凭其哲学思想。科学的观念，出自哲学，无哲学观念的科学，犹如无源之水，干涸可期，其结果仅为一技巧而已……吾人相信，仅以人之日常经验为思考资料，而产不出一种假设，证以实验，则对物质的认识，终必肤浅、笼统，不能用物，将反为物所役。”在他看来，“工业的基础在科学，科学的根本在哲学思想。我国过去哲学思想偏重人与人的关系，只须略为一转，即可进入人与物的关系上去。再加吾人历史背景的灌溉，则自信力有所依据，‘人能弘道’，乃中国治学的铁律，何患近代科学不在中国生根而构成我国将来历史之一因素”。

为使黄海社同人能更好地学习和运用哲学，孙学悟于1946年特聘请著名哲学家熊十力主持成立哲学研究部，在黄海社开展哲学研究和普及工作。这种重视哲学和历史，自觉运用哲学思想、历史经验来指导科研实践的做法，是非常值得学习和借鉴的。

在历史方面，孙学悟强调：“历史背景何故亦为发展中国科学要素之一？因历史是吾人自信力的前驱，民族继往开来的意志，全凭历史培养出来。故今日从事科学研究的人，无论其部门为何，必当顾及中国的往迹，虽身处近代科学实验室，仍当发挥怀古之幽思，蒐集我国有关科学的历史故实，及今古科学教材，多所宣布，以培养国民对科学之自信力……国人须知当中古欧洲未有炼丹术以前，而在吾国土则早已生长，继往开来，责将谁属？科学要在中国生根，必自鼓动全民的自信力为起点，惜黄海之心愿，百无一成，深自愧耳！”

孙学悟对历史的重视影响了黄海社同人。方心芳晚年时曾回忆道：“我们在黄海社时，经常听到讨论科技发展史的问题。孙先生说，弄清中国的科技发展史，可以树立我们的信心和爱国心；研究外国的科技发展史，可以知道各国科技发展因素、前后次序，给我们搞科研以启示、指导。这个说明，我受益非浅。”正是由于受孙学悟影响，方心芳后来还拿出较多时间钻研古籍，并在新中国成立初期撰写了《曲蘖的起源与发展》等论文，还于20世纪80年代专门培养了一批微生物学史的研究生。①

三、“无名英雄”

“永久黄”团体的创业之路并不平坦。它之所以能够成功，在领导因素层面，既有范旭东的开拓精神和领导艺术、侯德榜和李烛尘的精湛技术与实践苦干，也有孙学悟的甘居幕后和默默奉献。在“永久黄”团体中，孙学悟从来不求名利，竭诚奉献，每当团体遭遇困难或关键时刻，总是坚定地与范旭东、侯德榜、李烛尘等人一起，想方设法渡过难关。“永久黄”团体创始人之一、团体唯一的留美MBA、曾任黄海社研究员的黄汉瑞，在回忆文章中列举了下面几件典型事例

黄汉瑞（1941年摄于四川五通桥）

① 程光胜编著：《方心芳传（1907—1992）》，中国科学院微生物研究所2007年出版，第44页。

(他在文中称“永久黄”团体为“海王”),充分说明孙学悟甘当“无名英雄”的内在品格。①

(一)20世纪20年代:化解“海王”团体的存亡危机

20世纪20年代,当北伐成功、南京政府成立时,“海王”团体第一次面临存亡危机。因政权变了,人事全非。久大、永利、黄海社生根于华北,素与岭南崛起的国民党人毫无渊源,又因范旭东的哥哥范源濂多次参与北洋内阁,出任教育总长,“海王”团体便被新当权派划为“军阀余孽”,受尽冷落。如何来填平这条鸿沟呢?靠孙学悟。是孙学悟通过他与杨铨(杨杏佛)的疏通解释,才理顺了关系、落实了身份,“海王”团体才站住了脚,得以继续生产作业。杨铨是早期留美学生,曾和孙学悟同窗多年,又是与孙学悟及胡适、赵元任、任鸿隽、胡明复等老一辈学者共同发起中国科学社的组织者。新政权在南京成立后,杨铨任中央研究院总干事,与当时的权贵很接近。他听孙学悟讲了范旭东的生平与为人,以及“海王”团体的信条和事业,大受感动,便如实地替“海王”团体大大宣扬了一番,使执政者认识到:久大不同于旧盐商,永利并非洋场的生意人,黄海社更是一群书生在实验室中搞科研;“永久黄”团体是一个有民族感、事业心的新经济实体。如此,对“永久黄”团体免除了歧视,松了绑。若没有这个转折,20世纪30年代,久大就不会在海州扩建新厂,永利也不可能在南京生产化肥,更谈不上全国解放后化学工业遍地开花了。

(二)20世纪30年代:协调解决永利用盐免税问题

20世纪30年代,永利采用索尔维法制碱,盐是一种主要原料。由于塘沽滨海地区产盐,因而在那里设厂,求个原料方便。在国外,工业用盐完全免税,但我国当时因政治腐败,历代理政者都在“盐”字上打主意,盐税成了国家财政的一项收入来源。民国初年,袁世凯掌权后,曾以

① 黄汉瑞:《忆孙学悟先生》,政协威海市环翠区文史资料研究委员会:《孙学悟》,1988年出版,第24—33页。

盐税为抵押，向帝国主义组成的五国银团借外债，即所谓善后借款，金额为1500万英镑，实付84%，年息5%，作为他妄图称帝的政治资本。为了执行这个丧权辱国的条约，北洋政府财政部设置盐务署，下设盐务稽核所。署长由中国人担任，但不管业务，形同虚设。实际大权归所长，而两任所长都是英国人，首任所长为丁恩。正是这个丁恩，勾结卜内门公司(英国最大的化工垄断集团)，在永利开始出碱时，不顾早已批准工业用盐免税的法令，来了个突然袭击，竟宣布工业用盐都得缴税，迫使永利的制碱成本猛增，使其无法与英商竞争，借以扼杀新生的中国民族制碱工业，暴露了帝国主义经济侵略的野心。由于永利依法抗争、严词控诉，才决定永利制碱用盐暂免税1年。期满后，永利继续再度交涉、据理力争，又得批准展期5年。时值北洋政府垮台，新旧政权更迭，盐务行政体制改变，政令法规都极混乱，以致永利无法正常经营，处境甚是困难。这时，又是孙学悟，在困窘中勇于负责、挺身而出、南北奔走、反复拼搏，终于争得工业用盐免税30年的合理待遇，保证了永利的生存与发展。当时的情况是这样的：盐税隶属中央财政部管。当时，宋子文是财政部部长，而财政部具体负责业务的司局长，如尹任先、郑莱、张福运等人，又都是哈佛校友，与孙学悟非常熟悉。尤其是张福运，既主管税务，还是孙学悟的山东老乡。因此，凭着老交情，孙学悟经过两三年的辩论、说服，终于冲破官僚机构的桎梏，伸张了正义，维护了民权，揭露了帝国主义的阴谋，扶持了民族工业的兴起。当年，为了追踪张福运，催促他解决永利用盐免税问题，在一个月内，孙学悟竟两次穿梭往返于北平、南京与上海之间。他并非永利员工，却如此不辞辛苦，体现的正是勇为无私的团队精神！

（三）20世纪40年代：协调解决“海王”团体的资金之困

1937年爆发七七事变，日本帝国主义者在北平卢沟桥悍然燃起战火，全民族抗战就此全面展开。不久，平津相继沦陷。“海王”团体在塘沽苦苦经营多年的事业几近丧失，资产基本毁灭殆尽。由于战时交通受阻，辗转流亡，等搬到四川内地时，各种机器设备所剩无几。1938年2月，范旭东在重庆撰写《我们初到华西》一文。虽然历经创痛损失，但他不气馁、不悲观，依旧精神萃励、斗志昂扬！他表态说，我们不是来逃难的。我们深信天助自助，唯勇者胜。我们要以过去多年在沿海办厂的经验，来内地重新创业，开发利用西南的丰富天然资源，为国家创财富，也为抗战尽一臂之力！在范旭东领导下，“海王”团体撤退时宁可放弃物质财富，也要保全所有技术骨干，凭人才资源，很快便在西南山区因陋就简盖起了厂房，开动了机器，恢复了生产。这种拼搏精神是很可贵的。不过，现代生产离不开技术、管理、原料和资金，四者缺一不可。“海王”团体入川时携带的有限资金很快便要消耗光了，且不说抗战是长期的。就拿永利川厂来说，几百员工要吃饭，生产上也要用原材料，开门“七件事”，没有资金是不行的。1938 年初，重庆金融市场紊乱，头绪纷繁。当地川帮钱商与永利等所谓“下江客户”素无交易，毫无往来，谈不上做生意。至于永利的老债主——民营的金城银行、盐业银行、中南银行、大陆银行等，一则因时局动荡，收缩银根。再则以金城银行总经理周作民为首，1937 年冬为了“保本求和”，主张与日本人合作，在汉口与范旭东吵翻了脸，被范旭东骂得狗血淋头，恼恨在心，也就不可能雪中送炭、解囊相助了。剩下唯一的希望，只有向蒋宋孔陈四大家族把持的官僚资本——中央银行、中国银行、交通银行和农民银行求援。可是，此路不通，绝对不通！因为官僚集团蓄意多年，屡次想吃掉“海王”团体，至少是挤进“海王”团体，均未得逞，正在幸灾乐祸地看着永利受窘为难，怎会慷慨帮忙呢？真要算山穷水尽疑无路了。逢此绝境，又是孙学悟想办法，杀出一条生路来。偶然的机会，他听说国民政府经济部工矿调整处有笔专款，是用来救济内迁厂矿的。翁文灏是经济部部长，原是一位地质学家，也是黄海社的董事。他熟知孙学悟，也了解范旭东。于是，由孙学悟出马去找翁文灏，说明永利的困难，要求援引关于内迁厂矿的补助条例，给予大力支援，一次借给永利 300 万元。原则上容易通过，具体办理手续可就很不简单。开始嫌金额多了，继而又提出作为官股，其后虽同意借款，又在所谓“保证”问题上刁难。“官司”一直打到蒋介石名下，历经折磨曲折，全亏孙学悟以耐心和韧性周旋交涉，终于成功。当黄汉瑞从位于重庆打铜街川盐银行4楼的经济部取回借款支票时，围坐在民生路武库街永利办事处的“海王”团体高层骨干——永利的傅冰芝、范鸿畴，久大的杨子楠、李烛尘，黄海社的孙学悟等人，都望眼欲穿、急不可待了。就是靠着这笔300万元借款(其中部分是外汇)，永利在纽约买了百辆卡车，组成运输部，打通了滇缅公路交通，补充了川厂急需的器材，救活了川厂，也救活了整个“海王”团体，直到抗日胜利后复员。

（四）20世纪50年代：积极推动公私合营

1949年10月1日，新中国诞生了，这是中国历史上天翻地覆的大事。自抗日战争结束、“海王”团体复员以后，永利、久大、黄海社虽各归原位，塘沽、南京的工厂先后开了工，但由于社会动荡不安，生产运转极不正常，原材料和成品运输经常受阻，且通货膨胀、物价飞涨、人心浮动。当时，侯德榜在国外，永利“群龙无首”。而永利在“海王”团体内，论规模、财力都是第一位的。为此，孙学悟急电侯德榜，请他回国主事。孙学悟不仅急电侯德榜回国，还催促其他人员迅速“归队”。1949年秋天，孙学悟在给黄汉瑞的信中写道：从眼前形势分析，革命洪流势必冲垮一切旧的势力和传统；“海王”团体本是民族工业，虽有私人资本的成分，但也有民族、民主的色彩；范旭东生前早已表明，要为国家搞生产，绝不为资本家求利润；现在，人民掌握了政权，私人资本只有实行社会主义化，接受共产党的改造，才会有出路。黄汉瑞本是黄海社人员，当时在重庆大学任教并兼永利顾问。孙学悟写信力促黄汉瑞“归队”，参与进行公私合营工作。此后，在1952年，孙学悟又极力敦促永利、久大走公私合营的道路，并主动申请把黄海社交给国家接管，为新中国的化学工业作出了重大贡献。

四、“近代化工界的圣人”

在“永久黄”团体中，有两位长者被尊称为“圣人”：一位是“东圣”，指南京永利硫酸铔厂厂长傅冰芝；另一位是“西圣”，指黄海社社长孙学悟。孙学悟被尊称为“西圣”，不仅因为他精通“西方”，更在于他自黄海社成立以后，筚路蓝缕、鞠躬尽瘁，一直以一种世人难以理解的“圣洁”心态服务黄海社，为振兴中国近代化工事业甘愿做一颗默默的“铺路石”。

（一）“至心皈命为中国创造新的学术技艺”

作为“永久黄”团体领导人之一，孙学悟为“永久黄”团体和中国的化工科研事业作出了重要贡献。在塘沽期间，他亲力亲为，不仅协助久大、永利解决技术难题，还组织开展发酵与菌学、化肥、金属等方面的研究。1937年七七事变后，黄海社西迁入川。虽历尽战乱之苦，却丝毫没有动摇孙学悟为国为民振兴科学的意志。他博览文、史、哲、经等书籍，反思总结现代科学技术为什么不能在中国这个文明古国生根开花结果的根源，继续组织开展发酵与菌学、肥料、金属、水溶性盐类等方面的研究，并于四川建立华西科研中心，在战乱之中完成了不少重要科研项目，成为我国基础化学工业的奠基人之一。孙学悟毕生致力于近代化工技术人才的培养、科研项目的开拓以及各类菌种的培植收藏，为振兴中华积累了宝贵财富。

范旭东在黄海社成立20周年纪念词中写道：“中国广土众民，本不应患贫患弱，所以贫弱，完全由于不学；这几微的病根，最容易被人忽略，它却支配了中国的命运，可惜存亡分歧的关头，能够看得透澈的人，至今还是少数；中国如其没有一班人肯沉下心来：不趁热，不惮烦，不为当世功名富贵所惑，至心皈命为中国创造新的学术技艺，中国决产不出新的生命来……惟有邀集几个志同道合的关起门来，静悄悄地自己去干；期以岁月，果能有些许成就，一切归之国家，决不自私；否则，也惟力是视，决不气馁。”这其实就是孙学悟带领黄海社同人，一生献身科学事业的真实写照。

（二）简单朴实

孙学悟是一位大科学家，但一生简单朴实、淡泊名利，一生纯靠工资收入为生，既无积蓄，也无资产。身为“永久黄”团体的重要领导人，他却连永利、久大的股票也没有一张。他生活俭朴，不喝茶，不喝咖啡，一年四季都只喝白开水；除去节日和招待客人时喝一小盅酒外，平素也是滴酒不沾；唯一的嗜好是吸烟，但几乎没有吸过香烟，只吸烟斗或烟袋，有时甚至是土造的雪茄。一日三餐，孙学悟从不挑剔，蒋振敏做什么，他就吃什么。孙学悟对衣着只求整洁，不求奢华。这样的生活状态和习惯，不仅难以让人看出他是“洋博士”、科学家，更难让人看出他还是国际知名大企业——“永久黄”团体的最高领导人之一。

孙学悟三子孙继仁曾回忆道：“抗战前，父亲一年四季都是穿一套藏青色西装，除非接待外国朋友，从不打领结。根据季节不同，外面套一件春秋大衣或冬大衣。穿黑色皮鞋，戴一顶多少年也没有换过的礼帽。有时就干脆穿三团体（永利、久大、黄海）的兰色卡叽布的工作服。抗日战争开始，父亲就换穿中式长衫，穿布鞋，一直到全国解放后，再也没有穿过西服或中山装。父亲说日本人侵略我们，我们要有中国人的骨气，穿上自

四川五通桥时期的孙学悟

新中国成立前夕，孙学悟在上海

己的服装，就是要时刻记住自己是中国人。”

抗战期间，浙江大学工学院的学生因院长在社会上没有名气，向时任校长竺可祯要求撤换院长。竺可祯在第二天的日记中写道：“所谓知名人士无非在各大报、杂志上作文之人，至于真正做事业者则国人知之极少。即如永利、久大为我国最大之实业，但有几人能知永、久两公司中之工程师侯德榜、孙学悟？”① 竺可祯的这一诘问，在一定程度上反映了当时孙学悟简单朴实、淡泊名利、不为外界所知的实际情况。

（三）民族自尊

孙学悟始终与“永久黄”团体同患难、共进退，无论多么艰苦的环境和条件，都能坦然面对，带领大家渡过一个又一个难关。全民族抗战爆发后，黄海社不得不与“永久黄”团体同时西迁入川。在大迁徙中，黄海社的图书、仪器和珍藏资料遭受重大损失，对科研工作构成严重阻碍，然而入川后，孙学悟依然振奋精神，在极端困难的情况下，与黄海社的科研人员一起，在用民房改建的简陋实验室里，头顶瓦片，脚踩泥巴，埋头苦干，完成了一项又一项重要的研究课题。之所以如此，就是因为在他内心深处一直有期盼国家富强的坚强信念。

孙学悟有着强烈的民族自尊。入川后，范旭东不止一次让他去美国考

① 郭世杰：《从科学到工业的开路先锋——对侯德榜和孙学悟的科学观、工业观以及“永久黄”团体中人才群体的考察》，《工程研究——跨学科视野中的工程》2004年第1期。

察，美国也有不少哈佛大学的老同学、老朋友希望他去访问，但孙学悟没有去。他给自己的孩子解释说："你们不会理解我在美国读书和教书时的心情。因为自己的祖国贫穷落后，又受着世界列强的侵凌，作为一个中国人，他们看不起我们。正因如此，我才要发奋读书，也要作出个样子，要他们知道中国人不比他们差。虽然我个人在学术上取得一些成就，可是在美国人眼里，我总是一个弱小国家的学者。他们瞧不起中国，总使我蒙受一种屈辱的感觉。那时我便发誓，一定要努力学习，一定要比他们强，一定要为振兴祖国的化工事业尽心尽力。目前我们国家正处在水深火热之中，我不愿在这个时候到美国去。去，我也要等到抗战胜利了，以一个强国学者的身份，去美国看看。"① 孙学悟就是怀着这样一颗振兴祖国科学事业的强烈民族自尊心，在旧中国克服着一个又一个困难，呕心沥血地为祖国化工事业工作着、奋斗着。

孙学悟平时有写日记的习惯，这些日记后来都保存在他的三子孙继仁家里，但在"文化大革命"期间丧失殆尽。有一次，孙继仁在屋里检点旧箧，发现数页日记，是孙学悟在新中国成立后写的，其中写道："黄海成立将近卅年来，可说是一页坚忍死守奋斗史。起初北洋军阀连年混战，继而冀东伪组织的虐政，加上日本的奴化，终于'七七'事变不得不从塘沽搬迁到四川五通桥。我们死守的是一点信念——科学非在中国土壤上生根不可！""可庆的是，重视科学的新中国已经诞生了，按人力物力及一切条件来讲，从未有目前之优越，我深信中国自有历史以来，恐怕眼前便是科学在中国生根的时候了！"② 从这些语句中，不难看出孙学悟内心深处那份炽烈的爱国热忱。

新中国成立之后，孙学悟心底的民族自尊得到充分释放。看到处处欣

---

① 孙继仁：《父亲，我们怀念您》，政协威海市环翠区文史资料研究委员会：《孙学悟》，1988 年出版，第 65—66 页。

② 孙继仁：《父亲，我们怀念您》，政协威海市环翠区文史资料研究委员会：《孙学悟》，1988 年出版，第 68—69 页。

欣向荣的景象，他由衷地感到高兴，似乎也变得年轻了，总感觉有使不完的劲儿。他积极参加政治活动和各种会议，并踊跃发言。他曾多次深情地对自己的孩子说："你们年轻人太幸福了！""能在新中国生活和工作太幸福了！"

（四）"纯洁的导师"

深扎黄海社三十年，孙学悟真正践行了自己的信仰和誓言，做到了他自己说的那样，成为名副其实的"不为当世功名富贵所惑的蠢伙子"，并因之赢得广大同人的尊重与爱戴。

1942 年 8 月 15 日，黄海社在五通桥举行建社二十周年庆祝活动。范旭东因有急要公务飞赴昆明，没能参与活动，但在昆明发来热情洋溢的贺电，对孙学悟给予高度赞誉，称赞他为学术界"纯洁的导师"。

贺黄海二十周年纪念电报①

黄海社、孙颖川兄鉴：

记得当初扶起黄海这小宝贝，老兄异常高兴，曾经说过，愿意拿守寡的心情替中国抚养他。这话一转眼二十年了，我始终觉得太沉重。现在孩子大了，老兄平日教他有志趣，有骨头，有向学的恒心，有优良的技术，他一点点都做到了，丝毫没有使老兄失望，这决不是偶然的！人生如其说应当有意义，这总算得了人生的意义。况且继往开来，还有多数志同道合的社员在，老兄真是时代最快乐的一个人，为国珍重吧！学术界正需要老兄这样纯洁的导师啊！临电驰贺，并祝黄海万岁！

弟范锐拜上

卅一、八、一五 于昆明

① 永利化工公司：《范旭东文稿（纪念天津渤化永利化工股份有限公司成立一百周年）》，2014 年出版，第 152 页。

当时，参加黄海社建社二十周年庆祝活动的各界要人、名流学者、"永久黄"团体同人及观礼的家属济济一堂，不下 500 余人。各方赠送的礼品、题词及祝画陈列满室，祝贺函电不下 200 件。犍为场商、乐山场商还赠地赠钱。黄海社作为私立研究机构，能获此盛大赞誉和援助绝非偶然，同时也足见各方对孙学悟的高度评价。

新中国成立后的孙学悟

新中国成立后，孙学悟将他的家安置在北京朝阳门内芳嘉园一号黄海社大院的一个角落里。1952 年春，他因罹患胃癌，住进北京同仁医院。当侯德榜、李烛尘去医院探望的时候，孙学悟还念念不忘地叨念着国家的大好形势和化工事业的美好前景。他给老伙计们说，我一定要恢复健康，参加到振兴新中国的化工事业中去。原本，考虑到居住和照顾方便，黄海社为他在东四七条租了半个四合院，准备在他出院后作为养病之所。可是，他的家人搬到新居还不到两个月，孙学悟却在 6 月 15 日不幸病逝，早早地离开了他终生倾心追求的事业，离开了一生共同奋斗多年的亲人、同人和挚友，享年 64 岁。

在孙学悟去世前，时任政务院总理的周恩来曾多次到家中看望，并送去孙学悟喜爱的砚台。孙学悟逝世后，周恩来送了一个用鲜白玫瑰花制作的花圈以示哀悼，并专门在北京万安公墓为他批了一块墓地。

孙学悟去世后没有留下任何物质财富，留给子女的唯有那宝贵的精神财富。李烛尘这样评价他与黄海社："大海茫茫，孤舟奋斗，而把持舵柄之人，以冷静之头脑，及纯洁之理智，稳撑快航，既不为狂风暴浪所撼摇，亦不为龙女水魅所诱惑，为求真理而牺牲，愿为航海者作一活动之灯塔。"[1] 孙学悟病逝后，侯德榜语重心长地说："'西圣'到死都是无名英雄。"

黄海社核心成员、中国工业微生物学的开拓者、中国科学院院士方心芳，在回忆文章中感慨地写道："孙博士作为社长为黄海社成立、发展的30年（1922—1952）用尽了毕生心血。他是一位鞠躬尽瘁、死而后已的科学家。没有他的一心为科研的表率，哪能有我们这些黄海的第二代人呢？"[2]

孙学悟的三子、曾任中国科学院海洋研究所研究员的孙继仁也在回忆文章中深情地写道："父亲一生高风亮节，淡泊明志，不争名不夺利，胸怀坦荡，诚恳待人。默默地埋首于实验室从事研究工作；默默地作为'人梯'培养着化工事业的后来人。把自己的一生心血，全都无私地浇灌到化工事业这个花坛上；他把自己像蜡烛那样点燃起来，照亮了中国的化工事业及其后起之秀的前进道路，而自己却默默地安息了。"[3]

---

① 李烛尘：《我之黄海观》，《黄海化学工业研究社二十周年纪念册》，1942年出版，第5页。

② 方心芳：《怀念良师孙学悟先生》，《中国科技史料》1983年第2期。

③ 孙继仁：《父亲，我们怀念您》，政协威海市环翠区文史资料研究委员会：《孙学悟》，1988年出版，第77页。

第四章　黄海社的精神及启示

黄海社成立后，认真践行“致知、穷理、应用”三大理念和“永久黄”团体四大信条，在长期的科研探索中逐渐形成四大黄海精神，即矢志不移、坚韧不拔、竭诚奉献、大胆创新，成为支撑其不断前行的强大力量，并在全民族抗战爆发、西迁四川后最艰苦的历史时期得到充分体现。黄海社 30 年的不平凡历程及取得的累累硕果给我们留下许多启示，为在当今条件下加快推动科技创新、实现中华民族伟大复兴提供了有益借鉴。

第一节　黄海精神

一、矢志不移

“永久黄”团体的创办人是有大情怀的，他们的理想从来不是狭隘的个人发展、家族兴旺，而是致力于实现国家富强、民族昌盛，正如“永久黄”团体四大信条所言：“我们在精神上以能服务社会为最大光荣”。从一开始，他们就把个人的生命与国家的命运紧密联系了起来，把实现个人价值和推动民族复兴紧密结合了起来。面对贫穷落后的旧中国，深藏在他们心中的是神圣的使命感和责任感，是实现实业救国、科学救国的理想和信仰。他们决不会把自己所做的事情仅仅局限在建设一家工厂、完成一个项目、获得一项成果，也不会被任何眼前、局部的利益所羁绊，而是着眼于更大的格局与事业，致力于“让科学技术在中国的土地生根”这个大目标。

在创建久大使国人吃上精盐、创建永利使国产纯碱替代洋碱后，范旭东成为当时名扬中外的大企业家。然而，他并没有因之像一些商人那样追求自身利益最大化，而是从深层次思考如何更好推动中国化学工业发展。他在解释创办黄海化学工业研究社缘起时，指出了科研对工业发展的重要性："第近世工业非学术无以立其基，而学术非研究无以探其蕴，是研学一事尤当为最先之要务也"，并决心"于国内化学工业中心地之塘沽创设黄海化学工业研究社，仿欧美先进诸国之成规，作有统系之研究，于本地则为工业学术之枢纽，并为国内树工业学术世界。有欲阐明学理、开发利源，以贡献于祖国，而致民生之福祉者"。毫无疑问，范旭东如果没有心怀天下的大格局、大情怀，就不会有这样的深刻思考，也就不会有中国第一家民营化工科研机构——黄海化学工业研究社的诞生。

"永久黄"团体的一项卓越成果是发明"侯氏碱法"。作为永利制碱企业的厂长兼总工程师，侯德榜带领永利的技术团队，在黄海社密切配合下，历经 500 多次科学试验和多年生产检验，最终在 1941 年形成一套完整的制碱技术新工艺，其优越性超过索尔维法和察安法，成为中国化学工业史上的一个重大突破，开创了世界制碱工业新纪元。此法成功发明后，侯德榜和"永久黄"团体并未将之占为私有，而是将全部技术和实践经验写成专著，与行业同人共享，对促进中国制碱工业发展起到重要作用。新中国成立后，一批现代制碱企业在天津、大连、四川自贡、湖北应城等地诞生，大都采用"侯氏碱法"，这是"永久黄"团体致力于国家富强的最好印证。

孙学悟在担任黄海社社长的 30 年里，一直在探索"怎样让科学在中国生根"这个大问题，并为推动实现民族复兴大业而持续奋斗着。在这样的思想支配下，孙学悟博览文、史、哲、经等各类书籍，反复思考现代科学技术为何没有在中国生根开花结果的社会根源，并坚持撰写心得日记《偶录》达 10 年之久。1930 年，他在中国科学社第 15 次年会上的演讲中说："大凡科学事业最后目的，是为求人类的幸福。这幸福概不外乎两方面的——精神上的和物质上的。这两方面我们须同时并重”。他同时指出：“现在中国发展科学历史上，似乎演进到了一个新时期，这个新时期便是怎样努力去创造那可以增进科学研究的环境，开辟一条改造科学教育的新路。”并呼吁：“这个时期已经来到了！我们科学团体现在应当怎样向那方面努力，请大家在这年会里讨论。”①1936年，他在一篇文章中进一步强调：“复兴大业的担子眼前即在我们的肩上。要把这任重道远的担子共同负起来，大家需要新的灵感，能以给我们一个自强的人生观、征服自然界的心理以及扩大的心境、弘毅的气魄。”② 这些都表明，孙学悟的视野从未局限在科研活动的微观层面，而是始终以更开放、更深刻的思考，去践行对科学救国、实业救国的使命感、责任感。

二、坚韧不拔

有理想去追求，更要有毅力、韧劲去坚持。搞科研和创新是一件“奢侈”的事，对“人、财、物”都有极高的要求：对“人”，要求“有眼界，有头脑，有魄力，有能力，能吃苦，耐得住寂寞”；对“财”，要求有充裕的资金作为科研工作的支撑；对“物”，要求有仪器设备、实验材料等作为科研工作的保障。科研创新还有一个突出特点，就是风险很大。一切皆未知，并非所有付出都会产生回报，“血本无归”的事经常发生，历经九十九次失败、在第一百次方才成功的案例屡见不鲜。当然，成功后的回报也是相当可观的。在中国近代工业刚刚起步、到处还是“洋火、洋蜡、洋钉”的年代，作为中国历史上第一家民营化工科研机构，黄海社没有政府固定的资金支持，各方面条件极为艰苦，仅靠“永久黄”团体自身的积累去开展科研和创新。在这种情况下倘若没有坚韧不拔的意志，是很难坚持下来的，正如孙学悟后来所说：“黄海化学工业研究社，不觉成立二十

① 孙学悟：《中国化学基本工业与中国科学之前途》，《科学》1930年第14卷第6期。

② 孙学悟：《为何我们要提倡海的认识》，《海王》1936年第9卷第7期。

年了。回忆当初，有如航海探险，天涯地角，茫无边际，一叶孤帆，三两同志，初无标记可循，所恃为吾人指针者，厥惟信心，所日夕祈求者，厥惟现代科学在中国国土生根。二十年来，历尽惊涛骇浪，仅免颠覆，是则各方同情援助之所赐，与多数社员意志坚决临难不苟有以使然。”①

黄海社在走过的30年里遇到过很多坎坷和困难，小到研究开发中的技术难题，大到“无米下炊”的生存危机，每一次都是考验。但无论遇到什么情况，黄海人从来没有动摇和退缩过，范旭东、孙学悟等人都表现出义无反顾的决绝，就是“卖裤子也要把黄海社办下去”！他们千方百计克服困难，使黄海社一次次走出困境、化险为夷。

1927年，正值南京政府成立，政权更迭，人事全非。南京政府里的一些人假借“永久黄”团体与北洋政府有着“千丝万缕联系”，在政策、资金上对“永久黄”团体加以限制，使经济上本来就捉襟见肘的“永久黄”团体雪上加霜。特别是黄海社成立仅5年时间，立足未稳，南京政府的限制很可能使其快速夭折。此时，一向不愿张扬的孙学悟站了出来，凭着良好的人格及广泛的人际关系，向南京政府有关部门逐一讲明情况，介绍“永久黄”团体为发展民族工业所作出的努力、贡献和遇到的困难。经过孙学悟耐心、诚恳的工作，最终消除了某些人对“永久黄”的误解、歧视与限制，大大缓解了“永久黄”团体面临的压力。不仅如此，由于黄海社为社会作出了诸多贡献，得到了各方的认可和同情，中华教育文化基金董事会和国民政府资源委员会等机构也给予一定的资金支持，使黄海社的经费紧张状况得到疏解。经过这番坚持不懈的努力，“永久黄”团体不仅没有“触礁”，还获得新的发展机遇，促成了后来南京永利硫酸铔厂的创建，从而逃脱了刚起步就夭折的命运。

全民族抗战爆发后，塘沽沦陷，“永久黄”团体拒绝与日军合作，遂

---

① 孙学悟：《二十年试验室》，《黄海化学工业研究社二十周年纪念册》，1942年出版，第6页。

组织业务骨干、技术人员及部分工人撤往四川。千余人的队伍颠沛流离，辗转一年多才到达目的地，携带的积累了十几年的物资损失大半，有限的资金也消耗殆尽，在四川安置大批内迁人员、重建研究基地的计划已很难实现。尤其是黄海社，在久大、永利自身难保的情况下，几乎到了“山穷水尽”的地步。危难之时，范旭东、孙学悟等人坚持科学救国、实业救国的初心毫不动摇，竭力寻求各方支持。范旭东四处求贷、屡屡碰壁后，孙学悟再一次站了出来，找到国民政府经济部部长翁文灏，陈述“永久黄”团体的内迁经历、遇到的困难及迫切需要资金支持的诉求。翁文灏作为黄海社的第一届董事之一和孙学悟的好友，深知范旭东、孙学悟的为人，理解他们再苦再难也要坚持下去的那份决心，几经周折，最终给予“永久黄”团体300万元资金支持，帮助它走出困境。这里值得一提的是，当时的黄海社即使在生死线上挣扎，也一直保持着“刻苦自立”的风骨，对于一些有可能影响学风的社会捐助，依然都婉言谢绝，正如范旭东于1943年在三一化学制品厂开幕典礼上致辞时所说：“黄海是个私立学术研究机关，既没有稳固基金，又没有大量补助费，设施万分吃力。加之黄海一向保持着刻苦自立的学风，不肯放松；有时承社会不弃，有人情愿解囊相助，终归怕影响它的学风，只得婉谢”。①

三、竭诚奉献

从创始人范旭东、社长孙学悟到普通员工，黄海社上下都有一种齐心协力、竭诚奉献的精神。这是黄海社能在艰苦条件下不断前行、挺过各种难关的重要精神动力。

在酝酿创立黄海社时，久大、永利都刚建成不久，生产技术尚未过关，资金十分紧张。在这样的时候，“有些傻气”的范旭东却毅然决定投入“不下十万元之巨”重金，将原来的久大化验室扩建成“可供一百位化

① 范旭东：《由试验室到半工业实验之重要》，《海王》1943年第15卷第29期。

学师研究”的化学工业研究室，并进一步成立黄海化学工业研究社。此时，一些股东认为，永利碱厂还未赚钱，筹建“只见投入，不见产出”的研究社，压力太大。而范旭东不但没有放弃，反而出人意料地捐出他个人应得的久大、永利创办人全部酬劳金作为启动资金，最终使黄海社得以成立。范旭东这种不惜一切的奉献精神，感动了永利公司的其他所有创办人。1924 年，已清楚地看到黄海社在解决生产技术难题方面发挥的重要作用，永利的其他创办人在股东会议上一致同意，捐出他们作为创办人的全部报酬金，供黄海社开展研究之用。

还有一件类似的事情发生在侯德榜身上，同样令人称赞。抗日战争结束后，黄海社准备复员北迁，在北平选址“安家落户”。当时选定的，是吴宪在北平朝内芳嘉园一号的房产。为了支付购置房款，在无其他资金来源的情况下，侯德榜毫不犹豫地将自己担任印度达达公司高级技术顾问的报酬捐赠给黄海社，连同永利公司捐出的设计报酬，帮助黄海社筹足了房款，让黄海社有了新的落脚之地。可以说，侯德榜的这种奉献精神与当年范旭东捐酬支持黄海社的做法一脉相承。

黄海社虽是一家民营科研机构，但范旭东他们的做法与一般的投资行为有着很大不同。通常，投资都是要回报的。范旭东、侯德榜等人投入的资金却是完全意义上的“捐赠”，不求任何个人收益上的回报。在物质条件十分匮乏的旧中国，像“永久黄”团体高层领导这样的精英群体，完全可以多为自己考虑，争取各种获得优厚待遇的机会，让自己和家人过上富足的生活。然而，他们抱定了实业救国、科学救国的理想，时刻不忘初心，不为私利，不图安逸，就是“割肉、供血”，也要为发展中国自己的化学工业、发展中国自己的科研事业作出贡献，这是多么令人敬佩的奉献精神！在这方面，范旭东可以说为大家树立了典范。

范旭东膝下无子，只有两个女儿，1939 年都赴美求学。范旭东去世后，因受阻于交通，两个女儿都没能赶回。范旭东生前向来简朴，没有什么资产，“生平不置产业，物质上毫无欲望，仅在天津备有寓所安顿家室，往来平、京、沪、港间皆寄居旅舍”①，个人所得创办人报酬金都捐给了黄海社，公司盈利所得都投入到新的建设中，家中仅留日常开销之需。范旭东离世后，范夫人许馥母女3人一时间几乎没有了生活保障。幸而永利同人及时伸出援手，将公司一部分股权授予许馥，才使母女3人的生活有了保障。②范旭东一生为“永久黄”团体作出了巨大贡献，作为近代中国化学工业最大企业集团的掌门人，去世后竟然没有给自己留下一份私产，甚至连家眷的生活都难以保障。这种为信仰、为事业奉献一切的精神，即便在今天也是极其难能可贵的。

范旭东如此，孙学悟也一样，一生以淡泊名利、鞠躬尽瘁著称，无论是当年放弃在开滦煤矿的高薪来到艰苦的塘沽，还是每当“永久黄”团体面临生死困局时都会充分利用人脉关系破解难题，都体现了竭诚奉献的黄海精神，成为黄海社乃至“永久黄”团体的一座精神“灯塔”。

范旭东、孙学悟等人甘于奉献的思想和行为鼓舞着黄海社全体员工，使得他们即使面临艰苦甚至危险的工作环境，也都一如既往体现了相应的牺牲精神。1939年编印的《我们初到华西》对黄海社员工作了这样的评价：“黄海是个有心灵的学术研究机关。属于化学这一门的研究，比其他各学科都费时日和金钱，稍微志趣动摇的，决不能支持长久。研究员穷年累月和毒气甚至毒菌周旋，即算大告成功，所得的只是三两行短短的方程式，既不通俗，外行人是毫不感兴趣的，设非自动的肯牺牲，也决不能全始全终。我们同情黄海过去的奋斗精神，这番意外的打击，认为是叫它再为中国化工学术负更大使命的锻炼。”③由此可见，黄海社之所以能够在中国近代化工科研史上创造一系列成绩和奇迹，与自上而下、团结一致的奉献精神是分不开的。

---

① 李金沂：《范公旭东生平事略》，《海王》1946年第18卷第17—19期。

② 莫玉：《范旭东：中国民族化工业奠基人》，中国财政经济出版社2014年版，第261—262页。

③ 久大盐业公司、永利化学工业公司、黄海化学工业研究社联合办事处编印：《我们初到华西》，1939年出版。

四、大胆创新

黄海社的奋斗史是一部不断创新和填补空白的历史，正如《我们初到华西》中所言："黄海在它的特创的学风之下，健强起来，因此它的工作，侧重创造，不肯踏袭平常步伐。除协助久大永利各厂，共同研究技术的改进，同时对于利用久大永利现有的基础，开发中国新的资源，特别努力，譬如最近几年矾矿的研究和探索就是个例。如其没有敌人这次暴举，再假以相当时日，这在国防和经济上的贡献是何等伟大。"①

在当时中国这个贫穷落后的农业国创建现代工业，每一步都是靠创新实现的。如果说，当年创建近代化学工业还有一些现成的经验可资借鉴，还能聘请国外技术人员予以指导，那么，黄海社的创办就是实实在在的"白手起家"了。既然黄海社是中国第一家化工科研机构，那就意味着在国内没有先例可循，一切都得从零开始。范旭东和孙学悟明白"创建化工研究社本身就是一个要研究的课题"，他们带领诸位黄海同人"摸着石头过河"，用科学的思想、方法去建立研究体系，从组织机构、运行模式、资金筹措、后勤保障、技术人员、项目选题、成果应用、环境塑造等各方面进行创新，逐步摸索出一套适合黄海社的运行和管理模式，不仅为自身发展奠定了良好基础，而且为后人积累了可资借鉴的经验，可以说是名副其实的"探路者"。例如，在研究内容方面，除集体拟定的项目任务外，其他研究项目的确定，一般会尊重科研人员个人的意志和兴趣，凡在力量许可范围内皆予以支持、不加限制，以充分调动并发挥科研人员的积极性和能动性，打造一个相对宽松、自由的学术空间和科研氛围。这样的开拓和创新，在当时的环境下，其实是有极高难度的。

科研探索方面，黄海社更是有着鲜明的创新特色。它在用科学的思

① 久大盐业公司、永利化学工业公司、黄海化学工业研究社联合办事处编印：《我们初到华西》，1939年出版。

想、方法助力近代产业的同时，不断扩展研究领域的“边界”，把“触角”延伸到未知世界，而每一次“边界”延伸，都是一次创新、一次突破。

黄海社成立后，在刚刚帮助永利走上生产正轨不久，就把目光瞄向化肥工业。中国是一个传统的农业大国，当时农作物的生长主要靠有机肥。19 世纪后期，西方科学发达国家发现了植物对营养元素的需求，从而推动了化肥的工业化生产，大大增加了农作物产量。范旭东与孙学悟讨论了中国的状况，意识到“以农立国”的必要性以及化肥在农业生产中的重要作用，同时受国外合成氨工业发展的启发，由此开始了发展化肥工业的探索。黄海社从硫酸铔厂项目的前期调研到参与项目的设计、研发、实验、采购、培训等工作，始终走在筹建工作前面，为项目实施、为中国第一个合成氨厂的建设作出了突出贡献。此外，黄海社还对研制化肥所用原料资源——海藻、矾石、磷矿石等进行调查研究，取得一批高水平成果，为生产钾肥、磷肥做好了技术、生产准备，为推动中国化肥工业发展进行了开拓性努力。

1931 年，黄海社成立菌学室（发酵室），当时引起一些人的质疑，认为微生物与大化工“不搭界”，况且菌学和发酵属于传统手工业，不应该是黄海社的研究方向。但范旭东、孙学悟等人认为，菌学是人类生存与化学紧密相连的“边缘学科”，也是“复合学科”，关系着微生物、生物化学等多个基础科学领域。如果人类能在菌学方面有所突破，将是对科学的一大贡献。因此，黄海社开启了菌学与发酵领域的研发和创新，在酿酒、酒精、食品（如醋、酱油、腐乳、泡菜、饴糖、粉条、砖茶等）、苎麻、倍子等分支领域取得一系列创新成果，以中国传统手工业为基础，从科学角度揭示了微菌及发酵原理，填补了国内研究空白。尤其是在炮火纷飞的动荡年代，收集保存下来大量菌种，成为新中国成立后设立的菌种保藏委员会独一无二的宝贵财富。几万株菌种广泛应用于生产、教学、科研，得到国内外很高评价。从黄海社走出来的方心芳院士等老一辈微生物专家，在新中国成立后成为中国微生物研究领域的领军人物。此外，黄海社在金属、水溶性盐类等研究领域也陆续取得一批创新成果，填补了当时国内的研究空白。

第二节 黄海社科研探索的启示

一、现代工业发展与科研创新相互依存

一个大国，如果没有现代工业支撑，没有科研创新引领，就不可能强大起来，两者缺一不可。现代工业发展与科研创新相互依存、相互促进，恰如生物体与中枢神经的关系。中枢神经依存于生物体，没有生物体的滋养，就无法存在；而生物体的生命活动依赖于中枢神经，如果没有发达的中枢神经，生命体也不会有健全的机能。

1930 年 8 月，在中国科学社第 15 次年会上的演讲中，孙学悟阐明了工业与科学相互依存的关系。他说："且科学与工业在发展上，是互相为力的。试看世界上凡物质或工业发达国，科学事业总事日日加多，且有用于国中情形的，反过来说，凡科学先进的国里，工业莫不直接或间接受学术团体的援助。这种互相为力的现象，自欧战后，在欧美各国里，愈觉显明。由它们工业界每年为科学研究事业，或为科学教育改进，所捐助款项数目，我们便知道它们的工业和科学合作的程度了。大工厂里设立研究部，小工厂里亦有试验室。教育机关亦同工业界联络起来了，那向来'尔为尔，我为我'的态度亦都改变了。一方面，学校里造就科学人才，一方面，工业界能以尽量受用。比如一个大水轮一般。一面引水，一面便有吸水的。于是这轮子的工作'川流不息'的在那里转。我们的轮子的工作怎样？仍属于片面的。只管引水而没有收容水的准备。故所引的水，都直接挥发到空中去了。总而言之，科学虽是发展工业的基础，但工业确是宣传科学的先锋，亦是普及科学教育的一种特殊工具，在科学历史上看来更是

发展科学事业一个阶级。”[①] 这段论述，不仅体现了孙学悟对工业与科学之间辩证关系的看法，也揭示了他当初应邀来到久大、筹建并坐守黄海社的初衷。

显而易见，现代工业发展如果离开了科研创新的支持，就会失去前进方向和动力，前景将会变得十分暗淡；而科研创新如果脱离了现代工业，就成了无源之水、无本之木，既得不到“母体的滋养”，又缺少了“用武之地”。正是由于这一原因，范旭东一直把黄海社看作“永久黄”团体的“神经中枢”，通过黄海社的科研与创新，为“永久黄”团体内各项实业的发展提供支撑。然而，直到现在，我们国家还有不少工厂和企业满足于外部模仿、拷贝和引进，止步于既有的市场占有率、利润率，把人力、物力、财力主要用在增产、降费上，以求通过维持“正常生产”达到实现盈利的目标，不去考虑进一步改进、创新和升级换代。其结果是，虽然产量越来越高、成本越来越低、规模越来越大，但最终难以逃脱被超越和淘汰的命运。毋庸置疑，倘若发展基点建筑在模仿、拷贝、引进他人技术的基础之上，一旦他人有了更进一步的创新，或在关键技术、关键设备供给上设置障碍，自己又没有研发和创新能力，必将沦为给别人打工的角色。那样，一些看似强大的企业就会像断了奶的“孩子”，面临严峻的生存问题，将永远不可能长成顶天立地的“巨人”。

这里，通过审视黄海社的科研探索及取得的硕果，还不得不让我们思考另外一个问题，那就是民营科研机构在民族复兴大业中究竟担负着怎样的特殊使命。目前，在我们国家的一些人看来，科研仍主要是国家大型研究机构或高等院校的事，因为它们有着强大的科研条件和实力，包括人、财、物、政策、环境等；而民营科研机构在很多方面都处于“弱势”，能够发挥的主要是成果转化或量产的作用。这种看法貌似有一定道理，但只

---

① 孙学悟：《中国化学基本工业与中国科学之前途》，《科学》杂志 1930 年第 14 卷第 6 期。

看到了事物的一面。实际上，人类历史上许多重大发明和发现都出自民间，且往往是通过偶然事件在偶然的时间发生的，正所谓“高手在民间”。之所以如此，是因为民营科研机构更接近市场和生产实践，会接触到更多的“偶然”机会，会产生更多的创新思路和突发灵感，而且几乎没有什么“框框”的约束。倘若国家能够赋予民营科研机构更多的激励和支持，为其创建一个更为广阔、能够自由发挥的平台，将进一步把埋藏在民间的创新热情激发出来，科研和创新将会变得更加活跃，科技兴国、科技强国的国家战略将会更快实现。

二、理想是科研创新的内在驱动力

一个科研机构，特别是一个民营科研机构，科研创新的驱动力无非来自两个方面：一个是精神层面，另一个是物质层面。精神层面是首要的，尤其是机构创始人的理想和追求。就黄海社和“永久黄”团体而言，创始人范旭东在日本留学时便摄像立誓：“我愿从今以后，寡言力行，摄像立誓之证。”回国后经过在北洋政府财政部的短暂工作，范旭东饱尝官场的朽味，愤然辞离。从此，他在初心的激励和官场的逼迫下开始四处筹款，终于办起中国第一个现代化学工业企业。他曾大声喊道：“为了这件大事业，虽粉身碎骨，我也要硬干出来。”细想起来，这在当时半封建半殖民地的中国是何等不易！孙学悟在一篇追念文章中描述了范旭东的志向和抱负：“他遭逢否运，青年时适值清末内政之腐化，外交之失望，变政之惨酷和甲午之战一败涂地。留学时又亲观邻邦之傲慢，备受耻辱。此种种刺激，皆深入其骨，痛感国家之不能自立，国人之不能行已有耻。”“旭东先生一生以‘知耻’为其人生哲学根本，以基本化工为其转移风气的工具，更依之培植科学研究，以期灌输科学精神于吾人日常生活而进国家民族于富强之道。”①

① 孙学悟：《追念旭兄》，《海王》1947 年第 19 卷第 4 期。

作为黄海社的带头人，孙学悟生于山东威海，儿时虽亲身感受到北洋舰队建立时的荣耀，但很快就先后目睹甲午海战的惨败和英国对威海卫的统治，深刻体会到中国人“耻”的滋味。此后，经过留日、加入中国同盟会和留美，他逐渐确立了科学救国、实业救国的理想和目标，决定用尽一生只干一件事，那就是如何让“科学在中国生根”。这是这位中国近代化工科研开拓者的精神动力所在。为了实现这一理想和追求，他一往无前，无怨无悔，花费了毕生精力去探索、研究和实践。

科研创新是科技工作的重要一环，除了具有科技工作的共性外，还对开展此类工作的“人”有特殊要求。在范旭东、孙学悟他们看来，搞科研创新是一项“神圣”的工作。所谓“神圣”，就是要有牺牲个人私欲、用一生精力去完成它的信念和决心。搞科研创新的人往往是孤独的，整天没日没夜、枯燥无味地一遍遍做着实验，忍受着一次次失败，从不为享乐、物欲所动。不仅如此，他们还必须是比普通人更深入、更全面掌握科学知识而又不循规蹈矩的人。他们既要有持之以恒、即使碰得头破血流也绝不回头的顽强精神，也要有随时发现错误、及时修正的决心和办法。同时，他们还必须做好耗尽一生精力却得不到预期结果的思想准备。由此可见，能在科研创新领域作出贡献的人，是为数不多用“特殊材料”构成的难得人才。尤其是那些在官本位、物质享乐、娱乐至上等诱惑下仍然坚持下来，过着“无权、少钱”“苦行僧”式生活的科研人员，更显得“神圣”和难得。如果没有这样一群“把世俗所谓荣辱得失是甚么一回事看得通明透亮，拿研究对象当做自己身家性命”的科技工作者，仅仅靠一些人喊喊口号、摆摆样子，那么，靠谁去冲锋陷阵，攀登科学上一个个高峰，填补科学领域一个个空白呢?

对于科研人员而言，还有一点非常重要，那就是：既要虚心向“权威”学习，因为这是创新的基础；又要有挑战“权威”的勇气，因为学习不是目的，而是为挑战做准备。一味地学习和继承，只能导致踏步不前。同时，科研人员还应既要认真掌握现有科学技术，又要时刻准备突破现有科学技术的束缚。在他们的眼里，科学技术不应有“顶峰”和“边界”，只应有更高的“山峰”和连绵不断的“山峦”；不应有被权威划定的界限，只应有更宽阔的领域、更完善的理论。要培养在学习传统、权威过程中又敢于突破传统、权威的勇气，用一生的精力去实现自己的信念和决心。其实，这也正是黄海人在科研探索中内在的驱动力所在。

三、科研创新需要打造适宜的“生态环境”

作为从事自然科学研究的科学家，孙学悟脑海里一直有一个挥之不去的问题，那就是如何创建有利于科研创新的适宜“环境”和“土壤”，让科学技术在中国这片古老的土地上生根、开花、结果。他曾在一篇日记中写道：“黄海成立将近卅年来，可说是一页坚忍死守奋斗史……我们死守的是一点信念——科学非在中国土壤上生根不可！”①

但“生根”是需要条件的。如何才能让科学在中国古老的大地上生根？无疑，“环境”“土壤”是非常重要的因素。早在1930年，孙学悟在中国科学社第15次年会上演讲时就提出：“现在中国发展科学历史上，似乎演进到了一个新时期，这个新时期便是怎样努力去创造那可以增进科学研究的环境，开辟一条改造科学教育的新路。”② 这番话清楚地表明，在中国科学发展史上的新时期，需要努力去创造可以增进科学研究的“环境”，而这一“环境”的形成，是需要社会各个方面去创造的。

其实，范旭东创办“永久黄”团体从一开始就处于非常不利的“环境”中。从外部环境看，当年中国在化学领域除了一些落后的手工作坊外，几乎没有现代工业基础；久大、永利刚刚起步时，内无国家政策、资金支持，外遭外商残酷打压、封锁；当时的国人囿于传统认知，更相信“经验”

---

① 孙继仁：《父亲，我们怀念您》，政协威海市环翠区文史资料研究委员会：《孙学悟》，1988年出版，第68页。

② 孙学悟：《中国化学基本工业与中国科学之前途》，《科学》杂志1930年第14卷第6期。

而非“科学”。所以，在一般人看来，面对这样的不利“环境”，可能只有感叹“生不逢时”，或等待有利“环境”到来再说。“永久黄”团体却没有被动等待，而是迎难而上，用自己的行动一点点探索、营造适合科学发展的“环境”。“永久黄”团体同人坚信，好的“环境”是可以通过努力甚至革命创造出来的。

在范旭东创办永利碱厂之前，国内市场上供应的纯碱主要来自世界寡头制缄企业——英国卜内门公司，仅从它一家公司的进口量就占到中国市场销量的90%左右，我国土碱的供应量极少。卜内门公司当时在中国的掌门人李立德曾在我国传教多年，是一个典型的“中国通”。他通过向袁世凯及其军阀政府施加压力，获得政策上的压倒性支持，又通过资本、技术、质量、价格上的优势，欲将永利碱厂扼杀在摇篮里。而当时的国人，很少了解化学工业的重要性。军阀政府里更是一群只求当官、捞取私利的政客，不懂得为新兴产业提供任何良好的发展条件。在这样的环境下，“永久黄”团体还是极尽全力，为自己也为当时的中国打下一片属于民族工业科学发展的新天地，不仅掌握了一直被西方垄断的索尔维法制缄技术，还在国际性的万国博览会上获得金奖，从而大大改善了自己的商业生存环境。如果说这次改变环境是“得益于”英商的“卡脖子”和中国当政者的不作为，是被他们“逼”出来的，那么，接下来的改变更是在抗日战争这一极度困难条件下完成的。

1937年七七事变后，“永久黄”团体不得不西迁四川，致使永利碱厂的原料盐由廉价的海盐变成昂贵的井盐，过去的制碱技术工艺优势已难以发挥作用。这些都意味着，永利碱厂生产的“生态环境”变了。1938年，永利川厂本想利用比较适合井盐的德国察安法制碱，并安排侯德榜去德国与技术方商洽，但不料，得到的是对方的政治要挟。于是，他们决心发奋自行研究新的制碱工艺。在黄海社科研人员大力配合下，终于在1941年完成全新的联合制碱工艺的半工业装置试验，让国人引以为豪的全新的“侯式碱法”由此诞生！“侯式碱法”的发明大大激发了“永久黄”团体全体职员的积极性，也增强了广大国民的民族自信心，使“永久黄”团体的生产环境“忽然洞开”。这进一步证明，科研、创新的适宜环境往往不是等来的，而是通过一往直前、无畏无惧的科学创新“闯”出来的。

有时，越是困难的时期，越能激发科研人员顽强的斗志和勇气，正如孙学悟于1939年在《黄海：发酵与菌学特辑》创刊号撰文所说：“盖各国政治社会以及科学之建设，多奠基于乱世。即发酵鼻祖巴斯德之成功，岂非在法国最困难之时乎？吾发酵部当此抗战期间，处境虽云困难，仍欲本十年来奋斗之精神及大时代赋予之使命，向前迈进，成败不计，鞠躬尽瘁耳。”① 回想我们国家科学技术的发展史，科研创新的良好环境，难道不就是靠这样一位位有识之士、一个个科研创新，通过一点点改变改进，最终得来的吗？由此可见，科研创新的适宜环境往往不是等来的，而是争取来的，有时甚至是在逼迫下打拼出来的。

四、人才素质是科研创新之基

范旭东常说“凡事待人而兴”。他在创建“永久黄”团体过程中，经常遇到“靠什么人去干”的问题，深感如果没有“合适”的人去做，是达不到预期目标的。为此，范旭东总是想方设法引进高素质人才，并通过实习、培训、进修等方式，不断提升各类人才的科技素养，这给我们提供了有价值的启示和示范。

黄海社成立初期，本想参照一些欧美研究机构的运行模式，多聘请顶级专家学者来社参与研究，但苦于经费所限，无法为他们提供充裕、优良的实验条件和高标准的生活保障，这给招聘工作带来很大困难。尽管如此，黄海社还是不限门类、不分学派，从在国外的留学生及国内知名大学的毕业生中招聘到一批业务骨干，组建了一支精干的核心科研团队。其

① 孙学悟：《黄海化学工业研究社发酵部之过去与未来》，《黄海：发酵与菌学特辑》1939年第1期。

中，既有留美的区嘉炜、卞柏年、卞松年、蒋导江，留法的徐应达，留德的聂汤谷、萧乃震，双料博士赵文珉，以及名噪中外的张克忠，也有方心芳、魏文德、赵博泉、吴冰颜、谢光蘧、孙继商等一批国内各大学的优秀毕业生。有了这样的基础，黄海社便把人才工作更多放在了对科研人员进一步的塑造和培养上。例如，为了让科研人员能够更好与国际接轨，他们不时派出一些科研人员赴国外进修学习。1935年，派遣方心芳赴欧洲进修，先后到比利时、荷兰、法国、丹麦等国学习研究菌学，回国后继续到黄海社开展科研工作，担任发酵与菌学研究室主任，并成为我国近代工业微生物学的开拓者。1946年抗战胜利后，“永久黄”团体需要回迁恢复生产，此时正是让科研骨干人员再学习的好时机，于是又派遣吴冰颜、魏文德、赵博泉、孙继商等人前往美国普渡大学进修，分别学习物理化学、有机化学、分析化学、化学工程。1949年后，他们陆续回国参加新中国化工建设，都成了我国化工界的领军人物，为我国化工事业发展作出了贡献。

在创办“永久黄”团体之初，范旭东就深刻认识到，刚毕业的大学生身上通常存在一些缺憾。他曾写道：“若工业学校之学子，固明明以研学为事者也，乃其为学之方，又往往流于空泛，或仅知原理而不谙应用，或熟知名词满腹而未曾一见实物。至留学外邦专习工科者，虽不乏深造有得之才，然其可得于心者，往往详于外情而疏于本国之事物，一旦出所学以施诸实用，又不无扞格不入之憾焉。”① 为了弥补这一缺憾，“永久黄”团体对新加入的大学毕业生进行了“再培育”“再教育”。从国内外各大学招来的毕业生来到“永久黄”团体后，通常并不直接参加工作，而是要经历半年的实习、考核期。比如，化工专业的毕业生，前3个月先到黄海社参加实验、化学分析等科学技能培训与考核，由技师负责，让毕业生对一些原材料和各种样品进行分析，测出其成分及含量，以检查毕业生的实验室

① 范旭东：《创办黄海化学工业研究社缘起》，《范旭东文稿（纪念天津渤化利化工股份有限公司成立一百周年）》，2014年出版，第170页。

工作能力与水平；后3个月到工厂车间实习，在工厂技术人员、老师傅带领下，进行工艺参数的制定和操作、生产事故的处理、技术问题的解决等，并了解与化工相关的土建、机械、电气、给排水、设计等方面知识。机械专业的毕业生，则需要从设计制图开始，到制模、铸造、机床加工、装配等各个环节和程序，都要能够独立完成。在这半年的实习、考核期间，“永久黄”团体注重从中发现每个毕业生的特长和技能，然后再通过教育、培养和熏陶，进一步增强这些毕业生的实际工作能力。通过这一举措，确保刚毕业的大学生在掌握系统的理论知识基础上，实践操作和动手能力得到巨大提升，并很快适应工厂的科研和生产实践，成为各自岗位的“技术能手”和“业务尖兵”。

一个现代工业集团的持续发展，不仅要有足够多的在实验室工作的高水平科研人员和科学家，还要有大量训练有素的奋战在生产一线的业务骨干和“能工巧匠”。为了培育更多生产一线的业务骨干，1934年8月，“永久黄”团体成立了艺徒班，学员主要来自职业学校和高级中学的毕业生，年龄一般在十五六岁，通过严格考试择优录取，学习期限为3年，采取半工半读模式，由有实际经验的工程师、技术人员授课，有一定理论基础的老工人带领实习，白天8小时在工厂里学习操作、提高技能，培养工匠精神，晚间3小时接受相关技术理论课程教育，学习相应的科学理论，有时还会到外地参观学习。经过3年每天11小时的学习和有针对性的培训，他们的技术、理论水平都会达到大专程度，实践经验则往往超过刚来的大学毕业生。艺徒班的成立，大大缓解了“永久黄”团体对技术工人的大量需求，同时提高了团体员工的整体技术水平，让学技术、添本领成为“永久黄”团体的一种风气和时尚。

五、善治是科研创新的制度保障

对于科研机构、高技术企业来说，“善治”非常重要。它是科研创新的重要制度保障，也是实现可持续健康发展的基础。关于这一点，“永久黄”团体和黄海社从企业文化、工作条件、员工待遇等多方面都进行了探索，并积累了丰富经验。

黄海社成立后不久，就确定了一个圆形社徽。外圈是齿轮，代表工业发展的动力；内圈是相互涵抱的三个部分，代表致知、穷理、应用三步功夫不可分割、紧密联系。这里，他们既表达了制作社徽的用意，又借社徽图案表达了办社的方针、方向及理念。黄海社提出的理念具有浓郁的中国哲学、文化色彩，不是干巴巴的口号，而是深入人心、催人奋进的核心价值观，为在社内形成良好文化氛围、鼓舞科研人员干劲提供了精神食粮。与社徽表达的一样，在此后近 30 年岁月中，致知、穷理、应用就像螺旋桨中融合在一起的三个叶片，不停旋转、转换，带动着黄海社不断向前、向上攀升。

黄海社注重为科研人员打造良好的工作条件。对于科研机构来说，最重要的工作条件是图书资料、实验设备等。当时的科学知识主要通过图书、杂志等出版物在社会上进行传播，其他途径很难发挥较大作用，因而，图书资料在科研条件中占有极为重要的地位。基于这一事实，黄海社在成立时就设立一个较大规模的图书馆，收藏的国内外有关化工方面的书籍达 5000 余种，专业杂志有 10 余种，为科研人员开展研究提供了极大便利。此后，在南迁、西迁过程中，图书资料一直跟随黄海社转移。其间，虽遭遇较大损失，资金也非常紧张，但即使再困难、再艰苦，黄海社对于图书资料的收集也一直没有停止过。1949 年，黄海社搬迁到北京芳嘉园新址后，最大的建筑就留给了图书馆。1952 年移交时，仅数十人的黄海社积存的中外专业图书和期刊就达 3 万多册，此外还有大量技术资料，由此足见黄海社对图书资料的重视。

黄海社注重治社理念，“永久黄”团体也不例外。经过一段时间“实业救国”的实践后，范旭东深感“永久黄”团体必须有统一的思想、信念，以使团体的步调更加一致，组织更加严密，意志更加统一。于是，他于 1934 年通过《海王》旬刊在团体内征求关于团体信条的建议。他写道：“凡欲做番事业，必定要有一个组织健全的团体，因为团体行动的力量是很大的……每个团体都有一个目标，凡属团体内各个分子，都努力以赴之，有组织、有计划、有信条，意志统一，步武整齐，一心一德，不顾一切往前迈进。如此集各个分子的力量，一变而为团体的力量，此所以团体力量大，其事业乃得以成功……要统一团体意志，必要有团体的信条……所谓团体信条，就是团体内各个分子共同悬为信念的标的，同时即为达到统一团体意志的臬圭。”① 经过在团体内的广泛征集和讨论，最后确定了“永久黄”团体的四大信条，即“第一，我们在原则上绝对的相信科学；第二，

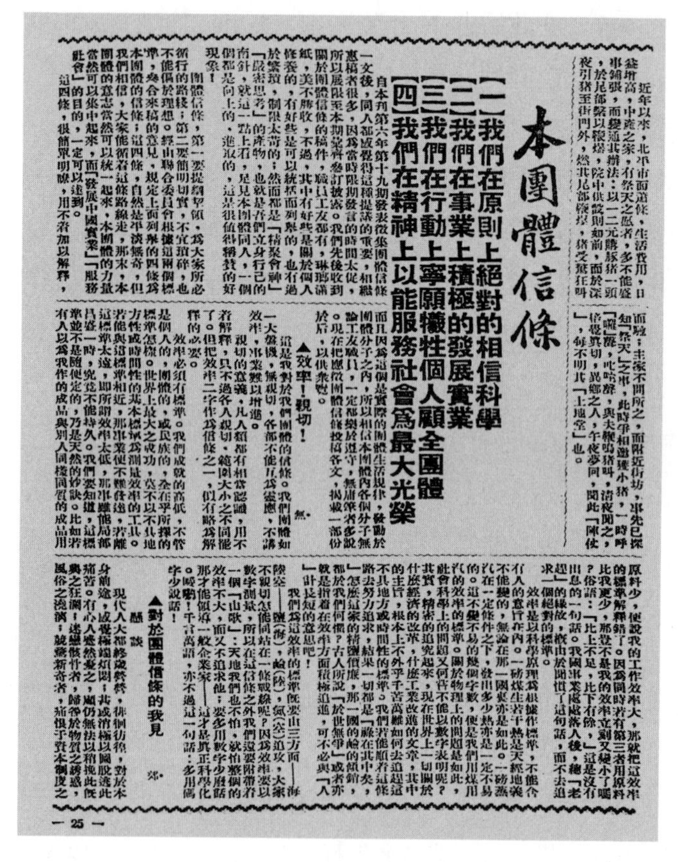

本團體信條

【一】我們在原則上絕對的相信科學

【二】我們在事業上積極的發展實業

【三】我們在行動上寧願犧牲個人顧全團體

【四】我們在精神上以能服務社會爲最大光榮

▲效率！親切！

▲對於團體信條的我見

— 25 —

“永久黄”团体的四大信条

---

① 范旭东：《为征集团体信条请同人发言》，《海王》1934 年第 6 卷第 19 期。

我们在事业上积极的发展实业；第三，我们在行动上宁愿牺牲个人顾全团体；第四，我们在精神上以能服务社会为最大光荣”，并于当年 9 月 20 日刊发在《海王》旬刊第 7 卷第 1 期上。有了这些共同遵守的信条，“永久黄”团体全体员工便有了明确的价值导向、行动准则和道德规范，从而为打造强大的化工集团提供了精神文化支撑。

为了充分调动员工的积极性，“永久黄”团体注重提供具有吸引力的生活待遇。对于团体内的普通科研人员而言，他们有着相对较高的薪酬、待遇，而且每年春节都可以加薪一个月，并根据不同的工作表现、取得的研究成果得到不同的奖励或加薪。不仅如此，“永久黄”团体设有自己的正规幼稚园、小学，高薪聘请最好的老师，配备最好的设施；设有各种扫盲班、妇女班、外语班、职工夜校、读书班、文艺社团等，职工、家属可以享受完全免费的教育；设有自己的医院，从全国聘请优秀医生，实行职工、家属免费医疗。此外，“永久黄”团体会按照不同时期为员工提供住房，所用水、电全部免费，有时甚至免费供应家庭生活用的盐、碱及夏天

屡创佳绩的“永久黄”团体篮球队（右一为李烛尘）

名震华北的“永久黄”团体网球队（左三为孙继商）

用于冷藏的冰块；在员工居住的大院里，还设有儿童乐园、网球场、俱乐部，供员工和家属游玩、锻炼、娱乐。① 有了这样的待遇和生活环境，“永久黄”团体的员工包括黄海社的科研人员，都没有后顾之忧，从而把几乎所有大块时间都用在学习、科研和工作上，无形中促进了生产、科研的顺利开展和高效运行。

① 陈歆文：《中国化工人才的摇篮》，全国政协文史资料研究委员会、天津市政协文史资料研究委员会：《化工先导范旭东》，中国文史出版社 1987 年版，第 136—146 页；《天津碱厂 · 钩沉：“永久黄”团体历史珍贵资料选编》，2009 年出版，第 412—437 页。

附　录

创办黄海化学工业研究社缘起 *

范旭东

我国百工窳败，亦已久矣，举国上下，日用所需，无巨无细，几莫不仰资于外货，匪惟金钱流出无止息也。驯至一国独立之精神，自存之能力，亦随之而消亡垂尽，吁此为何等现象耶。然周视四境，则山林田野，未辟之利既随地而有，年力富强、游手坐食之辈更到处皆是。货弃于地，人成废材，此又为何等现象耶。举是二者相积相乘，愈演愈烈，有前者之病，而国民生活时时蒙物资缺乏之压迫；有后者之病，外则启强邻环伺之野心，内则成弱肉强食之惨状。居今之日，有心者企图补救，岂尚为不急之务哉。说者谓补救之方多矣，而振兴工业当为其最要者之一，其说诚是。第近世工业非学术无以立其基，而学术非研究无以探其蕴，是研学一事尤当为最先之要务也。顾在吾国欲就工业而论，学术盖有不易言者矣。试就国内之旧式工业观之，彼从事于其业者，率皆徒以墨守成规为已足，初不知参求新理以图改良，亦为其分内应有之事。若工业学校之学子，固明明以研学为事者也，乃其为学之方，又往往流于空泛，或仅知原理而不谙应用，或熟知名词满腹而未曾一见实物。至留学外邦专习工科者，虽不乏深造有得之材，然其可得于心者，往往详于外情而疏于本国之事物，一旦出所学以施诸实用，又不无扞格不入之憾焉。准是以论则欲计中国工

* 本文收藏于公私合营永利久大化学工业公司历史档案（久大案卷顺序号 181），转录于永利化工公司：《范旭东文稿（纪念天津渤化永利化工股份有限公司成立一百周年）》，2014 年出版，第 170 页。

业，兴学术之发达，莫要于使研学者有密接于工业之机会，而其所研究之目的，物即为工业上之种种用材，如是则致力不虚而成效乃著，当为事之确然无所疑者。同人于此见之，既真感之尤切，因尽力之所及，于国内化学工业中心地之塘沽创设黄海化学工业研究社，仿欧美先进诸国之成规，作有统系之研究，于本地则为工业学术之枢纽，并为国内树工业学术世界。有欲阐明学理、开发利源，以贡献于祖国，而致民生之福祉者，幸毋遐弃，曷赐教焉。

注：此文源自范旭东手稿，写于 1922 年。

《黄海》发刊的卷首语 *

范旭东

黄海化学工业研究社发行的《黄海》双月刊，已于六月一日出版，第一篇为“发酵与菌学特辑”，颇为学术界所欢迎，其卷首有范先生的一篇短文，系说明黄海的使命和黄海的学风，并望中国能有巴斯德出现，语重心长，颇关紧要。兹特转载本刊，俾我团体同人咸得一阅也。(编者)

民国十一年八月间，西圣孙学悟先生到塘沽，和我们搅和在一起了，久大附设的化学室，从此改成独立的组织，定了现在的名称。记得当时我们说过“黄海这个小宝贝，是中国一个孤儿，大家伙儿（西圣的口头语）应当拿守孤的心情，来抚育他，孩子将来有好处，那是国家之福，否则大家笑一笑散了就是”。这话于今十七年多了，孩子总算不错。

学术研究，是种神圣工作。做研究的人，首先要头脑明晰，把世俗所谓荣辱得失是甚么一回事，看得通明透亮。拿研究的对象，当做自己的身家性命，爱护它，分析它，安排它，务必使它和人类接近，同时开辟人类和它接近的坦途，这个任务，岂是随便可以完成的吗？无怪以牛顿那样的资质，那样的成就，他还叹息学海无涯！我们还有甚么话可说？但愿跟踪前辈，愉快而感奋的，一步一步，一代一代，向前走着，为不世出的伟

* 原刊载于《黄海：发酵与菌学特辑》第 1 卷第 1 期（1939 年 6 月 1 日），题目为《在卷首说几句话》，署名“老范”。1939 年 9 月 10 日，《海王》旬刊第 11 卷第 36 期予以转载。本文是转载版。

才，预任披荆斩棘之劳而已。这个，是我黄海同人共同的心愿，是我黄海一贯的学风。

近年黄海尝试了几种比较新颖的研究，可惜我们到现在还在暗中摸索，没有多大成就，菌学就是其中之一。七七事变，别的部门因为材料、设备种种关系，不得不暂时停止。菌学所要资料，是到处找得到的。去年黄海随着大本营西迁，在五通桥生下了根，菌学研究率先恢复过来。方心芳先生，心目中的微菌，决不比一条牛小，他是一个最忠实的牧童，他希望引起大家欣赏牧场的兴趣，决定把菌学部门同人的工作，陆续公表出来。我认为的确是很有意义的。但愿中国有一二位巴斯德，由这刊物叫唤出来，像巴氏一样，把国难的全部损失给微菌担负，做黄海这次出版的纪念。

黄海二十周年纪念词 *

范旭东

料不到黄海今年八月的二十周年纪念，在华西这深山里举行，打破乱离生活中的岑寂，确是一段佳话，十足显出中国学人的风格，令人兴奋！

这二十年，中国正当历史上空前的转变时期，旧有的制度文物，无一不受动摇。在思想和行为上，任何方面皆在力求进展。尽管啼笑皆非的矛盾百出，却有万千可歌可泣的壮烈牺牲曾不稍自踌躇的应运而生，迈绝往古；也有许多罪恶，假借爱国为公的名义，胆大妄为。物极则反，非人力所能阻止；但是最后的归趋，或进或退，全在人为，很值得警惕！中国广土众民，本不应患贫患弱，所以贫弱，完全由于不学；这几微的病根，最容易被人忽略，它却支配了中国的命运，可惜存亡分歧的关头，能够看得透澈的人，至今还是少数；中国如其没有一班人肯沉下心来：不趁热，不惮烦，不为当世功名富贵所惑，至心皈命为中国创造新的学术技艺，中国决产不出新的生命来。世论辄嫌这看法太迂缓，权势在握的人，什九又口是而心非之，我人何敢强聒。惟有邀集几个志同道合的关起门来，静悄悄地自己去干；期以岁月，果能有些许成就，一切归之国家，决不自私；否则，也惟力是视，决不气馁。这是二十年前我们创立黄海的微意，今日从记忆中再唤了出来。

黄海的工作，实在大迟钝，不免贻笑大方；这在我们，毋宁是意中

---

* 原收录于1942年出版的《黄海化学工业研究社二十周年纪念册》，同时刊载于1942年8月10日出版的《海王》旬刊第14卷第32期。

事，“办化工研究社，本身就是个要研究的课题”，最初就觉悟到这点。这课题，的确费了不少的心力和时日，在起初几年，简直是暗中摸索，有时这样，有时那样，越做越怀疑，等到略窥门径，越觉得非再加彻底不可；这一来更是旷日持久，得不到心满意足的结论。明知志大才疏，反为害事，不过不这样追求，放心不下，自己也觉对自己不住。化工在今日形成了民族的长城，这岂是不出几把汗、不咬紧牙关，一代二代干下去，建造得成的？研究，是为建造长城打地基，这工作更要费一番气力和精神。学术研究机关的成败，不仅自己要努力，环境的影响，尤其密切；凡事待人而兴，学术研究机关，和学校不同，不是直接施教的，设若学校没有多数优秀健全的专家教育出来，他根本无从得人。严格的说，寻常所谓优秀健全的送进研究室，每每还嫌不够。研究室的工作和在前线打仗是一样的，非勇敢拼命，必要败退。研究室要极有抱负的天才做他的台柱，才有生命，这岂是容易得来的？其次是一般文化水准要高，才能相得益彰。二十年来世人责望学术研究机关的，多注重眼前的利得，常常听见冷语批评：“某社某人不顾生民疾苦，这个时候还在研究室做洋八股”，他们硬把学理和应用，分做两起，要先应用而后学理。凡是研究学理的，就被误会是纸上谈兵，不切实用；这论调，相信他是出自悲天悯人的至情，并非恶意，但是一言丧邦，不知多少做研究工作的受到磨折。说句痛心的话，中国学人，到今天还在和环境争死活，说不上受国家社会的敬仰，潜心学术；这样，如其还有所谓成功，在我看，不是自欺，便是欺人。

二十年的辛勤，真够黄海同人忍受！换来的，只是诸君各人头上的白发和内心的慰安，求仁得仁，我真替诸君高兴，而且衷心替诸君祝福！

由试验室到半工业实验之重要 *

——在三一化学制品厂开幕演词

范旭东

今日三一化学制品厂开幕典礼，承本地官长和士绅各位枉驾，异常荣幸。黄海化学工业研究社社长孙颖川先生，本来决定亲自参加的，因临时有要事，分不出功夫，恰好昨日兄弟由五通桥经过，他托付代表他欢迎各位指教，并代达谢意。

中国目前，正当历史上空前国难时期，国家需要学术机关效忠之处太多，不幸我们有心无力，五六年之久毫无贡献，自问实在不安。各位是很知道的，化工研究，比其他学科耗费更大，离开药品仪器，简直无从着手。在战时后方，药品仪器，岂可以随时得来的？黄海是个私立学术研究机关，既没有稳固基金，又没有大量补助费，设施万分吃力。加之黄海一向保持着刻苦自立的学风，不肯放松；有时承社会不弃，有人情愿解囊相助，终归怕影响它的学风，只得婉谢，甚至因此招致误解，以为故意鸣高，其实绝没有这种意思。战时公私机关，有许多关于化工方面急需解决的问题，委令黄海研究，费用一切，虽由委托人自行负担，但问题广泛多门，有一部分多少带时间性，必得匀出几个专门负责的人来赶急进行，时常感到人手不够，顾此失彼。这类工作，一年比一年加多，从学术立场说，的确是良好现象，求之不得的。去年黄海在五通桥举行二十周年纪念，有许多关心这种情形的朋友，提议应该由社里指定几个人专负责应付这类临时

* 原刊载于1943年6月30日出版的《海王》旬刊第15卷第29期。

发生的问题，同时应另自设一个机关，凡是经过试验室研究所得的结果，认为前途有望可以设厂大量生产的，必先做一个半工业实验，不要拿研究室所得的结果，一步就跳到建设工厂，免得中途发生危险，贻累无穷；因为试验室的研究和设厂大量制造，中间有许多要件必须切实查明，要经过一段半工业实验阶段，才靠得住。这在欧美化工先进国，凡是创造一种新的商品，早已认为是必经的步骤。中国人财物力都不许可，国人又急于要见功效，这种做法，以为是绕弯子太大，嫌它迂缓，情愿花莫大资金，拿正式的大厂做他们实验场，遇到意外，不免再衰三竭，终归于失败，落得一个怨天尤人完事。这种先例，不知多少，实在可惜！黄海因此决定拜受各方盛意，请集资相助，这是创办三一化学制品厂的动机。这议成于民国三十一年，所以命名三一。意见发表出来，首先得到盐署缪总办剑霜会局长景南两位先生的赞许，允予拨借公款实力相助，得此鼓励，又荷各位热心同志允集股本二百万元，先收半数，开始建造，几个月之间，一切现实出来，可见各方期望之殷切。外间骤然听到为黄海集股设厂，虽不疑其别有用心，或者以为他们是用惠而不费的手段，寓“保本”于协助之中，事实不然！如果一看三一化学制品厂章程第二十四条，就可以明白，那上面明明载着：“本公司全体创办人，因念中国化学工业之学术亟待促进，故集资创办本化学制品厂，愿以股东所应得前条纯利八成之全数，按年拨赠黄海化学工业研究社为基金及费用，暂以十五年为期，期满再由股东会商决之。本条之规定在十五年内股东不得提议更改。”可见他们的用意，完全出自协助研究学术的志诚，遂行了“有力出力，有钱出钱”的国策，而况有力的并不是真正有多大余力，有钱的也决不是真正有多大余钱，不过各尽其心罢了。这厂目的既重在半工业实验，制造上并不限于某一种出品，但都要用相当大量的原料，同时且产生相当数量的成品出来发售，从表面看和正式营业的工厂相差不多，所不同的，这里决不出实验范围。

西南各省盐产，以四川自贡犍乐各场为最著名，黄海入川以来，曾派员到全省盐场，从技术上协助减轻成本，增加生产，略著成效。因为本社在五通桥，和犍乐两场同人，过从较密，尽力亦比较多些。此次三一厂在自贡成立，虽不似本社偏重纯学理研究机关，然工厂的实验，就是把研究室放大些许；实际工作并无若何分别，仍极愿尽力协助本地盐业的进展。中国每遇海疆有事，毗连四川省份之食盐，无不由四川供给，一旦战乱平息，川盐又必受低价之盐排挤，殆无例外。从前盐务中人，惟一应付办法，就是请求政府划分销地，如战前川鄂之间，宜沙一带有所谓川淮并销区，就是一例。人为的区域，救一时之急，未实无效，实则成本高的，终归要受淘汰，这是无可避免的。在抗战期中，川盐盛销，但说起这段故事，没有不头痛的。利用制盐残渣，所谓卤巴苦卤之类，提取有效成分出售，久为各方注目，喧嚷多年，迄少成效，最近黄海派员主持久大自贡盐厂之副产部，始有比较大量的生产，观感为之一新。五通桥化学工业公司食盐副产品厂之成立，黄海复为之计划一切，并作技术上之援助，因之愈坚各界对废物利用的信心。一转眼间，大家似乎又不免发生误会，期望太奢，以为一旦停战，川盐一定可以拿今日的正产当作副产，而以今日的副产当作正产，做对抗海盐的武器，维持川盐盛况于不坠，这意思很对，不过我们看事，最要切实，一厢情愿的判断，往往含着危险。我不愿川盐再蹈往日覆辙，趁今日三一化学制品厂开幕之日，把个人所知道的说出来，供大家参考。今日川盐副产，在战时内地，诚不无特长，一到战后，是否能维持，很有问题。比方盐化钾，德国有矿产可以输出，硼酸在美国和意大利的碱水湖里简直取之不尽，比我们从三千多尺取出卤水，制盐之后，再从所剩下来的残渣中提取这类极普通的东西，难易何止天壤？记得在战前汉口自来水厂所用的明矾，他们不买近在咫尺的安徽出品，远远地从法国输进来，这不是说用主不知道爱国，实在是国货又贵又不合用，大家只得忍痛用外货。战后如其国货做不到价廉物美，这矛盾还不会消灭。各位，开发西北，朝野已经下了决心，定为国策，迟早必得实行，那里，盐湖遍地，里面有的是这类副产品，战后我们纵然不怕外货侵销，国货总得让便宜的先走一步，四川盐场出品是否敌得过，这是今日在座各位也当想到的。我的话越说越长，今日我们在自贡盐区设厂举行开幕典礼，个人又在这厂里讲台上说话，当然是万分期望这盐区发达，并且永远发达的！要达这个目的，我以为我们第一要看明白：这一区事业将来的出路，要恃学术的进步，必须群策群力，再从研究学术上下功夫；如其拿目前这一线微弱的光明当作救星，结果必要招致失败。书生之见，不知道大家以为如何？这单就盐产一件事而言，其他关于战时所需，有涉及农矿各方面的，可说无一不如此。黄海受公私机关委托研究这类问题，今后决取同样程序，先在本社研究室作初步研究，得到结果之后分别在三一，或委托久大永利两厂做半工业实验，一面应战时急需，一面树立化工基础，这个新企图，前途当然要撞到许多意外波折，但无论如何，纵然我们失败，后来的也一定舍此莫由，窃愿尽心竭力为之，还望各位官长和来宾，以后随时多多赐教！

我之黄海观 *

李烛尘

海本庞然巨物，珍奇万有，固一取不尽之宝库也，黄海英文名 Golden Sea，其意义殊足玩味，吾国人对海之兴趣不浓，故历来文章诗赋，鲜有皇皇大作与绝妙好词形容而赞美之者。学海无涯，科学自海外传来，又为近百年内事，而研究工作更晚，此亦令人望洋兴叹者也！

黄海社发祥于渤海之滨，自民国十一年创设以来，无日不在内乱与外患之苦海内过生活，而私家建树，财力有限，一切研究成果，均从刻苦中得来，虽其发表于刊物者不过十之二三，然竭心智之精英，为文字之启示，海内有识者，谅悉知之。

自“七·七”事变，海下（塘沽附近之统称）首当敌冲，文化机关，是敌人处心积虑所必定毁坏者，黄海自无例外。幸将一部分仪器图书抢出，播越到川，几于赤手空拳，重建楼阁。黄海同人本夙日之研究，贡献于社会者不少，是固非空疏无物者可与比伦。

黄海学风，崇尚自由研究，启个人之睿智，探宇宙之奥藏，鱼跃鸢飞，心地十分活泼。盖海育千奇，取携无碍，集全神以抱卵，自探骊而得珠、若浅赏中辍，西爪东鳞，将莫测渊深矣。历来藏修游泳其中者，类有是感。

黄海作风，着重脚踏实地，虽汪洋如千顷之波，而溯源探本，不弃

* 原收录于 1942 年 8 月出版的《黄海化学工业研究社二十周年纪念册》，同时刊载于 1942 年 8 月 10 日出版的《海王》旬刊第 14 卷第 32 期。

细流。中国旧有工业，必从老师宿匠手中学习而来者，即本此义；故筑基甚坚，堪负重载，以视徒尚宣传作类似海市蜃楼之议论者，不可同日而语也。

大海茫茫，孤舟奋斗，而把特舵柄之人，以冷静之头脑，及纯洁之理智，稳撑快航，既不为狂风暴浪所撼摇，亦不为龙女水魅所诱惑，为求真理而牺牲，愿为航海者作一活动之灯塔。航行者必依指针所向，始能稳渡迷津，否则彼岸遥遥，而大海捞针，必将毫无所得也。兹值黄海二十年纪念之日，窃愿举其艰苦之行实与远大之目标以告来者，并为之祝福焉！

说　盐*

孙学悟

名辞与历史

盐，从卤。《说文》，“卤西方碱地也，口象盐形”。盖盐之结晶为立方或八面体也。《说文》言“天生曰卤，人生曰盐。”吾今作“说盐篇”乃由普通化学上而言，非独说人造之盐也。(其实古人所用之“造”字并无别意，亦不过指制盐之法而已。如海水焉。若日光之热而曝干为盐，吾谓之卤。若吾人以水煎煮而成者，吾即谓之盐。）盐之化学名词称氯化钠，其西文符号 NaCl。

盐，天生广布，见知最古。“山海经”言“盐贩之泽，”《礼》言“屑桂为姜以沥诸上而盐之”。西方古国亦会见盐之为用。如《旧约》言犹太法律命民人献神之肉，须以盐配之。古时犹太人俗用一种不纯洁之盐质，以水解之，留其精质，弃其渣滓于粪场，久之可为肥料（在山东沿海滨一带，吾国农人仍习此法)。故《旧约》马太篇第五章云:“尔如地之盐，盐失其味，何以复之，后必无用，惟弃于外为人所践耳。”其实盐滓在空气中堆集日久，而可用为肥料之说，非无科学上之理由，为盐质能为硝质所染，而变为硝石。世界上大宗之肥料即硝石也。

* 原刊载于《科学》杂志 1917 年第 3 卷第 4 期。

盐之原质及性质

盐为二元素所成，一曰钠（Na）属金类，二曰氯（Cl）为气质。斯塔斯（J.S.Stas）发现百分盐中，含钠39.39%，氯60.61%。此二数各由其原子量除之，得一比数1∶1，故化学家用NaCl以示盐之原质。NaCl凝结为立方或八面体。色白，味咸。不纯者有黄青等色。NaCl之溶点为801℃，沸点为1750℃。

盐之布见

吾国沿海各省，如直隶之长芦，江苏之两淮及山东、浙江、福建、广东，皆产海盐。山西、陕西、甘肃均产池盐。四川、云南均产井盐。海盐、池盐、井盐之名目，以其产地而生。海盐产于滨海之地，以海水灌注盐田，曝干或煎煮而成。池盐由天然低洼之地，以日热蒸发，自结盐花。井盐，于有卤源之地凿井，或于天然之井汲水煎成。此三种盐非独产于吾国，世界各地俱有之。如德国之著名斯脱喇斯福（Strassfurt）盐地，英之南威赤（Nantwich）等地，美之旧金山省尤塌（Utah）城，纽约省，密西根（Michigan）省，墺斯达亚之盐地，在微里加哵（Weelicaza）已开办600余年矣。每年可产55000吨之多。

盐地起源之学说

盐地起源之学说有二。(1）谓盐地由火山力而成。所以有此学说者。因世界上火山恒吐氯化钠（NaCl）与轻氯酸气（HCl）。但此证殊不足信。

吾人常遇有机遗质存乎盐池之中。石盐（rock salt）隙中多含流质，此学说于科学上价值亦不攻自破矣。(2) 可名为水溶液之学说。试观以下所举之证据及其理由。此说较前说为有价值，近世界科学家多取之。按此说谓盐地之原来，或由海岸堆集高出附近之地，或由海滨流沙冲积，渐隔附近之浅海，复加日光之热以蒸之。于是所停积之流质愈浓。此中所含之物质比重大者下坠，轻者上浮，于是盐质亦愈久愈富，此皆自然之理也。水中动物之克行者，离之运于深洋。其无足者死灭于中，而其遗体渐化为流质中之无机污滓。久而久之，此流质更浓，诸杂质乃不能复溶于其水中，自然分出。但其分出之前后，有一定之定律，常与其溶解度成反比。若碳酸钙与碳酸铁在其中，此二化合物必先分出，而硫酸钙继之。如此浓度递进，遂至氯化钠分出成一坚实物质而沉于底。设使其地仍有与海或他水区相接之处，以上所叙之现象或同时并起，因所流入之水常带酸性碳酸钙与硫酸钙而与氯化钠同时凝结。且当此数种盐类分出时，未必即循前言之定律。盖不易溶解之物质凝结时，恒含有微易溶解之盐类，如硫酸镁之例，亦非必无之事也。氯化钠逐次分出后，母液中之别质较前愈富，因之亦继续分出。如氯化钾（KCl）与氯化镁（$MgCl_2$）分出，成一种矿质名谓 Carnallite。硫酸钾（K_2SO_4），硫酸镁（$MgSO_4$）与氯化镁（$MgCl_2$），成为 Kainite。

若海继续供给流质，所分出之盐必含有别种最易溶解之物。但当硫酸钙由此海流质凝结时，必坠下而经过母液最浓之一分。所以硫酸钙凝结为无水质之盐类（anhydride）。凝结事逐境况而异。如太阳之热度，潮水之高下，雨水之多寡，皆逐季而变。譬如夏间日热甚炽之际，分出之事较别季为多。在雨水盛时凝结或竟停止。且所灌入之水亦多带运泥土。细考盐地之情形，实有确据以证此种种状态之变迁。此即水溶液学说之大概也。江河之水当流入海中之际，路中多经过石层，所以入海时鲜不含多种矿质。其质堪构造海水动物之体壳者，遂为动物所掠，其余者自然增集。因海水之方积，大概言之，日取日复，终无减损。因由蒸腾所失之一分立即由流入之水补之，而海水所含之物质则日增月累矣。

盐之为用

每人一年消用盐量约廿九磅之多。且胃中之胃汁其0.1%由食中盐化而来。吾人之尿，据学者所察，无不有盐，但其分不一，由人之年岁及其身体之强弱而异。年长人之尿平均每十二时之中有10至15克之多。食植之动物所获之盐料，多由植物中得之。食肉物所得之盐由食物之血中取之。此皆证盐料为动物所不可缺者。虽然，吾人皆知盐料对于生理上之紧要，但其所以然及其实在作用，尚须专门家之研究，因学说不一，确实试验尚乏，兹不详。

盐之实业上之应用多矣。保存肉食、咸鱼，及用之以制造别种钠盐类肥皂，与釉普通陶器等等。且近来各种氯化合物之制造，多直接或间接用盐以为资料，则盐为用于人生，又不仅调味和羹而已矣。

中国化学基本工业与中国科学之前途 *

孙学悟

大凡科学事业最后目的，是为求人类的幸福。这幸福概不外乎两方面的——精神上的和物质上的。这两方面我们须同时并重，那科学智识才能以充分发展，科学教育才可以有一条出路。设若只偏重那一方面而不视察环境的需要，那便入了危险的路程上，越走越窄，走进牛角胡同里去了。我国内各大学理科虽设立了多年，但专攻科学的人数，仍觉太少。即有几位专门理科的，毕业后，除了设法教书谋生外，几乎别无正当活路可走。有时候有不得已的，只得“改行”，为生活问题，把所学便掷开了。结果，一班社会把科学，由好方面看，视为一种美术品，只有少数智识阶级可以享用的；由坏方面看，视为一种死把戏与民生无什关系的玩意儿，这一类的实事和观念，在中国科学前途上，是何等可怕。

且科学与工业在发展上，是互相为力的。试看世界上凡物质或工业发达国，科学事业总是日日加多，且有用于国中情形的，反过来说，凡科学先进的国里，工业莫不直接或间接受学术团体的援助。这种互相为力的现象，自欧战后，在欧美各国里，愈觉显明。由它们工业界每年为科学研究事业，或为科学教育改进，所捐助款项数目，我们便知道它们的工业和科学合作的程度了。大工厂里设立研究部，小工厂里亦有试验室。教育机关亦同工业界联络起来了，那向来“尔为尔，我为我”的态度亦都变改了。

---

* 本文为孙学悟在中国科学社第 15 次年会上的演讲，原刊载于《科学》杂志 1930 年第 14 卷第 6 期。

一方面，学校里造就科学人才，一方面，工业界能以尽量受用。比如一个大水轮一般。一面引水，一面便有吸水的。于是这轮子的工作“川流不息”地在那里转。我们的轮子的工作怎样？仍属于片面的。只管引水而没有收容水的准备。故所引的水，都直接挥发到空中去了。总而言之，科学虽是发展工业的基础，但工业确是宣传科学的先锋，亦是普及科学教育的一种特殊工具，在科学历史上看来更是发展科学事业一个阶级。

这阶级在发展我国科学的路程上，亦必须经过，别无途径可行。这是难以否认的。所以现在当我国尚无适当发展科学的环境，为中国科学前途计，我们势不得不加一特别注意于国中基本工业，尤其是化学基本工业。因为化学基本工业为一切化学工业起点，利用国内物产的一个要素。中国许多工业不能成立，原因固然复杂，但没有基本工业作一起点，实系一大原因。所以有了化学基本工业，一切实业才可以兴起来，那科学研究、科学教育，便自然容易向前进展了。现在中国发展科学历史上，似乎演进到了一个新时期，这个新时期便是怎样努力去创造那可以增进科学研究的环境，开辟一条改造科学教育的新路。设若我们不真切认识这时期，那国内科学教育，仍难发达，科学研究仍难免带些浮薄性质。要预备这个环境，开辟这条新路，当以化学基本工业为发展中国科学历史上这第二时期的一个先锋。这个时期已经来到了！我们科学团体现在应当怎样向那方面努力，请大家在这年会里讨论。

考察四川化学工业报告*

孙学悟

提要：此次在川留四十余日，游览地方不少；一路所见的，关于人民生计和工作的性质以及各事业组织，概不外乎一农业社会里的背景，在这背景之下，仔细观察，也很明显的露出来，一种深入社会骨髓不可制止的新需要——物质文明。这新需要的欲望，并不是把四川一切旧有事业加以改进，便能满足的；也不是以夔门剑阁可挡住的；更不是以"东方文化"能驱除的。四川确又演进了一个新时代。因为地理上特殊地位，四川省得要根本上自行创造新事业来供给自己的需要，那才可以使这新需要不成为四川的肺结核。自供自给的唯一方法，便是从兴办基本工业上着手，在这预备时期，唯有一方面整理改进现在物质的背景，一方面准备将来工业上的事宜。准备的问题，如调查原料、鼓励技术人才等，是希望政府办理的；那整理改进的问题，如农产制造及已有几种化学工业，是社会应当自己进行的。唯有两方面同时工作，四川省那才能走到真正建设的大路上。

这次承四川当局们的约，入川考察，于是随着任叔永君同几位专家一齐西上。到重庆已是十一月底了。这次在川留四十余日。但未曾在一处流连过四天，差不多每日都忙在赶路上，所以虽然把四川的四大川都经过

* 原刊载于《黄海化学工业研究社调查研究报告（第1号）》，1931年出版。

了，而所见所闻究嫌太简略，一路见识增广的实在很多且都有深刻的感触。我不能不借此机会首先对于四川各界里的朋友们，表示诚恳的感谢。

一路的行程是由重庆过江，坐轿到江北县的龙王洞，视察彼处煤矿。再经过北川铁路向西转到嘉陵江三峡西岸，游览温泉公园，并由此前往参观卢作孚君在北碚场办的那有名的峡防局，以及他近几年来所创设那些文化的事业。遂后乘小轮船顺着嘉陵江而上，到了合川县。在彼处住了一天多，参观些地方上各种模范式的新建设，以后便首途往潼南去，一路坐着轿，上上下下，弯弯曲曲，走过大河灞、野猫溪等场，末了，又渡过那碧青可爱的涪江，费了两天的工夫一步一步地才把潼南走到了。由潼南换乘长途汽车到遂宁，在遂宁便又换车经过乐直县，渡沱江而达简阳，然后由成简马路抵成都，在成都共留四日，在这短期间，曾一度专往灌县视察水利，当日返成，其余三天，大部分工夫为参观各教育机关——成都大学、华西大学、师范大学，四川大学的工学院、农学院——和几处名胜。自离开成都以后，我们的团体便分成两下。我同翁咏霓君便乘嘉马路长途汽车向西南行，差不多一路沿着岷江东岸走，经过彭山县、眉山县才到了乐山县（这便是与苏东坡有渊源的那嘉定府）。赶到了嘉定，便听说那久闻名的峨眉山相离只有九十里路。因此我们就越发急着去一朝。所以往返竟费了三天的工夫，专为朝拜那可爱的名山，因为山高雾深和时间的关系，未敢久恋，仍归原处。回到嘉定只耽搁了半天，参观三个有名的工厂——嘉裕造碱厂（带回来的出品分析结果缓日发表）、新华丝厂及嘉定机器造纸厂（该厂适因一时困于销路已停工数月）。从嘉定又雇轿向东南进行，这一路便渐渐有了盐卤带石油的井。一面视察着，一面走路，除了盐井以外尚参观一个小油厂，不过几间屋子大，又榨桐油又榨橙子油。途中经过的地方不少——呵耳场、马踏井、三江镇、竹园铺、长山桥、荣县等等，差不多苦走了四站，才到了那世界上赫赫有名的自流井。到了自流井以后，便往访盐务稽核所的当事人，嗣承李柳畦经理派了秘书陈君引导参观大汶堡里黄水黑水和盐岩水各种盐井，次日我们自己又往参观龙旺井里“火井”。盘桓了两天多，便乘轿顺着那未修妥的马路到邓井关，听说再往南行，陆路不大太平。

所绕的这个大圈子里，闻为四川最富足的地方，可以说是号称“天府之国”一个代表区域，产糖、盐、丝、蜡等等特品的，但仔细考察，一班人民的生计和工作的性质以及社会事业的组织却与他省的，并无若何区别。大都不外乎农业社会里的现象，所谓“靠天吃饭”，大家的命运是凭着四季庄稼收获怎样而定的。若此一年收获丰富，那大家衣食上便觉得充足些；设逢到坏的年头，雨水不调和，或旱或涝，那只好叹息受着，算这一年的命运不好便了，所以我们可以说人民的生活都是靠着自然解决而并没有什么可以预定的，过了这一年再盼望那一年的就是了。在这种形成情状底下，宜乎一路所看见的那几个所谓化学工业莫不带着农业社会里的性质——小规模、家庭式的，且为数极少。我记得途中参观一个有名用罗勃郎法造碱厂，每日产量只有三千斤！听说这个有兴趣的厂已经办过有十几年了。据说，每日要用的石灰石头多由岷江滩岸上零碎寻拾的。碱是化学工业的基本要素，由此可以推测四川工业的程度怎样了。有人说这都是由限于资本，碍于政治环境的关系，所以一切工业不能进展，这话固然是不错的，但请问四川能否一方面坐待政治环境清明，一方面来制止社会物质文明的新需要？

我们须看透一件事：四川社会虽处在那种千百年不动的物质背景底下，一般心理对于物质享用可是渐渐都变了。这变是好是坏，又当别论，可是倾向物质文明的欲望一天增深一天，那是无法讳言的。往远处着想，这欲望好似那海洋的深度，那政治环境不过是水面上云雾罢了，虽然一时觉得沉闷，可是容易被风吹散的。那新的欲望怎样呢？夔门剑阁能以挡得住吗？四川省再希望保持它地理上特殊地位，而与世界上不生关系，那是办不到的了。所赖维持社会上经济的哲学，勤俭二字，已经证明是不够的了。若徒说改良农业增加产量便可以解决这个新需要问题，那我们是不敢相信的，以手工人力得来的农产品，怎会不越过越贫弱呢？好似一个人得了肺结核病一般，全体精力唯有一天虚弱一天。这次在成都时候，有一位在社会负有名望的人讲到四川人民衣的问题，说：前些年乡镇都自己买棉纺线，自洋布渐渐运入川来，线也不纺了。近来到乡间去一看，市上的布匹几乎全是在省外染好的，用不着自己纺，用不着自己织，也就更用不着自己染了，别的需要岂不是一样的情形吗？

四川的物质背景既如上所略述，而社会上物质文明的需要又是那样不能制止的。所以从国利民生上说，四川省总算又演进了一个新时期。这新时期就是求得一个独立自给的方法——兴办基本工业。工业可不是短时间可以兴办起来的，那需整个的筹划，多年的预备才可以行的。尤其是在四川兴办工业，好似开辟新城市，要先把水源街道等等要素筹备妥当，才可以着手进行，若是枝枝叶叶去做，那终归于失败，所以为四川工业前途计，根本上便不得不按部就班去彻底探求各种工业原料，研究出一个一劳永逸的办法，开发数千年来号称“天府之国”的密藏；做个周密远大计划，使将来一切基本化学工业都可以按着设施，那或者不至有舍本求末之憾。有了准确的原料，自定的根据地，再加上社会的新需要，那工业自然而然的便会发达起来了。需要为演进之母。若工业发达，那一切所谓物质文明，甚而言之教育文化事业亦自然而然地会跟着进展起来了。不然，只艳羡欧美文明的外观，而不从根本上着想，或徒致力于枝叶而期望眼前结果，其如四川的百年的大计何？这次在川游览灌县时，目睹秦时李冰开辟的那离堆，引导岷江水源灌溉十四县的庄田，那种千古不朽的大事业，真可使我们立刻生出无限感慨和敬慕。其性质何等的伟大，影响又何等重要！对于四川农业李冰几千年前曾做出那种根本大事业，那我们在这二十世纪科学昌明时代，对于四川将来基本工业岂不是应该整个地筹划吗？

为何这筹划要得整个的呢？整个的意义是把过去的、现在的，以及将来要举办的工业通盘计议一下的。因为社会里已经普遍的工业便是现在较新企业的背景；现在工业的状况即是所要办的工业一个预备。一个时代的工业和前后时代的，彼此都互相有关系，不能割断的。且凡举办一件新事业须先行研究在什么种种条件之下这事业才能发展，和怎样把这些条件能以造就起来。其实赶把条件培养好了，那事业便算是半成了。例如要利用灌县的水力发电一事，听说已经谈论多年了。设若不先打算准确将来这电力如何充分处置，或者那些利用这电的事业不能及时培养起来，创办那电厂又有何益？就是有热心人能把它单独勉强成立起来，这也不过一时的光荣罢了。那于一般工业问题又有何补救？所以这整个筹划应当在整理、改进、准备六字上用功夫。

四川社会的一般心理似乎也受了一种根深的病——把社会里一切不进步的“流水账”完全都写在掌政权的人身上，本来这是一种很不科学的勾当，大家以为随便一说便可替代详细的研究、切实的观察。把社会很复杂的现象，要想一句话说完了，那不是一种反科学的态度吗？社会这种心理一日不变更，那整理改进和准备工作，一日不易见诸实行。因为这几种工作最少的限度，社会本身要负一半责任，那将来工业的基础，才不至于立在“沙砾之上”。

所谓整理改进二事也不是把已有的工业个个扩大，效法那些欧美工业化的规模。四川已有的工业，概为农家世传下来的；且因各地有各地的农产而工业性质也因之不同。虽然四川是个地大物博的省份，但因山多平原少的缘故，一切农业，究竟是得本着小组织的做法。例如沱江流域一带的糖业，川东下游一带的桐油，大规模制造，未必相宜，因为原料不易集中。且时下四川办工业的原则，按拙见看来，应如何增加农家的工业生产力和工作的效率，并不可设法专为夺取农家的“饭碗”。譬如提糖、榨桐油一类事业，社会里只应提倡整理改进两个办法。整理方面，尤以提倡农产制造合作的习惯为急务。这习惯，我国需要得很。一方面农家可以对于事业组织的能力，受些训练，合作的习惯，技术上人才的需要，然后才能实行改进的工作。

关于改进方面，四川社会时下亟堪注意的，便是那些已经费了多少精力去创办的几种小规模的基本化学工业，例如彭山嘉定二处的碱厂。社会里只愿空谈新建设而不知去实际地援助那些惨淡经营的事业向前进展。谁知道四川的碱业在中国化学工业历史上已经占了一个重要地位！在中国用罗勃朗法制碱！四川算属最早的了。若不是因为地理上的关系，外碱不易运输到四川内地的缘故，这碱厂也早日难存在了。四川的工业既有这种特殊环境，社会里何不赶紧帮助使这基本工业早些根深蒂固，以备将来呢？

一方面整理农产制造，改进现有的化学工业，一方面同时便得做准备新事业的工夫了。准备上我看最急要的问题是：原料调查和培养中等技术人才。每闻有人说四川某一种原料“很多”或“很好”一类的话，那都是无价值的。究竟怎样多怎样好却毫无把握的。所以关于原料问题，那要彻底调查的。有了确实调查，各种制造专家才能着手计划。这步骤是建设新工业必不可少的。试考中国工业历史上不少的失败，概由忽于这一步的工作。我很希望四川热心工业的人不再蹈入这覆辙。

中等技术人才更是整理和改进工业上一个要素。何况四川关于科学事业上的问题，直接或间接于工业有关系的事，得要实地调查的是很多呢！我们万难期望少数专门人才所能办得到的。所以四川急需一班能接受专家指挥的人才，助理调查事宜。这种人才，上可以承受专门知识人的指导，下也可以施受给工人，是举办工业必不能少的，但不能希望在短期时间可以栽培出来的，更不是一般普通学校里可以完成的。普通一般学校概专以灌注青年思想为事，却不给学生运用手的机会。我们需要的是手脑可以合作的人才，可以整理改进四川农产制造的人才，可以继续专家例行工作的人才。这种人才是由学校和工厂双方造就的。社会里时常有人持一种荒谬议论，以为有了钱，工业立刻便可以办成，殊不知这见解根本上错误了。有一西人说得好，设若把欧美工业国里中等技术人才突然拿开，他们的工业当时便得堕落。在工业国里把中等技术人才都看得这样重，在我们国里要想兴办工业，对于这个问题那岂不更得及时准备！

所以为准备将来工业起见，我很希望四川当局们：

（一）提倡和奖励中等技术人才教育。或在省内造就，或每年选择若干人遣送省外各科学研究机关，或有组织的较大工厂做有目的的练习，以求实用。

（二）奖励汇集本省各种农产制造方法或关于肥料问题，编成报告，以备将来研究资料。

（三）筹办一地质化学调查机构，从事探测矿产，尤其是属于盐油两种矿。四川这两种矿，久为世人注意，一为无机化学工业基本原料（盐的分析缓日发表），一为有机化学工业上必不可少的材料。中外人士，不惮烦劳，专往观察者，时有所闻，而莫不以为有极大价值（欧美各国科学杂志，关于四川盐油矿的记载却不少，兹勿须赘述）。可是现在怎样呢？除了自流井及各产盐区以千百年前旧法採取食盐外，并未闻有彻底探测，精确研究的。兹事体重大，不但有关乎四川一省百年工业前途，亦是中华民族能否向川康进展一个根本准备。

概括说起来：四川里一切物质表现，概是个农业社会里的背景。可是对于物质文明，一般人民似有一种方兴未艾的需要。因为地理位置上的关系，四川省不得不办几种基本化学工业，以求自行供给。同时把现在这物质背景，加以整理改进。整理和改进这两步工作，便是一种工业社会初步教育，应当社会自动地施进，不必责之于政府。一方面社会能以自行训练，一方面政府诚意去做将来新事业的准备——调查原料，栽培技术人才，那四川自然会走到新建设的大路上了。

黄海化学工业研究社概况 *

孙学悟

民国四年，久大精盐公司，初设厂于塘沽，当时仅建平屋数椽，即开专室，从事化学工业之研究。室宽丈许，然应用仪器如蒸馏、干燥、测器、天秤之类，皆经购置，国内精盐工业，创始于久大，无成规可循，无师资可学，凡本厂货品之创制，副产之处理与利用，乃至包装材料之审定，殆无一非先经此室之研究而后实施者。其后公司业务，逐年进展，研究室之设备，亦渐见充实，研究之范围，渐由本厂出品而及于一般食盐之利用，如苏达工业，殆为当时研究之中心，卒造成今日永利公司之基础；回忆往事，诚感慰无量矣！

民国九年，特于工厂左近辟地数亩，营造现在之化学工业研究室；并附设图书馆，择购各国专门书籍杂志，以供参考，综计所费不下十万元之钜。擘画经营，规模略备；所惜同人学术浅陋，于专门研究，苦无门径，加以研究为公司所附设，其研究亦当有其范围，浸假而研究室之地位，俨若盐碱两厂之辅助机关，未能充分发挥本来之效用，滋可惜也。吾人深信：社会已成之事业，固赖学术研究，以资改进；未来之事业，尤赖学术研究，以启其创造之机能。故两厂技术同人，当时颇认研究室之组织，必当实际之要求而加以变更也。

民国十一年夏，公司决将研究室与工厂分离，令其独立，改名为黄海化学工业研究社。延聘专家，担任研究，不复由两厂技师兼任，而技师仍

---

* 原刊载于《中国建设》1932年第6期。

得为当然研究员，俾学问与实施，交相为用，其常年经费，自是年八月起，改归范旭东君指定其个人应得之久大公司创办人酬劳金捐助，不再由公司担负。惟研究室屋宇及其设备全部，移借黄海以作基础，组织既变，精神遂焕然一新，而塘沽工业之神经中枢，即由是而构成矣。是年延聘孙学悟君入社，重订社章，其主旨略师欧美研究室成规，尊重研究员个人意志，于问题之选择，凡在本社力量所许之范围，并不深加限制，冀能各尽其兴，各竭其能，期以时日，而不求近功，在此信念之下，以创造本社之新生命。

民国十三年，永利制碱公司创办诸君，因念科学研究，不容稍缓，毅然举所应得之报酬金，悉数永远捐作本社研究学术之用。查永利公司章程规定：以该公司每年所获纯利二十分之一，为创办人之报酬，将来永利事业发达，应分配之酬金较多，其辅助本社者，益能宽裕，除去支用，拟储备一部分，作为基金，以图永久，本社基础，赖以益增稳固。

年来本社特别科目系所注重研究之问题，厥为中国药材及酵菌化学。此二科目：一为中国特产，且具相当悠久之历史；一为中国农业经济之根基。有识之士，均亟思及早科学化者。本社以其性质与本社宗旨相近，社员亦深具兴趣，故认定准此目标进行；惟以范围宽泛，非短时间所能成功耳。然当竭全力以赴之。其他各系，则以制造化学工业系之成就，至为显著，所研究之结果，或改良之机器，由社员集资设厂兴办之事业，已有数起，如永利制碱、渤海化学、永明油漆以及此外三数工厂，皆卓著成效。虽由社员奋斗精神所树立，而构成此种伟业之始基，实建设于本社之研究学术与事功之关系，其密切有如此者。

近代学术技能与经经事业，其表现于外者，固伟大绝伦；苟溯其源，几无不出自研究室，以故根基坚固，因应自如，一业勃兴，动辄全世界市场为所控制，历数百年而不衰惜。吾国人仅知艳羡外观，而忽于探索来源，成败得失，瞬息颠倒，追求愈力，离题愈远，终至进退失据而归于消灭，足知舍本求末为害之深矣。本社抱宏远之志愿而成就无多，特举经过概略就正于诸同志。倘护同情，力予援助，俾竟全功，是则社员所深致感祷者也。

黄海化学工业研究社章程

一、宗旨

本社以研究化学工业之学理及其应用，并辅助化学工业之企业家计划工程，及为现成之化学工厂改良工作增高效能为宗旨。

二、定名

本社定名为黄海化学工业研究社（Golden Sea Research Institute of Chemical Industry）。

三、社址

本社立于河北省塘沽。

四、创立

本社创立于民国十一年八月。

五、经费　本社常年经费由下列之四项收入照每年预算支出：

（一）范旭东君捐助其个人所得之久大精盐公司创办人报酬金。

（二）永利制碱公司创办人全体所得报酬金。

（三）赞成本社宗旨之个人或团体之补助费。

（四）社外利用本社研究之结果企业成功者所捐助之经费。

六、董事会

本社延聘学术专家及热心赞助本社宗旨者七人为董事，并范旭东君及本社社长、久大永利两公司之技术主任四人为当然董事，组织董事会（概为名誉职其开会用资由本社赠予）。

七、董事会年会

董事会年会，每年开年会一次。

八、董事会职务

董事会职务如下：

（一）规划社务进行

（二）核计会计

（三）筹划经费

（四）保管基金

（五）审定年报分别刊发

九、研究员及助理员

本社延聘研究员及助理员数人分任各科目之研究。

十、特科研究员

由社外学术或公益机关推荐，经本社许可来社研究者，称为特科研究员。

特科研究员与本社研究员受相同之待遇，惟其薪金由推荐之机关担负。

十一、研究结果之利用

本社研究员或特科研究员所研究之结果，概属之本社，本社得自由登载刊物并得自行或转付社外之人利用其结果为企业之基本。

十二、利用之条件

凡欲利用本社研究之结果从事企业者，不论其人是否社员，皆所欢迎，只须照章补助本社经费，即可授予使用之权。

前项补助数目各以合同定之，本社将此项收入分为三成，以一成收入本社基金项下，一成贴补经常费，一成奖励该科目之研究者。

十三、社长

本社由研究员中推举一人为社长。

十四、社务会议

本社每月第一星期一举行社务会议一次，由社长主席其会务如下：

（一）审查研究科目分别进止

（二）编刻刊物

（三）审议各系提出关于研究及社务之报告

（四）议行本社日常庶务

十五、特别社员

久大永利两厂技术人员及社外专家经社长许可者得为本社特别社员，其入社研究不取费用。

十六、研究科目及社务

本社研究科目及社务分下列各系执行之：

（一）特别科目系

（二）农业化学系

（三）分析化学系

（四）冶金及机械工业系

（五）制造化学工程系

（六）化学工厂设计及管理系

（七）出版系

前项统系得用本社之必要归并或扩张之。

十七、研究程序

研究员及助理员或社员每研究一科目必得于着手之前，将研究之目的及进行程序与预定完成之期日等用书面提出，社务会议经议决后始能开始工作。

十八、社务报告

社务会议应将每年所得各系之报告及社务大概汇集成册提出，董事会经审定后分别刊发公世。

十九、章程施行及修改

本章程经董事会通过施行，如有修改，须经同一手续。

提倡自然科学教育的几件急务 *

孙学悟

施行自然科学教育，好比旅行似的，预先得有一个打算，基本的需要是些甚么，要准备的又是些甚么；不然，路上生出种种麻烦，反倒不如回头另准备的好。回顾我们这几十年来提倡科学教育的情形，就有点像旅行未准备得好的样子。我们所做的，好似一天一天的只忙在讨论旅行的必要，和描写人家旅行中的兴趣，同时亦喊着，走！走！倒无暇讨论一个进行程序，更未去顾虑那途中必得准备的东西，或者虚心的去翻阅人家行程日记中有甚么原则，我们可以效法的。可是每想到或者望见人家到达山清水秀的地方所得的快乐和益处，自己心中不免慌跳起来，不顾一切条件便拟起程飞跑直追。其实长途旅行就是这样简单的吗？只背着一些从杂货店买的罐头食品，穿着很漂亮人造丝袜子，你才能跑多远呢？

这路程既然是我们民族必得走的，那就不如及早平心静气的去成就一些旅行中急需的人才，准备几种日用必需品的制造，使多数人都能够购得一份，结起队伍来走。这样一来，设若途中有不幸而死亡的，尚能有人接着前进，不至于半途而废再重新打算。如何设法成就这种人才，如何准备这基本日用必需品的制造，依我看来便是当今中国自然科学教育上的急务。

我们先讨论这人才问题。科学教育事业上的情形和一国里工业上的情形颇有相同的地方，实际工作的效率全得依靠中级的人的努力。有人说得

* 原刊载于《独立评论》1933 年第 34 期。

好，设若把欧美各国工业里中级的人突然拿开，他们的工业立刻即得坠落。其实科学教育事业上的情形又何尝能逃出这个道理！而且科学教育上的其余一切人才都得从这中级选拔。中级的人的工作是通上接下的，是维持科学事业继续前进的要素。科学教育的实行都得经过他们的手。他们在试验室里与学生接触的时间多；对于学生的心理、兴趣以及学生的困难比别人认识得深。试问外国的大学教授有几位不是从助教升上去的？再试问我们大学的教授有几位是从助教升上去的？我怕这一点是我们的教授和外国大学的教授的资格上一个根本的区别。这区别的影响使我们社会生出一种很不健全的心理：一，当助教的人好像被人贴上一个象棋上的“兵”字号，任凭你建立了什么功劳，终身得当“兵”，除非你改行；二，一个人只有外国大学的一张文凭，任你怎样，亦可当国内大学的教授。这样一来，中国科学教育界根本上遗留下一种不通的状态，你永久做你助教的事，我只晓得演我话匣子式的教授生活，上不接下，下不能接上，弄成一个上火下寒、中焦积郁的局面。中国办了几十年的科学教育，迄今未曾改变这种无道理反教育的风气，岂不是可怪的吗？这风气若不赶紧改革，真正科学教育上的人才是不会养成的。一般实用人才是得由国内教育机关助教地位训练出来的，不是自己能以省事而让外人替我们成就得好的。

我们科学教育上的日用必需品直到如今还没有什么统一的准备，这岂是偶然的吗？提到这日用必需品——基本科学课本和简单器具，更感觉到我们犯了“学而不思”的毛病。回想我们费了几十年的工夫提倡科学，花了巨数的金钱，备妥的日用必需品在哪里！试问我们有几本真正适用的小学、中学科学课本？或者有了，我未见过！可是我所见的都是“做”出来的，并不是由本地“生”出来的，更不是从教学经验中的一年一年的集成得来的。

科学在中国未达到根深蒂固的时候，适用的课本当然是急务之一，但教员学生能多利用自己的手制造简单仪器来证明科学原理尤为要紧。简单仪器的价值倒是一件小事，然而它的影响确是一件大事。因为科学必得实验，实验必得用仪器，仪器应当用手做，所以除了无处不引用手的一个根本道理以外，尚有几个重要原因使我们不能不偏重这种主张。因为：

（一）中国“士大夫”向有一种轻视用手的心理。凡备有形体的东西，别人做好了他未尝不乐用，但自己却不肯用手去做。这种心理、这种态度，惟由试验室里的工作上，才能期望消除得去的。不然，不但科学教育在中国失去本身的价值，即科学的真性亦怕渐渐的弄到主观化的田地，被人当着什么美术品看待了。

（二）自然科学是研究“物”及其原理的。因为要研究物所以要与它接近。可是一般人的心理，都有一种不“与物为伍”的成见。哪知道素日因为我们不与物接近，等到用着它的时候，如当国难危急的今日，他就会不随我们的心愿了，难道我们还不醒悟“祸自何来”吗？

（三）借以养成学生有创造的自信力。因为学生在学校里未曾受过可以有自信力的训练，例如无应用极普通物件做简单仪器的习惯，毕业以后，只能把所学的用口来说一说，把原理教他的学生用意去会一会便算了事。即使所在的学校经费充足，这毕业生亦只能够效法老师的办法，由海外购买几件庄严的仪器罢了。这样一来，经济上的损失尚属小事，给学生遗留下一心理——或者连科学原理亦只生产在外国——这倒是一件大事。

这训练教育工具制造的主张，本来是施行科学教育进程中必得演的一幕；不过因为我们处在特殊心理环境之下，得更贯彻的努力罢了。这基本工具的创造是得大家协力去作的。要使这使命早日完成，全国的研究机关都有供给资料的义务。科学教育与研究事业是二位一体的，分开不了的。

结论起来，我们现在深刻的觉悟以前那自然科学提倡方法的笼统，未预定一个有时间性的程序，又未判别进展中步骤的先后，只观察欧美科学发达的现状，未注意其发达的来历。换言之，只看过各科学发达历史的横断面，未暇分别检察每一种的竖断面。结果，我们几十年来，栽培了一棵无根而望枝叶茂盛的自然科学的树。我以为这树木不结果，不是因为我们后人无福气，是前辈“失其养”所以不长了。现在培养这根本的急务，便是我们的义务，不然，“后之视今亦尤今之视昔”，永久不会什么进步。这急务就是：(一) 培植大学的助教；(二) 提倡自己搜集科学教材的工作；(三) 奖励各级学校教员编辑自己用的基本教本；(四) 奖励教员学生从事简单仪器的发明及制造；(五) 提倡科学教育工具博览会。教育方针，将来无论如何改变，这急务是得要首先进行的。

为何我们要提倡海的认识 *

孙学悟

凡初次航海程的人，离开陆地，向周围上下一望，少有心中不觉到一种特殊情景的。离岸愈远，这情景愈显现。不久对于个人过去的烦恼便不由得随着那无边际同天一色的大海“羽化”去了。在海中每当日暮的时候，就是人类最容易感觉寂寞无着的当儿，对于深海畏惧的心理竟然消去。海之浩大，海之深厚，海之奇美，海之幻变，都可使我们生无限的感想。尤其当风浪愤怒之际，那风海奋斗的壮观，可使我们的胸襟为之一开，神情为之一奋，由恐惧而勇敢，由勇敢突涌出一种“大无畏”的精神，这精神唯有与大自然接触才能反映出来，那“江汉朝宗”的海，我们岂可不与它接近？

中国海岸线虽长，普通一般人对于海的认识，可说渺乎其微，恐怕除了由杂货店里得见那“山珍海味”的海字外，别无认识了。中国人关于海的接近的，还是由前代追求“不死之药”开始，因为秦始皇汉武帝一流人，都信仰神仙，以为海外岛上有不死之药，当时使人前往探求，那些方士才有与海接近的机会。可惜“人亡政废”，后代未能继续此举，致把这海的接近机会中断了。

不但道家放弃了这海的接近，即历代文学家艺术家也没有把海放在眼中。我们文学里有几篇文章是与海有关的呢？就是文选里那写《海赋》的先生，是否一位接近过海的人，还是问题。中国文学史里没有“长篇诗文”

---

* 原刊载于《海王》1936 年第 9 卷第 7 期。

与这海的认识不足，不无关系。我们再拿“江湖上的小调”来和行海水手的歌谣一比，便觉到二者的气味迥异。前者好似是属于孔子所谓“可以怨”的；后者乃属于“可以兴”的。这兴怨心理的不同，倒大有研究的价值。我以为一是怨人的，一是为大自然所兴发的。其积极和消极的表示，冒险和安逸的情态，都可一闻即可判别出来。

我国美术界可以说也缺乏关于海的作品。每次参观我国名画的展览，我特别注意到这一点。关于海的画张简直绝无仅有，古人画山水，今人也画山水。好像国人自古以来就未走到国“门口”的样子。画家的想象，总被“屋里”的山水束缚得紧紧的，丝毫不敢放“形骸”于园庭之外。

复兴大业的担子眼前即在我们的肩上。要把这任重道远的担子共同负起来，大家需要新的灵感，能以给我们一个自强的人生观、征服自然界的心理以及豁达的心境、弘毅的气魄。海可以供我们这新的灵感。所以提倡海的认识，为的是求新生命的源泉。

二十年试验室 *

孙学悟

黄海化学工业研究社，不觉成立二十年了。回忆当初，有如航海探险，天涯地角，茫无边际，一叶孤帆，三两同志，初无标记可循，所恃为吾人指针者，厥惟信心，所日夕祈求者，厥惟现代科学在中国国土生根。二十年来，历尽惊涛骇浪，仅免颠覆，是则各方同情援助之所赐，与多数社员意志坚决临难不苟有以使然。深足感谢！在此短短历程中，本社工作性质之演进，与探讨涉及之范围，均略叙于本册各篇，兹不赘述。此小小一个试验室，漂荡学海，历二十年，一路所引起的波纹，相信在中国现代化学史上，未尝无一二行可供记录。然茫茫彼岸，知也无涯，同人实不胜其戒慎。试从如何发展中国科学一疑问，加番观测，始知吾人最大任务，无若探究“发展的要素”以贡献于当世，因要素不能探出，则国人对于科学认识不清，认识不清，则科学决难在中国国土生根而得其养也。

国人一般对于科学的态度，大体是由惊奇而赞赏，由赞赏而生妄念。所认识的科学，仅限于应用的一小范围，未窥究竟。五年抗战，国人饱尝工业无根底的刺激，亟当痛定思痛，追求以往失败的病症所在。科学的应用，乃积各种研究所得之结论而成，绝非偶然巧合者。譬之采摘别人枯枝败叶，植诸己园，欲其滋长繁茂，又何可得？又如利用水力之机械，千回百转，尽极玲珑；其所以如此，非机轮本身有自转之能力，实因水流冲

* 原收录于1942年出版的《黄海化学工业研究社二十周年纪念册》，第6—10页；同时刊载于1942年8月10日出版的《海王》旬刊第14卷第32期。

激，无间分秒所致。观机轮者，不当徒羡其转动灵便，应知其所以灵便，乃水力为其原动也。科学与工业，亦犹水力与机轮，相需为用；但科学为工业之原动力，无科学基础的国家，即无工业可言。我人为欲建立中国科学基础，必须使科学的基本观念，构成民族历史之一因素，庶能根深蒂固；故“发展的要素”，亟待探究。试就探究的要点，略述鄙见，以就正于同道。

发展科学的要素至多，可归纳为二：一为哲学思想，一为历史背景。哲学思想为创造科学精神的泉源，历史乃自信力所依据，此二者吾人认为是培植中国科学的命根。

哲学思想，支配每个民族一切行动，历史往迹，在在可寻。某种行动在某一民族所以能够有力量，能够发挥无尽，全凭其哲学思想。科学的观念，出自哲学，无哲学观念的科学，犹如无源之水，干涸可期，其结果仅为一技巧而已。自然科学，欧洲称为自然哲学，研究自然现象者，当时名为自然哲学家，非无意义也。中国民族，本来有哲学思想的，为什么现代科学不产生于中国？这问题何等重要！如其放过它，我们又何能谈发展中国科学？更还有甚么工业建设可言？盲人瞎马，空费周章，令人不胜惶悚。这是在黄海二十年最苦心忧虑，而亟欲为国家民族竭尽心力追求的一目标。

我国哲学思想，侧重于人的心性之探究，于物质之研究，向来视为末节，存而不论。人的心性探究，其出发点在“知己”，其假设是“人与人同”；由此推出知己方可知人，更进而演成人与人之间相关的哲学。在此“同”的假设观念上，先哲于我民族已有伟大的贡献。惟问题既侧重心性，隐约而不可捉摸，故其探究的方法与工具，只能限于内察与体验，非如物质之陶冶显而易见也。儒家虽以格物为修齐治平之本，然其格物的方法，仍未跳出“反求诸己”的观念。王阳明格竹的故事，便是一例证。炼丹术在欧洲，是近代化学的启蒙，中国却由“外丹”竟转至“内丹”；即是由物质的探究，转向到无形的冥想，拿心性做研究对象，仅仅内察与体验，或可够用，但单靠这个来研究无自觉的物质，决难收效。历史相传，学者多重思考，信经验而轻视实验与假设；国无东西，如出一辙，固不仅中国学者惟然。吾人相信，仅以人之日常经验为思考资料，而产不出一种假设，证以实验，则对物质的认识，终必肤浅、笼统，不能用物，将反为物所役。

时至今日，吾人必须将心性探究的观点，捩转过来，即由侧重人与人的关系的哲学，转到人与物的关系上去，产出因因而变之假设，证之以实验，吾敢相信，中华民族的人生观，必然革新。根本既立，不数十年，中国的自然科学，必有伟大的成就。况吾先哲遗教，即有“正其义不谋其利，明其道不计其功”的科学精神，“莫见乎隐，莫显乎微”的科学态度，足资矜式。

历史背景何故亦为发展中国科学要素之一？因历史是吾人自信力的前驱，民族继往开来的意志，全凭历史培养出来。故今日从事科学研究的人，无论其部门为何，必当顾及中国的往迹，虽身处近代科学实验室，仍当发挥怀古之幽思，蒐集我国有关科学的历史故实，及今古科学教材，多所宣布，以培养国民对科学之自信力。例如，中国现代化学史虽浅，但古代化学，如炼丹术，无论其为长生术的探索，或点金的技艺，皆先有一种假设，而欲证之于实验者；其末节虽退入玄境，试使能加以发皇，未尝不足以鼓励后代对化工的兴趣。国人须知当中古欧洲未有炼丹术以前，而在吾国土则早已生长，继往开来，责将谁属？科学要在中国生根，必自鼓动全民的自信力为起点，惜黄海之心愿，百无一成，深自愧耳！

总之，工业的基础在科学，科学的根本在哲学思想。我国过去哲学思想偏重人与人的关系，只须略为一转，即可进入人与物的关系上去。再加吾人历史背景的灌溉，则自信力有所依据，“人能弘道”，乃中国治学的铁律，何患近代科学不在中国生根而构成我国将来历史之一因素？固有哲学思想既不患其脱节，更大的创造，自必应运而生，毫无疑义。二十年来在实验室的观感如此，倘蒙贤达惠予指正，实所忻感！

黄海化学工业研究社发酵部之过去与未来 *

孙学悟

吾国自古以来，应用微菌之广及发酵技术之巧，实为他国所不及。然自微菌生理学发达后，发酵范围日益扩大，益菌之利用，害菌之抑制，皆有长足进步，其与人类生活之改进，势必大有贡献也。斯以远在十年之前，吾人即有发酵部之筹设。

民国二十年，黄海化学工业研究社正式成立发酵室。嗣因组织扩大，乃改为发酵部。以前吾人之工作，多在谈明国内固有发酵技术，以谋改良发扬之道，试验微菌与发酵基本学识，借以培植干部人才，换言之，惟在基础之建立耳。

现吾人能以赤手空拳入川，在最短期间，重复旧观，且研究工作已得屑微成绩之事实，足见七年来之建基工作，似未枉费。惟我国处此大时代内，成败强弱，惟在当代国民之努力。每人必持抗战应有之精神，负起重担，向前迈进，且走且强，俾达胜利之目的。此乃大有可能之事。盖各国政治社会以及科学之建设，多奠基于乱世。即发酵鼻祖巴斯德之成功，岂非在法国最困难之时乎？吾发酵部当此抗战期间，处境虽云困难，仍欲本十年来奋斗之精神及大时代赋予之使命，向前迈进，成败不计，鞠躬尽瘁耳。使命维何？以发酵与微菌学识，谋国内资源之合理的应用，外货之代替，出口之增进，以及发酵菌学在国内基础之建立等是也。至于发酵学理之研究，固有技术之改良，当量力行之，以求有益学术而服务社会。国内贤能，尚望有以教之。

---

* 原刊载于 1939 年 6 月 1 日出版的《黄海：发酵与菌学特辑》第 1 卷第 1 期。

黄海化学工业研究社附设哲学研究部缘起 *

孙学悟

本社以研究化学工业之学理及其应用为宗旨，原为久大塘沽精盐工厂附设之化学室，创办人为范旭东先生。其后研究工作日益进展，有改为独立机关之必要。民国十一年春，始修订章则，定名黄海化学工业研究社，使能充分寻求科学真理，探索研究工作应走之途径，促进研究与致用之联系。是时学悟谬被推举，入社主持。受任以来，二十五年，经历国难，辛苦万端。赖同人坚忍不拔，潜心学术，多所发明，于国内化学工业深有协赞。复蒙各方同情援助，益使本社基础渐趋稳固。学悟窃念，本社幸得成立，而哲学之研究实不容缓。昔者旭东先生一生致力化工建设，其目的在培植科学研究，以期灌输科学精神于吾人日常生活，而进国家民族于富强之道。汲汲于此，四十年矣。及其晚年，愈感西洋之有今日科学并非偶然。而吾国数千年来未能产生此物，亦必有其故在。故欲移植自然科学于中土，须先究中国哲学思想界是否储有发生科学之潜力？诚有此潜力，虽久伏藏，终有盛显之一日。旭东先生至是已进而为哲学之探讨。民国三十一年，学悟为本社二十周年纪念曾写一文，申明此意。哲学为科学之源，犹水之于鱼、空气之于飞鸟云云，深得旭东先生赞同。自此之后，于互相讯问时，鲜有不涉及此问题。去岁，旭公逝世前数日与余一信，犹不舍斯志。今旭东先生长去矣，余念此事不可复缓。爰函商诸友与旭公同志事、共肝胆者，拟于社内附设哲学研究部。纪念亡友旭东先生临殁而牢

* 原收录于《黄海化学社附设哲学研究部特辑》，1946 年出版；参见熊十力：《中国历史讲话·中国哲学与西洋科学》，上海书店出版社 2008 年版，第 121—122 页。

不可破之信念，庶几置科学于生生不已大道，更以净化吾国思想于科学熔炉。敦请熊十力先生主持讲座。旋于本社提议，一致通过。熊先生亦惠然莅社。余当随同人之后，竭尽绵力，完成大计。学术机关非厚积基金，不能维持千百年之久。余诚知其难。然古之传者有言，众志成城。佛云，愿不唐捐。闻先难后获矣，未可畏难废事也。

（民国）三十五年八月于四川五通桥

追念旭兄 *

孙学悟

旭东先生去世，将一周年，海王社石上渠先生来信叫我撰文纪念。我回忆九年前“我们初到华西”的时候，有一次陪旭东先生借宿于五通桥某公馆，翌晨主人拿进一本纪念册，请写上几句话，留作纪念。主人刚出门，旭东先生持着那纪念册，低声对我说道：“你知你要我写这类的册子，我写什么？”我问：“你要写什么？”他回答说：“五个大字：‘尽在不言中’。”“尽在不言中”！真情本难叙述，而一个人的性格、风骨、胸襟，以及其心灵深处，又岂是容易描写得出的？与其尽最大努力，只能得个“相似”不如供给些资料，让大家仁者见仁，智者见智。风雨如晦，云暗月黑，西望峨眉，似见故人风骨屹然特立，隐然相向，感想万千，涌上心头。明知“尽在不言中”，又哪里能安于不言呢？

范先生去世以前，七八年间，来的信件，不下百余封，都在抗战期间，他所谓“千锤百炼”之秋写的。一个人的心境在无所为的时候，最易显著其本然。当他下笔的时候他绝料不到，这些谈论会被我们引来作为纪念他的材料。这无所为的时候，在我的看法，就是古人所谓“乐而不淫，哀而不伤”。在无得失利害念头的时候，一兴一比，怎会不真切？怎会不是人生本源之显现呢？所以吾人要明了这位“老范”平生之所以能成就诸大事业的原因，必须探求其生命的源头处，方可知道其一生“冒险前进，独立自尊”的作风，和他这作风的力量之所由来。世人只见范先生平生致

---

* 原刊载于《海王》旬刊 1947 年第 19 卷第 4 期。

力化工建设，却少有人知其目的何在。他常喜欢引用“尔爱其羊，我爱其礼”一句话，以表示他的心意之别有所在，不同凡近。从来高明理想的艺术家都是只指月而不显月的，此即“老范”之所以为“老范”欤？

旭东先生的生命源头处究竟安在？为何他可以自强不息，发动偌大作用？即闲话之间，动辄以国家民族为前提。其气魄之雄伟，风骨之高亢，可说与其体力恰成反比例。试读三十四年九月二日在沙坪坝临去世前一月的信中可以见之：

“中国民族必得有班蠢伙子，行其所信，把风气转过来，才能真正得救”，“近因胜利，看见我们许多高官厚尔的老友，伸长两臂向空中乱抓，实在不过意，但若辈乐此不疲，民族休矣！……”

即至临终头两天的信，还说：

“……有班青年，居然也想到了老头儿们有用，想把他搁在身边，……有味。大局略略澄清之后，一切都得要来过一套，匆念是幸。秋天的塘沽，令人怀想，吾等可结伴而行了！容再谈。”

读之真令人顽廉懦立。二十七年秋，当长沙“炸得一塌糊涂，海王守着独垒，还是一期一期出着”时，他由香港来一信说：

“……在此仍终日忙着，每天两次的走路，并未间断，身体一点没有坏。今天公司有个年轻人来，他问‘你也有灰心的时候没有？’我说，‘我倒感觉不到那里。’其实国家社会，乃至知友，有什么人对我不起？灰心从哪里说起？无病呻吟，也大可不必。”

这正是在湖南白石港筹设大厂成为泡影而全军总退却之际，他却毫无怨天尤人的意味。这不是自强不息的气象吗？二十七年夏秋之间，他第一次动念赴美时，给了我一封信，说：

“……弟觉我等还有负起担子的必要，力所能及，不可放松。要争气，就趁这个时候，等到真没有办法的时候，自杀都是枉然的。况且中国实在大有可为，又何必不加紧一下？……现在病是好了，我想还要照预定行动，行动一下。已定了荷兰船，定二十四开船。究竟能否行动，容再告。”

十月十八日接续又来信说：

“……现定二十七日坐总统号赴马尼拉，下月第一星期内坐荷兰公司船赴美之Portland，一切都布置了，应无问题。此行预定三个月，拼老命啊。老实说，在这样生龙活虎似的大时代，真值一拼，以为如何?”

从这些话里都可以看出他那一副精神和风骨来！刚从美归国，他在香港又来了一封信，说在美国观察所得的印象：

“……以弟观察所得印象，物质方面，我们虽然万万不如他，我不大十分惊奇，他们对于做人的意义，的确比我们高明，我有点自愧，这决不是一代两代就能养成的。没有那样做人的意义，老兄叫我多参考人家的制度，我以为是白饶的。因为无论制度如何好，要人去应用啊，一说一大套，当面再谈吧。”

这话直到现在也不能说无价值，因为自晚清以来任何西洋制度一运进中国来，结果，都变了质。这不是人的问题是什么？

再请看他那“不信邪”的气概：

“近来混战一场，闹得头昏眼花。人世事也真够妙。明知无可为，偏偏又爱寻烦恼。有时自己亦觉得无谓，不过还不肯甘心，此众生所以为众生欤？一笑。”

（三十二、十、廿二，沙坪坝）

就是在困窘之中，他也“不示弱”：

“……财政困难，的确有问题，不过办法上还得用功夫。我想，这样磨炼下去，办法自然也会生出来的，以为如何？”

你瞧他这自信力！凡是真正认识旭东先生的人，未有不感到这位“实业巨子”的“轻描淡写”的本领。他在缅甸前线督导运输永利器材情形十分严重的时候，还有兴趣来这样一信：

“……学习做运输员，文章相当多，这只好留待见面时畅谈，这短短的半页纸不够写的。总而言之，想不到这一生有麻烦缅甸朋友的一天，也断断乎没有梦见阿三和我这般密切合作，有趣。除有趣两个字外没有字好用。哈哈，有趣！”

有一次春天香港骤然气候一变，他小侄因此伤风，这位老兄来了一封有趣的信，竟说到西比利亚的大风影响到他荷包上去了：

“……这里，因为西比利亚的低气压，忽然很冷，三天之内相差三十度，放在箱子里的毛衣，又穿上了身。老弟幸而没有伤风，小孩却是孝敬了医生二十多块港币，西比利亚的风影响到小弟荷包里，奈何！”

这能说不是“神通广大”的表现吗？这封信确有诗意，以其“可以怨”也。

旭东先生因为能常处“自明自了”的境界，要以一方面能“苦斗”，一方面又能安于环境。试看以下两信内所说的：

“精神上老是这样那样牵扯着，不得安宁。我是个最爱洒脱的人，偏偏惹了这一身蚤虱，无谓之极。好在能自宽解，不到扒不动决不甘休！”

“人类的性格，似乎应该变得过来的，毕竟大大的不然，因此小弟发明了一句无价宝的格言（在我自己看，不是吹牛，因为有此发明，我至少多活了一两岁，你信否），就是我不能叫人家像我，犹如人家不能叫我像他是一个道理。”

（香港二十九年八月十二日）

然而：

“弟决在此多俟些时日，将运输事务，赶上正轨。将近十五年没有料理日常琐屑，现在又亲自开一二元的支票，写帐，翻电报，再来一次，恢复了塘沽最初光景。也有趣，老范还来得，兄必乐闻此消息也。”

（仰光四月十九日）

他更能从烦恼里，寻“妙味”，你听他说：

“天天为着不愿听的话，不愿见的人缠着，人生实在太无谓。

不过，试把冷眼来看这些‘众生相’，另外也有种妙味。这样的做法想建国，和老太婆念佛想超生，同一得不到结果啊，众生居然丝毫不自觉，有趣就在这里，不谈了。”

（沙坪坝，三二、十一、十五）

但是英雄亦有丧气的时候，且听这位饱尝世变的老兄自叙吧：

“……近几天，闹滇缅路的战事，简直马仰人翻。永利同人拼死命抢出来的器材，一个包抄又全被毁了，伤心，恨人，无从说起！”

（昆明，三十一、五、十二）

然而同月十五日他又来信说：

“……滇缅激变又是一番光景。政府准拨五百万协助永利运输，盛意可感，吾等何以报国，真是问题，思之亦然。”

从以上所略述旭东先生性情上种种表现，我们“推显之隐”，庶几乎可以探到他的生命源头处，庶几乎可以感觉他那自强不息的伟力之所以由来。说到人类生命源头处个个本是“生龙活虎”，个个本是刚健，然而一经表现出来，却千差万别者，即在乎其好学程度之浅深耳。学者觉也，有觉必有感。所感深远者，其发动作用必广大，而力量亦必雄伟。他遭逢否运，青年时适值清末内政之腐化，外交之失望，变政之惨酷和甲午之战一败涂地。留学时又亲观邻邦之傲慢，备受耻辱。此种种刺激，皆深入其骨，痛感国家之不能自立，国人之不能行己有耻。“知耻”恐怕是范先生终身处世执事的基础。耻之于人大矣哉！不耻不若人，何若人有。知耻近乎勇。社会无耻不立，国家无耻将亡。这是范先生一生的信念。

为何说他的气魄风骨与其体力恰成反比例呢?

"……肚子里老是不痛快，我真怕生病，一病即麻烦了，所以和一座古董似的，用棉花裹了又裹，生怕冲坏。"

(渝，三十一、七、二十八)

他的身体好似"一座古董"，这是他常说的，但是：

"……在我个人的本性，是不好狂奔的。因为这时代，逼得我不得不慌忙，太勉强，太劳神，不知何年何月，才能摆脱。战局好像黑云阵阵的布着，我想决没有意外的大风可以吹散它。结果一阵大雨使全世界人类个个变成落汤鸡是当然的。……法国人质被纳粹那样残酷的处罚，可说人类本来的兽性发挥殆尽了，敌人在湘北，吃了一梦棍。据说在长沙，还不到四十小时，小小的南京惨剧，又重演了一番。事后医院收容的受伤人，不是刀伤，便被奸淫。从何说起?……"

(?、十、二十六香港)

这不是一个反比例的例子吗?有趣得很!事到如今，世界上哪个不是"落汤鸡"?因为他"行己有耻"，所以才能自强不息，因为他自强不息，所以才深刻感觉"安乐是亡国的病根"。当二十九年海防不保的时候，他有这样一段言论，说：

"近来无谓的事，把我忙得不休。写的没有发出去，事情又变了。十天半个月要亡国的顽意，真叫人转眼不过来。法国这个东西，简直要不得，他以为在马奇诺圈子里，可以高枕无忧了，人家却绕了一个大弯子冲了进来。今日有个客来评论英法和德国这样那样，我说很简单，就事论事，只是‘生于忧患死于安乐’。老兄以为如何？安乐是亡国的病根啊！”

大凡责任心重的人，尤其在千难万难的时候，总有“才难”之感，由范先生信中可以看出他也不能例外。

“……团体中人数不少，个个英豪，局部努力者不乏其人。但能顾全大局，克己为全局设想者仍不多见。此固弟调理未周使然，时代未成熟，不可与言大业，当亦不为无因”。

但是他总有办法，请听他的意见：

“过去二十多年，多少得了些经验。理想呢，多少也实现了一些，现在酝酿今后的进行方针，确是要紧。我们一边就朝这方向走就是。”

“我个人的意见，最好还是从青年方面拔选人才出来，加以培植，比较稳当。我们把过去的做法，耳提面命的传授给他，只要他能消化，新生命一定可以造得出来的。久永如此，黄海亦如此。”

总之，旭东先生一生以“知耻”为其人生哲学根本，以基本化工为其转移风气的工具，更依之培植科学研究，以期灌输科学精神于吾人日常生活而进国家民族于富强之道。这位有理想的艺术家竭终身精力，在一幅生动的作品的创造上，为振拔国人于世界民族中“争一口气”，不幸于“画龙点睛”之时去世矣！这一“点”其非继起者之责而谁欤？

黄海化学工业研究社章程 *

(民国二十九年二月二十三日修正)

一、宗旨

本社以研究化学工业之学理及其应用，并辅助化学工业之企业家计划工程，及为现成之化学工厂改良工作，增高效能为宗旨。

二、定名

本社定名为黄海化学工业研究社。

三、社址

本社设总社于河北省塘沽，得设分社于各省区。

四、创立

本社创立于民国十一年八月。

五、经费

本社常年经费，由下列之五项收入照每年预算支出：

1. 范旭东君捐助其个人所得之久大精盐公司创办人报酬金；

2. 永利化学工业公司创办人全体所得报酬金；

3. 赞成本社宗旨之个人或公团之补助费；

4. 个人或公团委托本社研究所指定之问题，依双方契约所得之费用；

5. 社外之企业家利用本社研究之结果经营实业，依双方契约所得之报酬。

六、社员

本社社员分基本社员——本社创办人——社员。

---

* 原收录于 1942 年 8 月出版的《黄海化学工业研究社二十周年纪念册》。

名誉社员——五千元以上捐金者。入社资格有国内学术专家，本社研究员服务五年以上有特别成绩者，久大永利和高级技术人员服务五年以上者。经社员大会审查合格者得取得社员之资格。社员有选举及被选举董事之权利。社员有协助本社发展之义务。

七、董事会

本社延聘学术专家及热心赞助本社宗旨者九人为董事，并推范旭东君，及本社社长，久大永利两公司之总工程师各一人为当然董事，组织董事会。

八、董事职给

本社董事概为名誉职，按期奉赠本社研究报告，其开会时往来川资，由本社备送。

九、董事会年会

董事会年会，每年开会一次，由社长召集之。

十、董事会职务

董事会职务如下：

1. 规划社务进行；

2. 核计会计；

3. 筹划经费；

4. 保管基金；

5. 审定工作大纲及刊发年报。

十一、本设董事任期以三年为一届，得连续延聘，当然董事除范旭东君外，皆以在职期中为任期。

十二、本社及职员皆由董事长及社长会商聘任之。

十三、研究员及助理员

本社视研究问题之繁简延聘研究员及助理员若干人，分任各科目之研究。

十四、特科研究员

由社外学术或公益机关推荐，经本社许可来社研究者，称为特科研究员。

特科研究员与本社研究员，受相同之待遇，惟其薪金由推荐之机关担负。

十五、研究结果之利用

本社研究员或特科研究员所研究之结果，概属之本社，本社得自由刊发书报，以供学术界之研究，并得利用其结果与企业家合办实业。

十六、利用之条件

凡欲利用本社研究之结果从事企业者，不论其人是否社员，皆所欢迎，只须与本社订立合同，明定使用该项研究之权益。本社将此项收入，以百分之七十为本社基金，百分之二十为本社经常费用，百分之十为该项研究员之奖金，以三年为限，期满归入基金。

十七、发表研究结果之限制

本社研究之结果，如本社社长或委托研究者认为须守秘密时，即研究者本人亦不许私自披露或刊发论文。

十八、社长

本社由社员中推举社长一人主持研究事项，并管理本社业务，签订对外合同，推举副社长一人，辅助社长，办理社务。

十九、社务会议

本社每月第一星期一举行社务会议一次，由社长主席，其会务如下：

1. 审查研究科目，分别进止；

2. 编发刊物；

3. 审议各系提出关于研究及社务之报告；

4. 议行本社日常庶务。

二十、研究科目及社务

本社研究科目及社务，分下列各系执行之：

1. 特别科目系；

2. 农业化学系；

3. 分析化学系；

4. 冶金及机械工业系；

5. 制造化学工程系；

6. 出版系；

7. 经理系。

前项统系，得因本社之必要，归并或扩张之。经理系之管理规则另定之。

二十一、研究及经营程序

研究员及助理员，每研究一科目，必得于着手之前，将研究之目的，及进行程序，与预定完成之期日等，用书面提出社务会议，经议决后，始能开始工作。经理系所经营之事项，由经理系主管人提出于社长决定之。

二十二、社务报告

社务会议，应将每年所得各系之报告，及社务大概，汇集成册，提出董事会，经审定后分别刊发。

二十三、章程施行及修改

本章程经董事会通过施行，如有修改，须经同一手续。

黄海化学工业研究社图书馆规则 *

一、普通规则

第一条　每日上午八时至十二时，下午一时至五时（或一时半至五时半，视久大老厂鸣钟为准），为开馆时间。

第二条　凡本团体（久大、永利、黄海、联处各机关）同人均有借书阅览权利，惟须出示徽章以资识别。

第三条　外人阅览，每次均须本团体职员中一人负责之口头或书面介绍（馆中备有书面格式可领取填写），书籍借出馆外，须由介绍人代借，倘书籍有损失，由介绍人赔偿。

第四条　无论何人借书，必经规定之手续办理。

第五条　书籍借出以两星期为限；如他人不待用时，可以续借。

第六条　借出书籍如遇社中或厂中各部急需参考时，虽未满期，亦得由图书馆通知立刻取还。

第七条　杂志、字典、辞书及指定参考书借出以隔夜为限，但须不碍开馆时间。

第八条　新书于到馆之十日内不外借。

第九条　私人寄存之书，非得本人许可不代借。

第十条　借书经催不还者，每册每天罚洋五分。

第十一条　借出书籍如有破坏遗失等情，须照原样新书取偿，如偿书价，寄费照加。但如遗失某整部之一册，亦照该整部书价取偿。

---

*　原刊载于《海王》旬刊 1935 年第 7 卷第 13 期。

第十二条　应罚应偿各款均每月月底(或该借书人因故离职之日以前)结算一次，由各该借书人所属机关会计处分别扣除。如系外人，则向该介绍人取偿。

第十三条　本馆书库采闭架制，非有特殊情形，得馆中之许可，不得入内参考。

第十四条　书志阅毕，务置原处，俾下次易于检寻。

第十五条　馆内禁止谈笑歌唱，吸烟食物，及一切损坏公物，妨碍阅览之行为。

第十六条　本规则如有未尽事宜，得由社务会议修改之。

第十七条　本规则自公布之日起施行。

二、拨借书籍杂志规则

第一条　本馆为谋同人阅读便利起见，特将书籍杂志拨借与社外各处。

第二条　上述各处，暂指联合办事处、两厂俱乐部、医院、学校而言。

第三条　凡拨借各处之书籍杂志，均由各处负保管之责。

第四条　拨借各处书籍杂志，以普通性质者为限，其专籍或字典辞书之类，非图书馆具有副本时不得拨借。

第五条　拨借书籍时，应由各该处开具清单（格式须本馆印就者），经主管人签字后送交本馆办理。

第六条　杂志尚未装订成册者，除本年者外不得拨借。

第七条　新书于到馆之十日内不得拨借，杂志最近两期亦不拨借。

第八条　凡所拨借之书籍杂志，遇图书馆需要时仍得随时提回。

第九条　拨借各处之书籍杂志，由图书馆每三个月清查一次。

第十条　损失赔偿办法与普通规则第十一条同。惟其赔款，由拨借之处负责归还。

三、介绍购书规则

第一条　凡同人之介绍购书者，必须详细填明本馆印就格式之介绍卡片，交馆以备审查。

第二条　未经介绍手续，无论何人自行将图书或杂志购到交馆者，除惠赠外，本馆概不受理。但预先通知系由社中托购者不在此限。

第三条　介绍杂志及他种刊物办法与上同。

黄海化学工业研究社的使命 *

黄海是个独立的化工学术研究机关，久大永利两公司和同仁，在物质上精神上对它都有莫大的帮助；但为要养成自由研究的学风，并不隶属于两公司。自民国十一年成立以来，现在十七年了，我们的理想只在演进，离我们的目标，还相隔甚远。

“学术研究，是种神圣工作。做研究的人首先要头脑明晰，把世俗所谓荣辱得失是甚么一回事，看得通明透亮。拿研究的对象当做自己的身家性命，爱护它，分析它，安排它，务必使它和人类接近，同时开辟人类和它接近的坦途，这种任务，岂是随便可以完成的吗？无怪以牛顿那样的资质、那样的成就，他还叹息学海无涯，我们还有甚么话可说？但愿跟踪前辈，愉快而感奋的，一步一步一代一代的向前走着，为不世出的伟才，预任披荆斩棘之劳而已。这是黄海同人的心愿，也是我黄海一贯的学风。”

上面是节录范先生为“黄海”双月刊写的卷头语，可以看出黄海是个有心灵的学术研究机关。属于化学这一门的研究，比其他各学科都费时日和金钱，稍微志趣动摇的，决不能支持长久。研究员穷年累月和毒气甚至毒菌周旋，即算大告成功，所得的只是三两行短短的方程式，既不通俗，外行人是毫不感兴趣的，设非自动的肯牺牲，也决不能全始全终。我们同情黄海过去的奋斗精神，这番意外打击，认为是叫它再为中国化工学术负更大使命的锻炼。

---

* 原收录于久大盐业公司、永利化学工业公司、黄海化学工业研究社联合办事处编印：《我们初到华西》，1939 年出版。

黄海在它的特创的学风之下，健强起来，因此它的工作，侧重创造，不肯踏袭平常步伐。除协助久大永利各厂，共同研究技术的改进，同时对于利用久大永利现有的基础，开发中国新的资源，特别努力，譬如最近几年矾矿的研究和探采，就是个例。如其没有敌人这次暴举，再假以相当时日，这在国防和经济上的贡献是何等伟大。我们当时热烈期望的，是这个工作成功，大可借此促醒同胞们，对学术研究加厚信心，这无形的收获，意义更深。

初到四川，所闻所见，无一不新鲜；农产品种类繁多，矿产也到处都有，无一不是研究资料；尽管设备残缺不全，化学家是最能就地取材的，一样可以活动。现在我们在犍为，已经有自置的研究室，清溪前横，峨眉在望，是绝好的学园。目前最紧要的工作，是搜集附近化工原料，作有权威的分析，便于工业家赶快利用起来，一面仍旧做我们原有的工作。譬如菌学研究，绝不放松，华西农产品需要菌学改进提高生产增进价值的，不知多少，五倍子、虫蜡、柏油、桐油、生漆、茯苓等等，都值得研究。相信在最短期间，必有相当成绩表现出来，于战时工程和医药上的需求，或可开出一小门径。今年四月我们特意发行“黄海”双月刊，暂出菌学专刊，其目的是希望我们同胞，渐渐知道天府之外，还有菌府，也是天下的一雄，和我们是万分亲善的。

黄海化学工业研究社沿革 *

黄海前身，原为久大塘沽精盐工厂附设之化学室，因时代之需求与我国化工技术之进展，在精神与物质双方均与学术研究息息相关，确有组织研究团体之必要，遂商决改为独立机关，使能充分寻求科学真理，探索研究工作应走之途径，以期促进研究与致用之联系。

民国十一年春，延聘孙颖川先生入社主持，厘定社章，定名为黄海化学工业研究社，是年八月正式成立于河北省塘沽。国内私立化工学术研究机关，当以此为嚆矢。

分析为一切化工研究之根本，本社最先成立分析室，添聘研究及事务员，购置图书仪器，研究于以发轫。当时目标除（1）协助久大永利之技术，（2）调查及分析资源，（3）试验长芦盐卤之应用外，厥为探讨研究方向，以为奠定我国科学应用之基础。

溯自黄海成立之初，因欲应付社会一般需求，曾一度步入工作庞杂、漫无标的之境。设以“以有涯应无涯”之光阴，长此下去，将渐失学术研究之真义。吾人深知办化工研究社本身，就是一个要研究的课题，本此警觉，始得探讨黄海应采取研究方向的重要启示！从此困心衡虑，斟酌我国情形，度量本身力量，在大小轻重缓急之间，择最切国计民生者数端——如轻重金属之于国防工业，肥料之于农作物，菌学之于农产制造，以及水溶性盐类之于化工医药等，均为建国所急需者——为主要研究之对象。

---

* 原收录于 1942 年 8 月出版的《黄海化学工业研究社二十周年纪念册》，同时刊载于《海王》旬刊 1942 年第 14 卷第 32 期。

十七年以胶东沿海之藻类为原料，着手钾肥及碘之试制。同年五月始研究铝氧之提取，系采复州黏土为样品。自是年起，外界委托代为分析研究之件日多，均经尽力协助。

二十年社务改进，成立菌学室，于是农业化学与工业化学并重，主要研究为菌类生理形态及其应用，如起始研究高粱酒之酿造，此时社中人员与设备，逐渐增加，各种调查研究报告，亦于是年开始出版。

二十一年起外界同情本社之人士日增，拜受物质与精神之鼓励极多，乃重订社章，扩大组织，延聘专家，成立董事会。是年六月与久大永利成立联合办事处于塘沽，加紧三团体之联系，并以增进同人福利；对于国内工业服务，亦曾略尽绵薄。同年接受中华教育文化基金董事会之补助。磷肥试验亦于是年起首，原料系采用江苏海州磷灰石矿。盖永利硫酸铔厂正在创立，欲以完成中国农肥之使命也。

二十二年新建之图书馆落成，承马相伯先生题署社额，添置海内外古今书报，化学专科之外，关于与中国炼丹术历史资料有关者，尤多方蒐集，欲以探索中国古代化学之渊源也。自此时起，久永同人在分析研究方面与本社已成“合工合作”之一体，迄今友于之爱益笃。廿四年至廿六年塘沽沦于冀东伪组织之下，同人与久大永利沽厂同人，同处恶劣环境中隐忍奋斗者，先后两年。

二十六年七月，津沽沦陷，暴力紧迫，社务无法进行，毅然暂迁江汉，以待国军之驱敌。

二十七年春，择长沙名胜之水陆洲购地建筑新社址，立本社在黄河以南之始基。菌学部分，西迁入川，即暂假重庆南渝中学科学馆先行恢复，旋迁五通桥，租赁民房，各部门之研究，重行开始。是年七月水陆洲新屋落成，就调查及分析两门先行着手。十一月不幸汉口失陷，长沙执行疏散，水陆洲社务，只得暂停，全社同人集中川社。华西化工急待开发，学术研究尤应重视，以本社之素愿，不当因播迁而稍存观望，故特在五通桥购地建屋，以冀树立华西化工学术研究之重心。同年塘沽社中图书，已有一部分运到，研究赖以进展。

二十八年，始接受管理中英庚款董事会之协助。

二十九年二月开董事会，改选董事，修改社章，决议公开协助化工建设。年来工作除主要研究照常进行外，即秉承董事会之决议，从事西南资源之调查分析与研究。如川盐之改进及卤水之应用，五倍子之制没食子酸及其衍生物之试验等，均列入研究科目。

本社初期工作性质之演进，探讨研究方针之由来，及历年社务经过大要，略如上述。丁兹战乱，书册记录丧失殆尽，语焉不详，深滋歉怅！同人凛然于学术研究，乃神圣工作。认清世俗所谓荣辱得失，不欲多所萦怀，但愿竭诚尽忠，拿研究的对象，当作自己的身家性命，爱护它，分析它，务使它和人类接近，同时要开辟人类和它接近的坦途，力薄才疏，窃幸追踪前辈，慰怏而感奋，为中国化工学术，聊效前驱之劳，区区微忱，尚赖各方同志多予指正，不胜切祷！

黄海研究工作述要 *

一、菌学

我国古人利用微菌之技术，特别巧妙，各式各样的微菌，都能驯养起来，和马牛一样成为人类的忠仆。这不是黄帝子孙得天独厚，而是中华民族善用自然，因这些微菌在世界任何角落一样滋长，惟独我们的祖宗能顺其性而用之。用曲酿酒，在中国似甚平常，然欧人一直到近五十年前后始得知之。后魏之《齐民要术》、宋之《酒经》等书，所载利用微菌技术，能使二十世纪的应用菌学家欣佩莫名。缺少肉食的民族，他生命所需的蛋白质从何而来，外人常不了解，因为他们没有使用微菌，造出含有植物蛋白质食品的习惯。譬如酱、豉、豆腐以及各种再制之家常食品，增长我民族的健康可称绝大。其他如肉、蛋、蔬菜之加工技术，亦远非他国人所能及。此皆我民族之特长，亟当发扬而光大者。

世界一切事物，能适应当时当地环境者，始称合理。时间不断地前进，空间无止地变动，一切事物须要继续地维新，古人技术虽巧，是否合乎现代国民经济，自是问题，令人不得不加以调整，去旧更新，此乃吾辈之责。

我国酿法，均为浊醪，微菌混于糟粕，不易发现。显微镜之创始不在亚洲，不能窥测肉眼难见之物，以至吾人明知有微细生物之存在，无法窥其究竟，以谋技术之增进，此古人之遗憾，今人应急谋补救者。民族文化

* 原收录于 1942 年 8 月出版的《黄海化学工业研究社二十周年纪念册》，同时刊载于《高等教育季刊》1942 年第 2 期。

之提高，端赖国民智识之扩大，贾礼乐（即伽利略）发明望远镜，人类认识另一世界，巴斯德用李望鹤克（即列文虎克）之显微镜指出微菌社会之复杂及其能力之伟大。其可怖也，能杀千万人于俄顷，然亦能为人类效劳，造成不可胜数的物品。故世界各国，莫不孜孜探求，俾明了微菌之习性，增加人类之知识，且谋防止与利用之道。微菌为我中华民族效力独多，吾人自应加倍努力，亲近而研究之。菌为发酵之母，菌学不立，发酵难昌，故本社有菌学研究室之设。

过去十一年的研究，详见于已发表的五十三篇研究调查报告中。在此短文内只愿略述我们工作的方向。

（一）固有技术之整理

数千年的发酵经验，定有其学术与经济价值，然此种价值，局外人自难知悉。即走马观花式的调查者，也难承认，势必使具有学识之人与酿造老手同处工作，用各种工具测验酿造过程之情形，庶能得其究竟。所以我们曾重价聘请各省有经验之酒师粉匠来社实验，然又恐环境之不同，结果之互异，再派专人去各名产地，详细调查对照，以资研究改良。我们实验厂内的粉条工人来自山东龙口，制饴糖的工人为山西老师，其待遇同如初进社之大学毕业生，并非黄海特别优待工人，实觉不如此，难得固有技术之底蕴。关于这方面的工作，我们已作的有各省的酒、曲、饴糖、粉条、酱、醋及苧麻等，均仍在进行中。

（二）新发酵工业之研究

我们所谓新，乃中国以前无此类工业，如酒精厂等。在塘沽时对于酒精原料及酵母等曾加试验，入川后又研究糖蜜发酵，所得结果，已被全国各酒精厂采用，实觉荣幸。乳酸发酵试验，亦在抗战期中完成，传布各地，能使后方不缺乳酸盐类及乳酸，亦为幸事。最足使我们兴奋的是棓酸发酵的研究。盖我国年产千多万斤的五倍子，以前皆原料输出，我们研究了四年，由五倍子制棓酸的技术已解决，棓酸在国内的用途，亦大为增加，且引起了各大学及研究机关的兴趣，尝试棓酸发酵的试验，故倍子之研究，既改出口原料为成品，复增进利用国产以替代洋货，对于国民研究学术的精神，犹有刺激，实可为一举数得。

（三）微菌之研究

分离研究微菌的形态与生理为我们基本工作之一，故十年如一日地工作着。我们分离了各省关于微菌的材料，得菌类数百种，鉴定者二十余种，得到新种数个。以工业见地试验的微菌有百多种。关于酒精、酱豉、棓酸、柠檬酸等的制造，都选出优良的品种。接到应用这些微菌的工厂当局满意的报告，是我们私心自幸；知道我们十年的心血，没有白费，关于微菌生理的关键——微菌生长素，我们已作了数年的试验，对于微菌的应用，已发生影响。

（四）土壤肥料微菌之试验

在以农为国基的中土，深感土壤微生物学的重要，故曾分一部分力量于此。惟限于物力与人力，未能用集体式的研究，进步较缓，然未曾一日停止。我们是用愚公移山的方法，致力于一切研究，虽知负重途远，然达彼岸之信心甚坚。

二、肥料

肥料为本社主要研究工作之一。抗战前钾肥原料系采用海藻矾石。磷肥系采用海州磷灰石矿。氮肥除参与永利公司硫酸铔厂技术上之改进外，试验室工作多偏重于微菌之应用，如农村堆肥与植硝等。社址西迁，益感肥料对于抗建之重要。虽设备简陋，书报缺然，努力未敢稍懈。兹将历年工作概况略述于后。

钾肥研究之动机，实始于胶东所产之钾长石，至民国十七年始正式以胶东沿海所产之海藻为原料，试验提制钾碘二质。十八年延聘徐君应达，担任肥料及中药之研究，曾沿胶东海岸收集海藻多种，加以分析及试验。二十二年徐君逝世，工作中辍。所有采集之海藻样品，经中央卫生署函索，曾如数赠予。嗣因研究由矾石制铝，除提取纯铝外，复致力于钾盐及硫酸钾铵复继之提取。关于(1)煅烧温度，(2)氨水处理，(3)酸类处理，

(4) 碱类处理等，均加以研究。所得结果，曾编制报告七篇，分期发表。

二十四年恢复海藻研究增聘人员。由过去经验得知海藻内碘钾之含量，与藻类之品种大有关系。其样品之采集与鉴定，非仅一化学人员所能胜任。爰乃邀请厦门大学生物系曾呈奎先生合作担任鉴定海藻科学名称，及收集华南样品等事。本社复派员赴河北山东等省，沿海调查，分析不同海藻三十余种。经此有系统之研究，发现我国海藻有经济价值者颇多。若就碘钾而论，一为福建海坛岛之 Ecklonia Kurome，其干物含碘 0.2058%，氯化钾 10.29%；二为铜藻 Sargarssum Horneric，干物含碘 0.0813%，氯化钾 17.85%；三为海芥菜 Undaria Pidafinila，含氯化钾 11.07%。此三种藻体大小自数尺以至数十尺，生于较深水中。前二种，海藻业发达国家，久已用为钾碘原料。产于吾人沿海者之成分，较日本产品并无逊色。第三种且可供食用。盖最宜提取钾碘之原料藻，应首推褐藻类之海带，我国沿海因受暖流影响，海水温度较高，不适于海带之生长。有此三种藻类，于工业及食用上大可代替海带之地位。吾人于华北沿海采得一种羽藻 Bryopsis Plumosa，含碘之量，竟达 0.4595%。惜其藻体较小，非由人工繁殖，难以发扬其工业价值。其他尚有不少浅水小藻，钾盐含量亦有达 15%以上者。成熟之期，被风吹集海岸，农人取去，用为肥料。吾人研究海藻愈形深入，兴之所趋，其范围亦愈扩大。碘钾之外，药用及洋菜(Agar) 原料藻之寻求，海藻活性炭之制造，均曾加以试验。二十六年夏，本社自厦门收购大批 Ecklonia Kurome 藻，备干馏及提取碘钾试验，未及运社，而华北遂告沦陷，至觉可惜！

吾国海藻事业之天然条件非不充足，惟其前途之发展，仍有待于植物学家人工繁殖之辅助，否则此一万四千余里绵长之沿海，不能增加其利用，犹如陆上农田荒芜，矿产埋葬之不知开发也。

迁川后，本社工作地点，适在产盐区域，且有草灰碱与桐碱之应用，研究钾盐，兴趣愈感浓厚。以黄苦卤（由黄卤水制盐后所剩之母液）草灰碱液试验氯化钾之制造，成绩极佳。继以黑苦卤（由黑卤水制盐所余之母液）含有相当钾质，以此为对象，研究分级结晶法，提取钾盐，本工作仍在继续进行中。

川省土壤大致含钾质多，曾加添农业人员采集犍乐区五通桥附近所产之植物，分别茎根干叶等，晒干煅烧，分析其中钾质含量，以资比较。

磷肥实验，着手较迟，于民国二十一年起始研究。原料系采用江苏海州磷灰石矿，对于过磷酸石灰之制造，曾有详细之试验。嗣以我国交通尚不方便，所有农田又多分散于交通尤感困难之内地，若广用过磷酸石灰，无异运输大量无用之硫酸钙，于经济原则，实有未合，根据此种理由，研究方向，曾趋重于浓厚肥料，如磷酸铵、磷酸钾、磷酸钾铵等，运至农家，即可按施肥种类数量，用壤土或其他腐殖物质，稀释应用。

浓厚肥料之制造，实基于磷酸，有磷酸，则其他均可迎刃而解。磷酸之制造，约有二法，一为硫酸处理，一为高温还原，二者互有短长，如电力价廉，则以后者为尚。抗战前，本社对于硫酸处理法，曾有集体之研究，并派员赴美，调查各该制造工厂，以为我之借鉴。嗣即积极筹备呈领矿权，试行开采，假永利硫酸铔厂原有之设备，建立扩大试验工厂，未及开工，而八一三战事突起，一切设施，咸成泡影。然昔日研究所得，吾人萦念无时或忘。正值战时，云南适发现大量磷灰石矿，极其令人兴奋，据中央地质调查所之估计，合上下两层之储量，约有7000000公吨左右。吾国得天独厚，国人设有志开发，本社自当勉从诸君之后，聊尽绵薄。

本社磷肥之研究，迁川后即以昆阳附近磷灰石矿为原料，分析至再，知该矿化学成分，与海州所产无甚差异，均为含氟之磷灰石矿。后方食粮将赖于此，是则朝野所必当注意者。

三、轻金属

时至今日，冶铝已成重要国防工业之一，如此类工业不能独立，即不易在二十世纪立国，其重要性可知。然铝之冶炼，本为世界一种新兴工业，即在欧美科学先进国家，实自美国之郝尔 C.Martin Hall 及法之西洛 Paul Z.T.Heronlt，相继发明电解法后，始正式工业化。距今不过六十余年。至于日本从三十年前，始起首作此类之试验。我国虽现无大量铝矿发现，然复州叙永之黏土，博山之铝土页岩，及最近发现之昆阳附近之铝土页岩等，均与铝石 Bauxite 成分近似，惟矽氧含量特高，是其缺点。其他如平阳庐江之矾石 Alunite，均可视为研究提铝之良好原料。惟成分不同，处理方法亦自有异，惟有参着世界先进之研究工作，研探特殊方法，以达适合各该原料所需要之条件。

本社于民国十七年已注意及此，当时系以复州黏土为试验样品，嗣以中央地质调查所在山东博山测勘，发现大量铝土页岩，估计储量约达二万七千一百万吨，遂更以该矿为原料，潜心研究，几经挫折。终于民国二十一年先后完成提制铝氧之初步工作。结果布露后，渐能引起国人对于研究铝矿之兴趣，如燕京大学研究院，特派学生来社研究，本社即授予该矿，所得结果，与前列此报告者，颇多吻合。北京大学拟研究电解纯铝，所需铝氧，即由博山铝土页岩用本社初步试验之法制造，亦称可用。经过此类印证与鼓励，知初步工作未入歧途，遂继续作进一步之探索，以求得到最合实际之处理情形。本期研究所获结果，曾于民国二十三年刊印公布。铝氧之提制得到相当成就，始进而研究电解纯铝，于是添聘研究人员，充实电工设备，工作经年，至金属铝呈现吾人眼前之际，始稍获精神上之安慰。

第二种冶铝原料，厥为矾石。该研究曾于页岩之研究同时并进。矾石优点在提制铝氧以外，兼有硫酸盐钾盐之副产，益增进研究之兴趣。在此时期，曾再添聘人员，增加研究力量，并措定的款，作不限时日的探讨。至二十六年春，对于（一）煅烧（二）硫酸（三）石灰（四）铵（五）碳酸钾诸法，以及（六）硫酸（七）钾盐之利用，均曾详加试验，以资比较其应用。所得结果曾先后编制报告八篇，分别发表。

由各该原料提制铝氧及其金属，研究室工作既略有门径可寻，第二步工作即为如何扩大试验，研究建立工厂时所需要之条件。此项计划在国内学术界堪称空前壮举，一面商借永利硫酸铔厂设备，一面在某省呈领矾石矿开采权，先采样本数十吨充试验之用。以永利人力物力之协助，费时仅半载，半工业试验工厂已告完成。惜试验未及开始，战事即已爆发，数年经营之工作，一旦毁于炮火，良足惋惜。然因此警醒吾人对于学术研究，应加倍努力之信心愈益坚强矣。

入川后虽环境设备，迥不如前，所幸者，乃物亡人在，社员竟未遗留一人在沽，均来川照常工作，故经过短时间筹备，又以叙永黏土为原料，试验提制铝氧，继往日之研究精神，再接再厉，至堪兴奋。

民国三十年春，资源委员会曾送来昆阳附近铝土页岩样品六十余种，经本社逐一分析，知各区成分略有不同。然铁氧矽氧之平均含量，均较博山者为低，虽储量不丰（据西南矿产测勘处之初勘报告各区储量共计七百万吨），仍有继续研究之必要。近承资源委员会与本社合作协助物资，工作愈趋积极。倘假以时日，逐步研究，必能达到付诸实施之一日也。

综观上述，在吾国尚未发现比较大量铝矿以前，足资吾人研究而利用者，约有二类。一为铝土页岩，如复州叙永之黏土，博山昆阳及贵州附近之铝土页岩，相信以后应有继此发现者。一为矾石 Alunite 矿，如浙江平阳与安徽庐江之矾石，以此制铝，尚可得硫酸盐及钾盐之副产。根据各该地质测勘报告，此二类矿产，储量虽有多寡不同，然皆比较丰富，不失为吾国一大富源也。本社虽致力多年，深愧心得太少，际此世界高唱轻金属独立之时，吾国岂能独后？海内贤达，必当群策群力，为中国完成此重大任务。

四、水溶性盐类之研究

本社成立之初，即以水溶性盐类为研究对象。一因工作地点适在华北盐碱区域，如长芦及青岛之盐田，河东之盐池，以及内蒙古之碱湖，除含食盐外，其中所含他种盐类，应用尤广，均为良好研究资料。一因此类研究，足供吾人探讨理化上之原理处极多，如各式复盐之形成，分级结晶之自然顺序等，观尤氏 J.Usiglio 蒸发地中海之海水试验，及范氏 J.H.Van’t Hoff 以斯他斯夫之盐矿为对象，研究其成因，终获解决，而能致用，益信自然界规律之严肃，非随意取拾，即有所获。

本社初用长芦盐区所剩之苦卤研究其应用，所得结果，曾供企业家设厂之用。继有内蒙古碱湖之调查分析与研究。嗣以盐务当局之请托，改善河南硝盐及河东食盐等问题，曾根据实际调查，研究其应行改进之点，拟具意见，用备采择。

迁川后，社址适在犍乐盐区。而井盐原卤所含成分与海盐湖盐者略异。复因盐井深浅不同，且有黄卤黑卤及盐岩卤之别，于是此项工作益感兴趣。乃于二十七年着手分析各该卤水之成分，期与地质研究，互相开发，谋一彻底之认识。

川省制盐，所需井卤既淡，杂质更多，如富荣之盐岩卤纯而浓者，盖属仅见。此外则以习惯关系，煎盐方法率多简陋，以致盐质不洁，燃料虚耗，遂思有以改进，官商对此复倍加赞助，乃于二十七年冬着手研究。嗣应盐务当局之委托，协助灶商，改良盐产，如增加食盐产量，改良盐质，节省燃料，利用副产等，曾另辟专室，集中人力，以犍乐两盐区为试验中心，对于枝条架塔炉，浓缩淡卤，盐砖之代替巴盐，吸卤工具之改善，钡质之解除，以及卤汁之应用等，均曾积极试验。他如云南及四川之自贡川东川北各盐务当局函请计划增加及改良盐产，均曾派员调查，予以尽量之协助。

此项工作，因与抗建有直接关系，故所有研究结果，均随时付诸实施，并刊印报告发表（见盐专号第一二期）以期推广。即以节省燃料一项而言，设全川淡卤之四分之一用本社试验诸法浓缩时，全年制盐燃煤之节省，约可达五百万担！兹就质与量双方改进之点，略述如下：

（一）就产量方面言，井卤过淡，煎法简陋，炉灶热量之利用太低，均为多耗燃料之主因。故有

1. 利用自然蒸发浓缩盐卤试验。本试验系采用枝条架法，试验结果可将十二度之原卤浓缩至二十度，然后再入锅煎制，可省燃料三分之二强。故推行颇著成效。现此架已盛行于西南盐区，在犍乐两区建筑者，已有

一百余架之多。川东滇区之推行，亦正在开始。

2. 盐砖之制造——巴盐制造，每成盐一斤，较制花盐多费煤炭二斤上下，且混煤屑杂质甚多，不合食用，故拟以盐砖代之。因木榨易于普遍采用，曾于二十八年试验制造盐砖二引，成绩尚佳，惟硬度稍差，旋思考用螺丝铁榨转请久大公司试验，颇获成就，现已推行于云贵各区，继续采用者，日渐增多。

3. 塔炉灶之节省燃料——此灶与旧式比较（见盐专号一二期）可省燃料自百分之三十（花盐灶）至百分之五十（巴盐灶），尤以燃草为宜，故此灶已盛行于川北，因较旧法既省燃料，复少卤耗，产量增高竟达百分之二十五左右，燃煤各区认识尚浅，仍待推进。

4. 吸卤工具之改进——此类试验正在进行中，计有人力代牛（宜于卤量较小之井在抗战期应用）、电力代牛（宜于卤量较大之井待战后推进）。

（二）就盐质方面而言，川东及滇盐多含芒硝，川北者卤质较重，犍乐及自贡黄卤所煎盐多含氯化钡，均曾分别研究，加以改进，尤以氯化钡性毒，影响健康至钜，曾详加研究其解除方法，完成沉淀洗涤二法，建议盐务当局，俾便采择施行。

（三）卤汁为煎盐后之母液，向多视为废物，随意倾去，经详加分析，知各种卤汁均含有用成分，如黑卤汁内之硼酸盐、锶与锂之盐类，以及黄卤汁内大量镁盐、溴盐，均完成提取及分离方法，足资实际应用。

范公旭东生平事略 *

范公讳锐，字旭东，湖南湘阴人，生于一八八三年（光绪九年）。幼孤，太夫人教诲甚严，养成坚毅不挠之个性。晚清内政不修，外交着着失败，有识之士，或奔走革命，或提倡维新。湖南得风气之先，当时明达之士，如皮鹿门、谭嗣同、唐才常、熊希龄、陈伯严及地方官吏，学政江标、徐仁铸，按察司黄遵宪，巡抚陈宝箴等，皆为爱国之士，提倡改革甚力，创立南学会，出有《湘报》、《湘学报》等，以开风气。梁任公又创立时务学堂（一八九八，光绪二十四年戊戌岁），一时优秀之士出其门下者甚众，如范源濂、蔡锷等皆是。公之长兄源濂先生为梁任公得意弟子，追随奔走，得力甚多；当时公虽年尚幼（十六岁），但耳濡目染，思想上受二公之影响固甚大也。其后维新失败，康梁出走，拳匪乱作，六君子：康（广仁）、林（旭）、杨（锐）、刘（光第）、杨（深秀）、谭（嗣同）殉国，前进分子牺牲者甚众，反动分子再度掌权，国事益不堪问。唐才常、何来保等激于西太后及义和团之倒行逆施，在汉口运动兵变，以刷新政治为号召，时务学堂之学生参加者甚众，公亦随同奔走城镇间运动起事。事败，唐、何为张之洞所杀，公以年幼，少为人所注意而得脱，随任公及源廉先生先后东渡（约在一九〇一至一九〇二年间）。当时联军入侵，国势垂危，公满腔热血，远走异域，但头脑仍极冷静，分析国内外情况，无时不在寻

---

* 本文原刊载于1946年3月20日《海王》旬刊第18卷第17—19期。作者李金沂，即李祉川（1907—1995），广东中山人，1929年毕业于交通大学，1932年赴美国普渡大学研究生院学习，1934年回国后进入永利化工公司，历任永利碱、铔、川各厂技师、技师长等职，1947年任永利总处设计部部长、驻纽约工程师。

求救国之道，故最初在日之三四年间，除自做种种准备外，复游历彼邦都市乡镇，如大阪、熊本、神户、横滨、东京、西冈、冈山等处，无不有其足迹，盖求其富强之术，与夫自救之道也。先后曾：(一) 做文字宣传，暇尝编译爱国小说，如《经国美谈》、《佳人奇遇》等篇。登载于梁任公主编在横滨出版之《清议报》。(二) 有意习武，练马术、游泳，兵操于大森，恒与日人于严冬时，袒裼静坐体育馆中，以锻炼身体。(三) 习做炸药于大森，献身革命。

一九〇五年考入冈山高等学堂 (即大学预科)，次年正式上课，与傅冰芝先生同学，互相切磋砥砺，得助力甚多。该校校长酒井佐保对公甚器重，公初有意毕业后入帝大习造兵，随就商之，酒井谓曰："俟君学成，中国早亡矣!" 公闻而愤甚，盖本洞烛日本处心积虑以谋亡我，至是报国之心志益坚，后以造兵非根本之计，乃决定循工业救国之途，而以化学为出发点。一九〇九年考入西京帝国大学专攻化学科，系主任为近重真澄氏，甚得其器重焉。

一九一二年学成归国，在财政部任职，掌造币厂化学分析事，慨于熔银坩埚之须购自外洋，曾自力研究并制造。一九一三年奉派赴德国考察，对于化工业曾加注意，惟鉴于当时北京政府之腐败，甚难施其抱负，故一九一四年由德返国后，即着手向工业发展。在华北一带遍求适当地点，后以塘沽有海口，可吞吐世界商货，有铁路贯通全国，有丰富之原料盐、石、煤、焦，旋即创办久大精盐公司，意欲罄千百年之秕政，一举而廓清之。当时受种种困难及艰险，皆赖不屈不挠沉着之精神与毅力，次第克服，卒为我国制盐工业放一异彩，开工业用盐之途径。

欧战期间，我国化工本可大加发展，但本身无准备，外货不来，即影响全盘。当时有识之士，极思自制颜料，但感技术上太艰难，至于酸类则可由日本输入，惟制碱似不困难，且当时卜内门不肯售货，有行无市，遂有李姓在沪开食盐电解厂，有一葛姓在山东汝姑口办一罗卜郎碱厂，四川亦办有一碱厂，规模类皆甚小。其后遵义蹇先益，姑苏吴次伯、王小徐、陈调甫诸君关心久大，并对制碱极有兴趣，一九一六年到津与公商讨，但以久大盐税缴纳甚重，制碱如不免税，甚难着手，不免踌躇。后经公得盐务署长萧山张弧（岱山）、长芦盐运使长沙李穆（宾四）、盐务专家杭县景学钤（本白）力，几经周折，始获财政部批准工业原盐免税，此为我国二千年盐史上之第一次。

一九一七年开办永利碱厂，初步进行，困难仍多，试验年余，资金将罄，加以欧洲停战，碱价大跌，发起人大都灰心，但公之信心仍不稍移，盖以基本化工原料"纯碱"，关系国计民生，非自给不可也。计划之初，即决定采用以盐为原料最新之索尔维方法，此法在原理上似甚简单，但着手进行，阻碍丛生，此所以索尔维公会独霸世界碱业，方法保守秘密，垂数十年不坠也。后公常谓："当时诚可谓初生犊不畏虎，索尔维法如一举即可成功，则世界上几可无处无碱厂矣！"其毅力之大，眼光之远，可以想见。一九一九年公经范源濂先生介绍得识美国华昌贸易公司经理湘潭李国钦先生，得助甚多，并由陈调甫先生在美聘请专家三人：侯德榜及李佐华皆与焉，经数年之努力，费尽心血，公主持大计，决定方针，苦撑危局，又提拔人才，不遗余力，除李、侯、陈外，有李（烛尘）、傅（冰芝）等皆是。侯、李诸先生研究改善，几经失败，气不稍馁，卒能克服经济上、技术上、环境上种种困难，以底于成。黄种人以新法制碱成功者，以此为嚆矢。成功伊始，本可顺利发展，乃又遭世界托拉斯之打击，彼挟雄厚之财力，帝国主义之保护，大量倾销，威胁利诱，无所不至。公孤军应战，运筹策划，毫不示弱，虽岌岌可危，但从不肯放松一步，使国家丧失主权，卒能保护吾国化学重工业之幼苗不落外人手，并加紧发扬光大之。公尝谓："当时孤独挣扎，工业伴侣绝无仅有，但自信机械生产之路必通，工业建设必成也。"

公对于科学研究，尤提倡不遗余力，盖有慨于国人只知欧美之富强，由于其工业发达、坚甲利兵，每忽略其治事之科学化精神及对纯科学之深奥研究，诚以非此无为继也。故于一九二二年八月就久大化验室之组织扩大之，成立黄海化学工业研究社，聘孙颖川先生为社长，二十年来成绩斐然，中国第一块轻金属铝即该社于一九三五年所炼出，入川后尤多建树。使国人对于科学研究之重要及成就，更有深切之印象。

欧战后经华府会议，山东权利收回不少，除行政权外，经济部门包括：铁路、矿山、码头、盐产、公用事业及学校医院等六项，可由中国备价收回。公遂于一九二四年与地方人士组织永裕盐业公司，照政府投标章程，承买全部盐田及工厂，日本需要之盐，政府指定由永裕供给，每年二十万英吨。办法似甚简单，但北京政府腐败异常，贪污不惜国权，日人又不甘放弃已得之权利，遂勾结贪官污吏及地方土劣，多方阻挠，暴动捣毁，不一而足。公不屈不挠，从容应付，前后六七载，卒至贪污倒台，土劣敛迹，日人亦知难而退，主权方得完整收回。反顾其他主权如：矿山、铁路、码头等，每以“合作”、“合办”名义，半送敌手矣。

“九一八”后，塘沽情势日非，公遂在江苏大浦（连云港附近）设久大分厂以留退步（抗战时即迁入四川自流井增加后方生产）。当时中央努力建设国防化工，曾与外商商洽合办硫酸铔厂，外人以立场不同，久不就范，前后费去两年之光阴，主权几落外人手，最后幸仍由公担此重任。于一九三四年在江苏六合卸甲甸地方建立永利硫酸铔厂，在公领导之下，全体员工努力，政府社会协助，二年有半即行完工。正式出货，时在一九三七年春间。公尝谓：“基本化工之两翼——酸与碱——已长成，听凭中国化工翱翔矣。”此种成就，皆公二十年苦干之结果，但仍自谦虚，每谓：“如其不是股东不求近功，社会多数无名人士，不极力扶持，员工个个不以坚决之信心奋斗，国民政府时代，不蒙逾格维护，尽管吾辈穷措大，即有超人本领，亦是枉然。古今有心有力之人，每因生不逢时，厄于环境者，何可胜数？吾人切不可忽略‘人助’之因数！贪天之助，实自取灭亡之道。”其伟大淡泊有如此者。

抗战军兴，沿海各厂次第沦敌，敌人及其他帝国主义者，又施其故技，要求合作，公毅然不顾，决不与之有丝毫苟且，作万一保全之望。公经此打击，绝不灰心，反勇气百倍，时被选为国民参政会参议员，当即提出复兴化工重工业计划，通过后得政府之批准，立即着手计划，随国军入川，即声明此来非为避难，而为奠定华西化工基础。一方面入湘着手建立株洲铔厂，一方面派人至川滇一带调查资源，入川员工之一部分，在重庆利用迁入之器材，成立铁工厂，协助兵工制造。其后武汉沦陷，株洲厂奉政府命缓建，遂决定集中力量，在四川五通桥新塘沽建设川厂。当时以丧亡之余，本“可省则省”将旧碱厂设计缩小在川建厂，即可运用自如。但公与侯德榜先生眼光远大，以索尔维法不适用于小型生产，且用盐效率较低（百分之七十五），内地盐价昂太不经济，决由侯先生去德国考察。后以德国人无诚意，遂率员由德转美自行试验并设计，一方面在国内亦派有专人进行研究，前后三年，卒发明一新制碱法，用盐效率高达百分之九十七八，为制碱业开一新纪元。公成功不居，由厂命名为“侯氏碱法”。此数年间，以进行研究及建设工程，费用浩大，其困难可以想见，且中经越缅剧变，损失惨重。其间公尝亲赴各处指挥工作，缅港两困于敌，皆得脱险归来，尝尽艰苦，卒使川厂根基臻于稳固。公又在五通桥盐区开凿深井，以求浓盐卤及副产，曾费时数年，耗资无算不计也。卒至得到新发见，如愿以偿，为地方盐业开新纪元，辟新希望焉。

一九三八年在自流井设久大分厂制精盐及副产，为地方改良技术，创制盐砖，以利远道运输，为内地盐业开新出路。凡此皆是国家百年之计。黄海在五通桥立社，为地方盐业改良技术，增加生产，使用枝条架、塔炉及电气提卤，推行及于全川，节省燃料约百分之五十以上。复派专家协助地方盐商，成立副产厂，制造化学药品，并炼盐去钡，以利民食，成效尤著。

关于战后永利复兴，曾向政府请求建设化工十大厂。关于全国经建大计，曾向政府建议成立经济参谋部，以制定战后建设计划纲领，后虽未实现，但一九四四年度，中央设计局因而扩大其机构二十倍焉。

公极信“中国之生命线在海洋”，以其有无穷之宝藏，应无穷之利用也。故于一九四四年久大公司卅周年纪念时，成立海洋研究社，以奠定久大第二个三十年之工作范畴及途径。一九四三年六月在自流井成立三一化工制品厂，专制盐副产，以求后方碘溴等化学药品之自给。

公于抗战中两次出国，为我国化工业努力。美国威士康生大学发明制硝酸新法，愿赠与我国以利军火生产，接洽一载，迄无结果，公概然接受之，于万难中筹款建厂，在国外试制，意在将我国化工技术提高至国际水准，其毅力及眼光之远大，即彼邦人士亦为之诧异钦敬。巴西政府拟建碱厂，遍在各国求代为设计者，竟无人应。印度曾办有碱厂，但设计不得法，英之索尔维公会，亦不之助，虽曾开工，仍陷入停顿。皆慕公及侯先生事业技术之成就，请求援助，公皆慨允之，并予以切实之扶持与领导。凡此种种，在皆足以增高中国化工业在世界上之地位。对于巴西及印度之协助，又寓有扶持弱小民族之意义焉。美国出进口银行，钦敬公及侯先生之人格，信赖其事业之成就，允以极优条件，借款千六百万美金，以扩大事业。

公于一九四五年六月由美转英、印返国，即计划新厂，并奔走政府请求核准借款，几至日无暇晷。八月初，暴日投降，胜利来临，既忙于规复沿海各厂，政府核准案，复迄无决定，工作繁重，心情自益紧张。诚以美国战后剩余之新兴化工厂正拟出让，苏法各国竞相争购，永利借款案如获批准，即可着手进行。且此借款条件优厚，主权既毫不损失，利息又极低微，可作今后工业借款之榜样及准则。公做有成绩，则其他工业团体亦可仿行，此为国家工业化之绝好机会，以公爱国心之切，何忍目睹其失去哉。

公平时生活极有规律，虽在高龄，素少疾病，体力甚健，孰意此次患胆化脓症，病仅三日即告不治，于一九四五年十月四日下午三时逝世于重庆沙坪坝南园，享寿六十有三。公病中仍念念不忘国家、社会、事业、同人，临终犹勉以："齐心合德，努力前进。"

公一生气节凛然，治事严谨，毫不苟且，信念坚定，百折不回，见识深远，每一计之立，群或骇疑，极其成功，始服其能利国福民。其爱国心之坚强，尤所罕见，忆胜利到来时，曾谓："狂欢几至落泪，吾辈得见今日，夫复何言？此后有生之日，必再为国家苦干一番。"一生事业，完全以国家民族为出发点，对于同人耳提面命，无不以此为前提。待人接物，坦白诚恳热心；对于后进宽厚公正，提携指引，不遗余力。即有一技一得之长，无不极力使之发挥，故同人对之无不有亲切钦敬之感，追随工作至二三十年者比比皆是。

公一生从事工业，励己待人一贯书生本色，神志清明，淡泊名利，公私行为，明朗公正；生平不置产业，物质上毫无欲望，仅在天津备有寓所安顿家室，往来平、京、沪、港间皆寄居旅舍，其清廉崇高，实足以移风振俗，令人景仰。公生平律己至严，每晨五钟起床治事，数十年如一日。公一生为中国化工事业奋斗，从不稍懈，逝世前二日，犹函电各部门指示复员方针。以公三十年之努力，已将中国化工幼苗养成，使登臻世界水准，今后之发扬，端在国人之努力矣！公为其事业定有信条，亦即可为其事业之全貌。

（一）我们在原则上绝对的相信科学。

（二）我们在事业上积极的发展实业。

（三）我们在行动上宁愿牺牲个人顾全团体。

（四）我们在精神上以能服务社会为最大光荣。

一九四五年十一月四日写于四川新塘沽

孙学悟大事年表

1888 年（清光绪十四年，农历戊子年）

10 月 27 日，出生于山东省威海卫孙家疃。

父亲孙福山，是货栈掌柜。他膝下有 4 个儿子，孙学悟最小。

1895—1901 年　7—13 岁

在私塾读书，接受中国传统教育。

1902—1905 年　14—17 岁

在英国人开办的安立甘堂学校（实行中英文双语教学，现威海市第一中学）读书。

1905 年　17 岁

东渡日本，在早稻田大学读书。

11 月 12 日，参加孙中山领导的中国同盟会。

1906 年　18 岁

回国参加推翻清王朝活动。

在家乡与蒋振敏成婚。

1907 年　19 岁

进入上海圣约翰大学（1881 年，该校成为中国首所全英语授课的学校）读书。

1910 年　22 岁

以优异成绩考入清华学堂官费留美预备学堂，成为清华学堂第三批公费留美学生之一。

1911 年　23 岁

赴美国哈佛大学化学系学习。

1914 年　26 岁

6 月 10 日，加入在美国成立的中国科学社。

1915 年　27 岁

1 月 27 日，参加世界学生会成立 10 周年庆典，遇到胡适、宋子文、竺可桢、张福运等人。

1915—1919 年　27—31 岁

攻读哈佛大学化学博士学位，并被聘为该校助教。

1916 年　28 岁

4 月，中国科学社在美国筹备首次年会时，与赵元任、钟心煊一起被推选为年会干事；在中国科学社《科学》杂志第 2 卷第 4 期发表《人类学之概略》，对欧美的人类学作了简要介绍，成为将“人类学”一词引入中国第一人。

9 月 2—3 日，参加中国科学社在美国马萨诸塞州菲力柏学校举办的首次年会，并成为中国科学社创建早期的热心参与者、重要股东及核心骨干。

1917 年　29 岁

9 月 5—6 日，参加在美国罗得岛州布朗大学举办的中国科学社年会。

1918 年　30 岁

8 月 30 日—9 月 2 日，参加中国科学社在康奈尔大学举行的在美国最后一次年会，结识前来美国考察的教育总长范源濂和南开大学校长张伯苓，由此下定回国的决心。

1919 年　31 岁

应南开大学校长张伯苓聘请，回国为该校筹建理学系。

在南开大学与熊十力相识。

8 月，参加中国科学社第 5 次年会。参加年会的还有杨杏佛、任鸿隽、陈衡哲、胡明复、赵元任、胡适、唐钺等人。

1920 年　32 岁

应聘到开滦煤矿，任总化学师。

参加中国科学社好友任鸿隽与陈衡哲的婚礼。

1922 年　34 岁

由范源濂推荐，应范旭东聘请，辞去开滦煤矿总化学师职务，赴天津塘沽任久大精盐公司扩建后的化学工业研究室主任。

8 月，范旭东创办中国第一家化工科研机构——黄海化学工业研究社（以下简称“黄海社”），被聘为社长。

1923 年　35 岁

拟定黄海化学工业研究社组织大纲。

建设黄海社图书馆并扩大规模，采购仪器、药品等化学研究必需品。

1924 年　36 岁

代表黄海社接受永利股东会成员集体捐赠的酬劳金，备作学术研究之用。

确定黄海社社徽。

参与永利碱厂试车。

1925 年　37 岁

8 月 24—28 日，参加中国科学社在北京欧美同学会召开的第 10 次年会。

协助解决久大盐场日常遇到的技术难题。

发现苦卤水可产生轻质碳酸镁作为生产牙膏的原料；从卤水中提取氧化镁，可在纺织厂用作润滑剂。这两项成果使久大开发出两个副产品，大大增加了盈利。此后，黄海社将水溶性盐类作为无机化学应用研究的重要项目。

1926 年　38 岁

协助永利碱厂找到了影响纯碱质量的原因，是由从美国买来的干燥锅质量低劣、生熟铁的合成膨胀系数不同、杂质极易入锅造成的。

6 月 29 日，永利碱厂生产出洁白的“红三角”牌纯碱，碳酸钠含量在 99%以上。永利碱厂成为国内首个生产纯碱的厂家。

8 月，在美国费城举行的万国博览会上，永利碱厂的“红三角”牌纯碱获最高荣誉金质奖章，永利制碱赶上世界先进水平。

1927 年　39 岁

9 月 23 日，在上海参加中国科学社第 12 次年会。到会的还有杨铨、蔡元培、任鸿隽、胡适等人。

1928 年　40 岁

从 5 月开始，以采集的复州黏土为样品，研究铝氧的提取，为我国制造轻金属开辟了道路。

开始以胶东沿海藻类为原料，研究试制钾肥和碘。

9 月，在范旭东主持下，"永久黄"团体共同创立《海王》旬刊。

与范旭东一起，将目光转向化肥工业，探讨发展化肥工业对于农业生产的重要意义，并讨论德国科学家发明合成氨新工艺的情况。

1929 年　41 岁

邀请徐应达来黄海社从事肥料及中草药研究。

采集河北、山东、福建、广东等省沿海 30 多种海藻作系统研究，发现除碘、钾外，其他经济价值也很大。

去日本考察，6 月回国。

8 月 21—25 日，参加在燕京大学召开的中国科学社第 14 次年会。

1930 年　42 岁

永利碱厂的"红三角"牌纯碱荣获比利时工商博览会金奖。

领导黄海社研制出的牙粉、牙膏、漱口水等久大副产品，经数度改良后，物美价廉，颇得社会赞许。因供不应求，遂改造、扩充牙粉厂房，增加产量。

8 月 12—17 日，参加在青岛大学召开的中国科学社第 15 次年会，在会上作题为《中国化学基本工业与中国科学之前途》的报告，后将此文刊发在《科学》杂志上。

11 月12 日，与翁文灏、任鸿隽赴四川进行考察，时称“三学者入川”。

1931 年　43 岁

提出农业化学应与工业化学并重，成立发酵室（后改为菌学室），主要研究菌类生理形态及其应用，并开始收藏微生物菌种。

6 月，久大、永利、黄海社成立联合办事处，加强了“永久黄”团体内的联系。

7 月 19 日，组织召开黄海社第一次董事会议，计到董事 8 人。会议事项包括：通过及修改社章，议决预算，讨论研究科目，讨论社务进行方针等。

8 月 22—26 日，中国科学社第 16 次年会在镇江焦山召开，在会上宣读《考察四川化学工业报告》，后将该文刊登在《科学》杂志上。

11 月，组织出版《黄海化学工业研究社调查研究报告》，撰写的《考察四川化学工业报告》作为第一号编印刊发。

1932 年　44 岁

在家乡威海期间，发现大哥孙学思（字心田）创办的当地首家白酒作坊——广海泉烧锅采用的传统酿酒法出酒率低，酒的品质也不高。于是，带领方心芳等人开始对酿酒技术进行探索，开创我国酿酒业科学化研究的先河，为后来汾酒、威海白酒等的酿造工艺获得领先地位奠定基础。

与方心芳合作完成论文《改良高粱酒之初步试验》。

重订社章、扩大组织、延聘专家、成立董事会，争取到中华教育文化基金董事会的补助。

采用山东博山铝石页岩及平阳、庐江矾石，继续研究铝氧钾肥。

采用海州磷灰石矿进行磷肥实验，为中国的硫酸铔工业奠定基础。

9 月 30 日，对塘沽明星学校的小朋友们发表演讲，号召孩子们“强壮你们的‘身体’，扩大你们的‘我’、‘爱’，增加你们的‘眼’、‘耳’、‘手’、‘口’、‘腿’”，并希望孩子们成为“永久黄”团体和中国化工事业的接班人。

1933 年　45 岁

与方心芳合作完成论文《酒花测量烧酒浓度法》。

建立新的黄海社图书馆，著名教育学家马相伯题署黄海社社额，广泛收集中外参考书籍，推动化学工业研究工作。

开始收集中国古代炼丹术的相关资料，以供探索中国古代化学的渊源。

5 月，与范旭东一起，严词拒绝国民党政府借用黄海社图书馆作签订卖国条约《塘沽协定》会场的无耻要求。

组织人员对世界氮肥工业发展状况、中国氮肥使用情况及建设中国氮肥工业的必要性做了大量前期调研，完成了对中国氮肥工业发展具有深远影响的研究报告《创立氮气工业意见书》。

1934 年　46 岁

与方心芳合作完成论文《汾酒用水及其发酵秕之分析》《山西醋》。

承担建设南京永利硫酸铔厂所需各种规格的耐火、耐酸材料的化学分析及物质检验，并参加南京永利硫酸铔厂的磷肥试制工作。

对平阳、庐江的矾石从多方面进行综合利用研究，比如用于钾盐及硫酸钾铝复盐的回收等，并成功电解出金属铝。

指导黄海社科研人员写出 10 篇研究报告。

12 月 5 日，以《“黄海”之使命》为题，在“永久黄”团体联合办事处发表讲演。

1935 年　47 岁

带领黄海社试制出我国第一块金属铝样品，并用其铸成铝制飞机模型以示纪念。

研究了浓盐水的精制法。结果证明，唯有熟石灰和硫酸铵法设备最为简单，经济合理，适合制碱工艺的程序。

参与改造永利碱厂的碳酸塔，亲自挂帅，日夜奋战在第一线，通过测定碳酸塔内温度的变化，掌握了它的化学规律，并主持碳酸塔的设计改造，提高了碳酸塔的产量。

聘请在厦门大学任教的曾呈奎与黄海社一起继续收集各种海藻，进行其中的碘钾的分析，以求生产利用。

派遣谢光蘧赴欧洲、日本考察酿酒和菌类等项目；派遣方心芳到欧洲进修、考察，同时收集菌种。

带领黄海社对江西苎麻脱胶进行研究，从发酵和化学两方面研究精制方法，得到了细软洁白的、可用于纺织的苎麻产品。

1936 年　48 岁

2 月 24 日，应邀在后新村俱乐部做题为《南行感想》的演讲，内容包括“修身治国”“格物致和”“诚意正心”等。

举办黄海社同人研究工作报告会，每两星期开会一次，分别报告研究心得，并共同研究学术问题。

取得庐江矾石矿开采权，开采出几十吨矿石，准备在南京永利铔厂做扩大试验（后因全民族抗战爆发，直到新中国成立后才在南京永利铔厂成功投入试生产）。

与永利、久大共同制定“永久黄”团体四大信条：“（一）我们在原则上绝对的相信科学；（二）我们在事业上积极的发展实业；（三）我们在行动上宁愿牺牲个人顾全团体；（四）我们在精神上以能服务社会为最大光荣。”

发表《为何我们要提倡海的认识?》一文。

1937年　49岁

参与南京永利硫酸铔厂试车，正式生产出合格产品。

8月，因七七事变爆发，应范旭东之召赴上海共商大计，决定“永久黄”团体全部内迁。

召开黄海社研究工作报告会第6次常会，由刘养轩讲盐卤精制。

召开黄海社研究工作报告会第7次常会，由孙继商讲明矾石研究。

1938年　50岁

“永久黄”团体于春季南迁，先期至长沙，后迁至重庆。

6月，应范旭东之约去湖南勘察地点，除指定株洲为黄海社社址外，又觅定水陆洲空地400亩，新建简单实验室，暂由谢光蘧设计，即日动工。

婉拒宋子文要他到中央研究院工作的邀请。

强调“化学研究不要在大城市凑热闹，要和生产相结合”。黄海社最终迁至四川五通桥，借川西的化工资源优势和化工厂家的力量，建立华西学术研究中心，重新开展工作。

应盐务当局委托，协助盐商做了多项工作。

从卤水中提取钾、溴、碘，从盐中提取硼酸、硼砂，供医药和工业应用。

研究出四川井盐中的氯化钡分离方案，消除了因盐中含钡量过高所致恶性地方病——“痹病”。

带领黄海社攻克由倍子制造棓酸及综合利用的技术难题。

博览文、史、哲、经等类书籍，反复思考现代科学技术为什么不能在中国生根发芽开花结果的根源，并坚持撰写心得《偶录》，直到1948年止。

与国民政府经济部部长翁文灏协商，根据关于内迁厂矿的补助条例，请求对“永久黄”团体进行资金支持，最终获得300万元借款，缓解了当时“永久黄”团体面临的资金困局。

发表《海王二十周年纪念诗以寿之》。

1939年　51岁

侵华日军飞机多次轰炸重庆、泸县、自流井等地，影响了生产与科研，破坏了运输及物资供应。

争得中英庚款董事会的资金支持。

创办《黄海：发酵与菌学特辑》双月刊，到1951年底，共出刊12卷计70期。

在《黄海：发酵与菌学特辑》创刊号上发表《黄海化学工业研究社发酵部之过去与未来》一文。

对四川小曲微生物作调查研究，并对其酵母菌进行分离实验。

接待前来五通桥参观黄海社的浙江大学校长竺可桢。

1940年　52岁

2月，召开黄海社董事会改选董事、修改社章，决议公开协助化工建设，从事西南资源调查、分析、研究。时任董事：翁文灏、任鸿隽、胡政元、杭直武、何廉、孙洪芬、李烛尘。当然董事：范旭东（创办人）、孙学悟（社长）、侯德榜、唐汉三。

疏通银行界投资，委托黄汉瑞去南川筹建棓酸厂，很快生产出合格的五倍子染料，包括草绿色、褐色、棕色等，用于军装染色，为抗战大业作出了贡献。每天生产棓酸几百公斤，增加了收入，也促进了学术研究。

着手研究黑卤水和黑苦卤的组成及应用。

为生产更多的酒精、缓解战时燃料短缺的困局，开始对通过糖蜜发酵制取酒精进行研究，并取得很好的成果，被当时的很多酒精厂采用。

出版《黄海化工汇报》（盐专号），得到学术界赞许，所述改良川盐煎制方法均系由实地试验得来，功效大而举办易。当年的重庆《大公报》称：

“黄海改良食盐，其功绩与李冰父子开凿离堆相等。”

1941 年　53 岁

3 月 15 日，配合侯德榜等永利技术人员，经过 500 多次实验，历时 3 年，创造出“侯氏碱法”（联合制碱法）。

受邀在重庆大学做题为《美国工业概况》的专题讲座。

着手对云南、贵州的铝矿石进行研究。

在以用海藻制钾肥研究的基础上，研究当地草灰碱与桐碱的应用。

开展对磷肥的研究。

发现云南有大量磷灰石矿。

1942 年　54 岁

抵制国民党派员要求“永久黄”团体成员集体加入国民党的游说。

收到时任战时生产局局长、行政院副院长翁文灏邀请他到重庆工作的信，婉言谢绝。

中国科学社年会在重庆北碚召开，代表曹焕文在会上宣读论文《中国火药之起源》。大会评选出 7 篇年度最优秀论文，化学部推选该文当选。

8 月 15 日，在五通桥举行黄海社建社 20 周年庆祝活动，包括刊印《黄海化学工业研究社二十周年纪念册》、召开黄海社成立 20 周年庆祝大会、举办通俗科学展览和游艺会等。参加庆祝大会的各界人士有 500 余人。许多名人为大会题字。科学展览包括菌学、卫生、肥料、盐业、矿产五大部分，展出大量研究成果、调查报告、实物和模型等。

撰写《二十年试验室》一文，收录在《黄海化学工业研究社二十周年纪念册》中。

决定成立染料研究室，研究使用倍子酸及其衍生物制成的草绿色、褐色及棕色染料用于抗战部队的军服上。

1943 年　55 岁

为庆祝黄海社建社 20 周年，邀集黄海社同人在四川自贡创办三一化学制品厂。

3 月 10 日，与范旭东一起赴北碚参加化学年会。

6 月初，英国学者李约瑟考察永利及黄海社，对黄海社取得的成绩给予高度评价。

安排由孙继商率领，与盐务局共同组团，到西北的新疆等地进行约一年的盐业考察，为此后开发西北盐业、发展化工产业作出了贡献。

开凿五通桥深井，发现黑卤。

对水溶性盐类进行研究，改进了四川省的制盐业。

由于盛产于福建的红曲不仅可以用于酿酒、制醋，而且还有防腐、呈色及医疗功能，指导肖永澜对红曲进行研究。

在新塘沽学社讲演，谈做人与做学问的道理。

1944 年　56 岁

根据范旭东安排，带领黄海社参与筹建海洋研究室。

指导檀耀等人研究南方的玉米酒，找出能同时刺激糖化和酵母菌生长的草药。

1945 年　57 岁

10 月，范旭东病逝。与侯德榜、李烛尘等人紧密配合，使“永久黄”团体保持了稳定。

为筹措黄海社复员迁徙的经费而奔波，争取到国民政府资源委员会拨款法币 5400 万的支持。

指导“永久黄”团体科研人员参加国民政府资源委员会组织的赴美研究技术人员考试，“永久黄”团体共 9 人参加。

指导赵学慧等人对四川嘉定附近的曲菌属进行研究，从关中各地所得酒曲中分离出酵母 14 株，比较其酵力之后，获得发酵力较强的酵母 7 种。

1946 年　58 岁

6 月，在黄海社设立哲学研究部，聘请著名哲学家、北京大学教授熊十力主持哲学研究事宜，设想从哲学和历史角度探求振兴中国科学技术之路。

10 月，派赵博泉、吴冰颜、魏文德、孙继商、郭浩清、肖积健等人去美国学习深造。

1947 年　59 岁

2 月 28 日，在黄海社作题为《如何扩充人生》的专题演讲，其中讲道："总结起来，人生有扩大充实，就要学。学的功夫就在体验。体验的实验室就是在全我。全我没有时空破碎和脱节的概念。以此喻彼的方法也得不到绝对的标准。所以扩充的人生便是自强不息。"

春天，在上海召开黄海社董事会会议，规划复员及其业务工作等事宜，并讨论筹建基本工业化学研究所和人类生理研究所，以扩大黄海社的业务范围。

商定暂借南京永利硫酸铔厂的几间房舍设立黄海社社长室。

与永利、久大、永裕成立协进会，重申"永久黄"团体所有学术研究均由黄海社担当。

指导李祖明等人研究四川泸县大曲的酒曲，从中分离出三大类酵母。

在《海王》旬刊第 19 卷第 4 期发表《追念旭兄》一文，寄托对范旭东的怀念。

1948 年　60 岁

2 月，商妥永利公司出款 77.686514 亿元，买下青岛官办化成厂。不久，永利把青岛化成厂赠予黄海社，定名为基本化学工业研究所。

设立范旭东先生纪念荣誉奖章及奖金，每年由永利提供硫酸铵40吨供其使用，并组织评议委员会主持。第一届评议委员为：任鸿隽、吴有训、茅以升、吴承洛、萨本栋、孙学悟、侯德榜。

由侯德榜筹措赠款，买下北平东城朝阳门内芳嘉园一号140多间房产，定为黄海社社址。

冬天，黄海社社长室由南京移至上海。

指导方心芳等人对酒药原料中不可缺少的蓼类进行研究。

1949年　61岁

10月，黄海社社长室由上海迁到北京。北京东城芳嘉园一号为黄海社新社址。

敦促分散在国内外的黄海社职员尽快集聚北京，为新中国建设服务。

1950年　62岁

完成人员、设备、图书从四川五通桥、青岛黄海分社到北京的迁移工作。

决定成立发酵与菌学、有机化学、无机化学、分析化学和化工等5个研究室，其中，化工研究室附设一个修配车间。

3月，受中央人民政府重工业部委派，率领调查团对日本侵占东北时所办大连化学工业研究所进行为期3个多月的调查，为国家接管做准备。调查期间，考察大连大学并参加该校举办的运动会。

6月12日，被中国科学院聘任为中国科学院专门委员。

1951年　63岁

5月，在北京芳嘉园一号主持召开黄海社董事会会议，研究适应新形势的机构和社务问题。

北京大学化学系提议与黄海社合作，经批准制定合作办法10条。

国家和北京市许多单位、企业给予黄海社的委托研究项目逐渐增多，黄海社的服务范围不断扩大。

10月，列席第一届中国人民政治协商会议第三次会议。

1952年　64岁

与李四光等人商谈黄海社的去向问题。

2月25日，向中国科学院递交申请接管的书面报告。

3月1日，中国科学院复函，原则同意接管黄海社；黄海社改为中国科学院工业化学研究所，孙学悟为所长。

6月15日（阴历五月二十三日），因患胃癌医治无效，在北京同仁医院病逝。

参考文献

一、书籍

中国社会科学院历史研究所《简明中国历史读本》编写组编写：《简明中国历史读本》，中国社会科学出版社 2012 年版。

高德步、王珏：《世界经济史》(第四版)，中国人民大学出版社2016年版。

赵匡华主编：《中国化学史》（近现代卷），广西教育出版社 2003 年版。

政协威海市环翠区文史资料研究委员会编：《孙学悟》，1988 年出版。

张克生：《全国百家大中型企业调查：天津碱厂》，天津人民出版社 1992 年版。

天津碱厂志编修委员会编：《天津碱厂志（1917—1992)》，天津人民出版社 1992 年版。

天津碱厂：《碱业巨擘　民族之光——天津碱厂九十年发展历程掠影(1917—2007)》，2007 年出版。

《红三角的辉煌》编写组：《红三角的辉煌》，新华通讯社天津分社 1997 年出版。

赵津主编：《范旭东企业集团历史资料汇编》（上、下），天津人民出版社 2006 年版。

天津碱厂：《钩沉："永久黄"团体历史珍贵资料选编》，2009 年出版。

赵津主编：《"永久黄"团体档案汇编：久大精盐公司专辑》（上、下），天津人民出版社 2010 年版。

赵津主编：《"永久黄"团体档案汇编：永利化学工业公司专辑》（上、中、下)，天津人民出版社 2010 年版。

中国人民政治协商会议天津市委员会文史资料研究委员会编:《天津文史资料选辑》第 23 辑，天津人民出版社 1983 年版。

山东省政协文史资料委员会编:《山东文史集粹》，山东人民出版社 1993 年版。

陈歆文、周嘉华:《永利与黄海——近代中国化工的典范》，山东教育出版社 2006 年版。

全国政协文史资料研究委员会、天津市政协文史资料研究委员会:《化工先导范旭东》，中国文史出版社 1987 年版。

永利化工公司编:《范旭东文稿（纪念天津渤化永利化工股份有限公司成立一百周年)》，2014 年出版。

全国政协文史和学习委员会编:《回忆范旭东》，中国文史出版社 2014 年版。

刘未鸣、詹红旗主编:《范旭东：民族化工奠基人》，中国文史出版社 2018 年版。

陈歆文、李祉川:《中国化学工业的先驱：范旭东、侯德榜传》，南开大学出版社 2021 年版。

陈道碧、薄凯文编著:《中国化学工业的先驱：著名化学家侯德榜》，吉林人民出版社 2011 年版。

熊十力:《中国历史讲话·中国哲学与西洋科学》，上海书店出版社 2008 年版。

程光胜编著:《方心芳传（1907—1992)》，中国科学院微生物研究所 2007 年出版。

叶贤恩:《熊十力传》，湖北人民出版社 2010 年版。

二、报刊文献

王恒智:《塘沽黄海化学工业研究社概况》，《钱业月报》1929 年第 12 期。

方心芳:《塘沽黄海化学工业研究社发酵室之成立及其现状》,《中国建设》1932年第5卷第6期。

丁宁:《记黄海化学工业研究社》,《文化新闻》(第三版),1945年3月31日。

黄海社通讯:《黄海化学工业研究社最近的研究试验工作》,《科学通报》1950年第7期。

《黄海社设京分社》,《科学》1950年第4期。

方心芳、魏文德、赵博泉:《黄海化学工业研究社工作概要》,《化学通报》1982年第9期。

方心芳:《怀念良师孙学悟先生》,《中国科技史料》1983年第2期。

陈歆文:《我国化工科研工作的奠基人——孙学悟》,《纯碱工业》1999年第4期。

陈竞生:《中国近代经济史上一个成果丰硕人才辈出的研究机构——试论结合企业办的黄海化学工业研究社的经验》,《科研管理》1984年第4期。

李玉:《范旭东麾下的两大化工博士》,《文史杂志》1996年第4期。

郭世杰:《从科学到工业的开路先锋——对侯德榜和孙学悟的科学观、工业观以及"永久黄"团体中人才群体的考察》,《工程研究——跨学科视野中的工程》2004年第1期。

郭世杰:《侯德榜和孙学悟的科学观、工业观新探》,《美与时代》2008年第3期。

青宁生:《我国应用微生物学的拓荒者——孙学悟》,《微生物学报》2006年第1期。

傅金泉:《黄海化学工业研究社与方心芳》,《酿酒科技》2000年第4期。

高洪亮、闫小红:《"近代化工界的圣人"孙学悟》,《春秋》2013年第4期。

赵津、李健英:《黄海社与近代中国创新精神的塑造》,《南开学报(哲学社会科学版)》2013年第4期。

赵淑婷:《黄海社血泪入川往事》,《红岩春秋》2015年第4期。

永利化工：《中国化学工业奠基人范旭东与“永久黄”团体》，《经营与管理》2018 年第 1 期—2022 年第 5 期。

袁森：《全面抗战时期民营工业企业研发活动考察——以黄海化学工业研究社为中心》，《抗日战争研究》2021 年第 2 期。

三、“永久黄”团体出版物

久大盐业公司、永利化学工业公司、黄海化学工业研究社联合办事处编印：《我们初到华西》，1939 年出版。

《黄海化学工业研究社二十周年纪念册》，1942 年出版。

《黄海化学工业研究社调查研究报告》（第 1—39 号）。

《黄海：发酵与菌学特辑》第 1—12 卷。

《黄海：化工汇报（盐专号）》。

《黄海：化工汇报（铝专号）》。

《海王》旬刊。

后 记

黄海化学工业研究社是我国化工科研发展史上的一座丰碑，对中国近代化学工业的发展起到了重要推动作用。今年是黄海化学工业研究社成立100周年，在这样一个具有特殊纪念意义的年份，梳理黄海化学工业研究社的发展历程和贡献，探讨黄海化学工业研究社的奋斗精神及启示，对推动当前我国化学工业科技创新、建设世界级化工强国具有重要推动作用和价值。

本书是“黄海文库”系列著作之一。文库编委会由来自清华大学、北京大学、中国科学院、中国农业科学院、国际欧亚科学院、沈阳化工大学、沈阳化工研究院、山东化工研究院、赛领资本、首都产业建设集团等10多家单位的专家学者和管理人员组成。清华大学化学工程系生物化工研究所创建人、首任所长沈忠耀先生，中国科学院虚拟经济与数据科学研究中心主任、国务院参事、发展中国家科学院院士、国际欧亚科学院院士石勇教授，中国政法大学诉讼法学研究院院长、中国刑事诉讼法学研究会会长卞建林教授担任编委会顾问，沈阳化工大学校长、黄海科学技术研究院院长许光文教授，首都产业建设集团董事长兼总裁安笑南担任主编。

“黄海文库”由黄海科学技术研究院组织编写。2020年11月7日，黄海科学技术研究院在山东揭牌成立，同时在北京、上海、沈阳等多地设点办公。该研究院旨在传承黄海化学工业研究社的理念、精神和事业，以科技产业报国为目标，联合数十家科研院所、高等学校、科技企业和政府机构，聚焦绿色化工与智慧化学、多功能材料、高端精细化工、高端装备制造等重点领域，打造一个现代化、国家级的化工科研技术中心和开放型高端技术创新研发共享平台，在环渤海地区的山东滨州建设集技术开发、成果孵化、产业转化、综合服务等多功能为一体的标准化中试基地和产业园区。黄海科学技术研究院的成立，是在当代历史条件下推动科研创新与化学工业有机结合的一次新尝试。在下一个百年，新的“黄海人”将接过中国化工前辈的接力棒，赓续老一辈“黄海人”创立的黄海精神，在中国化工科研历史征程中书写新的篇章。

写好一本历史题材的书，是一件极其困难的事。一方面，收集、引用的各种历史资料必须权威、可靠，而且尽可能完整；另一方面，有关论述必须客观、公正，符合历史原貌和既有的主流共识。由于这一原因，我们在写作过程中，收集、研读了大量关于黄海化学工业研究社及“永久黄”团体的历史文献和学术著述，对诸多细节反复推敲、求证，力求全面、准确反映黄海化学工业研究社发展的历史本貌及孙学悟社长积极进取的科研人生。同时，为了给读者提供丰富的第一手资料和素材，我们收集、整理了 20 余篇重要的原始历史文献，作为附录置于书后，供读者阅读、参考。

在本书撰写过程中，我们得到了许多方面的大力支持、鼓励和帮助，包括：编委会的专家学者，黄海社社长孙学悟的后人及亲属孙淑英、孙静、孙淑娟、孙淑娣、孙淑丽、孙淑君、孙世建、沈永莲、孙世勇、费小颐、孙棣、孙世民、孙世昌、孙世波、陈晓平、吕凡以及好友姜允，“永久黄”团体创始人李烛尘的后人李明智、陈调甫的后人陈中平、黄汉瑞的后人黄西孟，黄海社秘书王星贤的后人王钧睦、王蜀璋等人，赵津、叶青、程光胜、陈歆文、王志远等人对“永久黄”团体历史有过深入研究的专家学者，以及威海市政协文史资料室、天津渤化永利化工公司等单位。特别是，沈忠耀先生、许光文校长审阅了全部书稿，提出了中肯的意见，并欣然为本书作序。在此，特向上述专家学者、友人及单位致以最诚挚的敬意和最衷心的感谢！

首都产业建设集团农业集团董事长沈晓峰、副总裁李建军对本书的撰写给予了大力支持，首都产业建设集团的温悦、王宁等人参与了文献的收集、录入和书稿校对工作，在此一并表示感谢！

“以史为镜，以史明志”。完成这本著作的撰写，不是终点，而是起点。以黄海科学技术研究院为载体，新的“黄海”征程已经启航。“道虽迩，不行不至；事虽小，不为不成。”衷心祝愿中国化工事业在新的时代锐意进取、开拓创新，不断实现新的辉煌，为实现中华民族伟大复兴的中国梦贡献力量！

作　者

2022年3月于北京

责任编辑：侯　春
封面设计：汪　莹
版式设计：杜维伟
责任校对：史伟伟

图书在版编目（CIP）数据

黄海钩沉——黄海化学工业研究社与社长孙学悟 / 孙世杰 安笑南 冯占军著 . — 北京：
　人民出版社，2022.8
ISBN 978 – 7 – 01 – 024932 – 2

I. ①黄…　II. ①孙…②安…③冯…　III. ①化学工业 – 研究机构 – 概况 – 中国
　IV. ① TQ–24

中国版本图书馆 CIP 数据核字（2022）第 141350 号

黄海钩沉
HUANGHAI GOUCHEN
——黄海化学工业研究社与社长孙学悟

孙世杰 安笑南 冯占军　著

人民出版社 出版发行
（100706　北京市东城区隆福寺街 99 号）

环球东方（北京）印务有限公司印刷　新华书店经销

2022 年 8 月第 1 版　2022 年 8 月北京第 1 次印刷
开本：710 毫米 ×1000 毫米 1/16　印张：21.5　插页：4
字数：290 千字

ISBN 978 – 7 – 01 – 024932 – 2　定价：86.00 元

邮购地址 100706　北京市东城区隆福寺街 99 号
人民东方图书销售中心　电话（010）65250042　65289539